巴蜀江湖菜
历史调查报告

主 编 蓝 勇　副主编 钱 璐　陈俊宇

四川文艺出版社

图书在版编目（CIP）数据

巴蜀江湖菜历史调查报告/蓝勇主编. —成都：四川文艺出版社，
2019.5

ISBN 978-7-5411-3246-9

Ⅰ. ①巴… Ⅱ. ①蓝… Ⅲ. ①川菜—文化史—调查报告
Ⅳ. ①TS971.202.71

中国版本图书馆 CIP 数据核字（2019）第 081230 号

BASHU JIANGHUCAI LISHI DIAOCHA BAOGAO

巴蜀江湖菜历史调查报告

蓝 勇　主编

钱　璐　陈俊宇　副主编

策 划 人　奉学勤
责任编辑　梁康伟
内文设计　史小燕
封面设计　叶　茂
责任校对　段　敏
责任印制　唐　茵

出版发行　四川文艺出版社（成都市槐树街 2 号）
网　　址　www.scwys.com
电　　话　028-86259287（发行部）　　028-86259303（编辑部）
传　　真　028-86259306

邮购地址　成都市槐树街 2 号四川文艺出版社邮购部　610031
排　　版　四川胜翔数码印务设计有限公司
印　　刷　成都市金雅迪彩色印刷有限公司
成品尺寸　168mm×239mm　　　开　　本　16 开
印　　张　21　　　　　　　　　　字　　数　320 千
版　　次　2019 年 5 月第一版　　　印　　次　2019 年 5 月第一次印刷
书　　号　ISBN 978-7-5411-3246-9
定　　价　80.00 元

我们需要一种清醒：

江湖很热闹，但也很混乱无序

　　我们知道，江、湖二字的本意是指自然意义上的江河和湖泊，但在中国历史上很早就赋予了江湖另一层含义，就是泛指社会、乡野、民间等。《老子》中称"鱼相忘于江湖之道，则相濡之德生也"，《庄子》也称"相濡以沫，不如相忘于江湖"，这里的江湖还是指自然之水面。此外，早在汉代扬雄的《方言》中就有"南楚江湖"、"荆湖江湖之间"的话语，晋代晋灼也称"江湖间谓小儿多诈狡猾为无赖"。以上的"江湖"是指一个特定的地域名词还是泛指社会民间就不太确定了。但《史记》卷六十六称"江湖之间，其人轻心"，《汉书》卷三十四称吴芮"甚得江湖之间"，卷九十称"江湖中多盗贼"，卷九十九称"江湖有盗，自称樊王"，则已经有泛指社会上之意思了。至于晋代谢灵运《会吟行》诗称"范蠡出江湖，梅福入城市"之江湖，将江湖与城市相对应，已经明显有泛指社会、乡野、民间之意了。显然，社会相对于政治，乡野相对于城市，民间相对于官府。那在饮食文化中，江湖菜又是处于怎样的话语处境呢？

　　在川菜的语境中，江湖菜的词义出现较晚，应该不过是近二十年的事情，主要是将这种菜系与传统家庭菜、传统餐馆菜相对应而言。不过，对于江湖菜的具体定义不论是在理论界，还是在厨艺界，都一直没有一个具体并被认同的解释，以至于现在许多人将许多新派川菜也归于江湖菜之中，将江湖菜泛化。所以，这里我们首先应该对江湖菜作一个基本界定。

严格讲，江湖菜具有宏观社会定义和微观菜品定义两重含义。

对于宏观社会定义而言，前面已经谈到，所谓江湖的意义，本主要是指与正规、传统、主流相对立，正规指菜品原是规定动作，往往是被主流餐饮力量所认同的，如传统教材、食谱中认同了的，或大中型餐饮企业、著名厨师发明或认同的传统做法，或在传统家庭中长期流行的。在民间、在社会、在乡野，非主流，往往就不够正规，不拘一格，变化较大，流动性强。江湖菜也正是如此，兴于民间，传于民间，不拘传统，兴衰无常。具体地讲就是在社会属性上有知名度、流行性、时效性三大基本特征，往往流行于本区域，散布于全国，有的在全国有一定的知名度，但大多数兴起快，衰亡也快。

对于微观菜品定义而言，可能不同地区或不同时期江湖菜的定义有较大差异。当下巴蜀江湖菜大致有以下四个基本特征：

一、江湖菜在餐具外观上往往以大盘大格（大盛器，一份量大）为特征，在桌席上往往一器居中而成为主菜。所以江湖菜从菜品的外在特征来看显现了简约、粗野、豪放之气，这正是与江湖菜多流行于民性相对强悍的地区有关，如东北地区、西南地区、西北地区，都是江湖菜的发源地和流行地。

二、江湖菜在主料和调料上特色鲜明。在主料选取上多以猪、鱼、鸡三类内陆性荤料为主，刀工切取上随意而大块，不需要精工切剁，调料使用生猛，即使是清汤也用众多香料，多用油与香料配合增香，更体现了传统川菜复合重油的特征。

三、江湖菜在主食材的选取上往往杂烩多料，将诸多食材汇烹一锅，烹饪方式多元，如重庆火锅实际上是这类江湖菜中最典型的。即使以一种主菜为核心的江湖菜往往也要配同烹饪其他多种菜品，配菜的选择随意性相当强，显现了江湖菜的任性随意。

四、江湖菜在推出方式上多是一菜独立（独门冲），可以单独立桌席，甚至可能单独立门面开店。因为传统川菜中某一道菜只是作为中餐中的一道盘菜，大多数不能独立立桌，更不能独立面门。在这种背景下，江湖菜显现出明显的地理标识功能，如来凤鱼、黔江鸡杂、太安鱼、重庆火锅、巫溪烤鱼等已经显现了固定的地理识别符号，因此，开一个江湖菜馆往往就是一个区域菜品的广告牌，就是一个地区的饮食文化宣传栏。

严格讲，巴蜀江湖菜也是一种新派川菜，一种流行于民间的新派川菜，因为江湖菜从内容到名称大多数都兴起于近几十年。但总的来说，近几十年来主流厨界新派川菜（盘菜）的发展远远不如江湖菜的发展成功，这主要是因为江湖菜始终没有放弃传统川菜的基本特征和根脉。

从食料上来看，江湖菜主要是以鱼、鸡、兔三类菜品为主体，鸭肉、牛肉、猪肉类的江湖菜并不多。

本书中，我们研究的巴蜀江湖菜主要是流行于近几十年的菜品，每道菜在烹饪方式、味型口感上都可以在历史中找到一些影子，但又有明显的创新和发展。

巴蜀江湖菜的流行有几个特征可以总结：

一、巴蜀江湖菜主要以鱼、鸡为主，而少有以猪肉、牛肉类为主。原因很多，一是计划经济时代猪肉是严格控制的肉食，民间不可能大量用来食用加工。记得我的家庭在那个年代，父亲只有通过到山野钓鱼和自己养鸡来改善生活，猪肉往往是可望而不可即的。而牛在农耕地区是不能随时宰杀的，所以江湖菜中牛肉的比例也是较小的。这种生活现状为民间对鸡、鱼类菜品的加工提供了更大的空间。二是鱼、鸡等大小合宜，便于随时宰杀，民间餐饮点杀活鲜就更有可能，而一般而言猪牛肉体量太大，不可能随时点杀，而鱼、鸡类陈肉与鲜活之间在味道上差异更明显，活鲜的可能更有吸引力。三是改革开放以后猪肉放开成为家常主食肉类，食用较多，吸引力已经大大减弱，而在外来饮食文化的影响和农耕耕牛地位下降的背景下，牛肉在家庭中食用也较为普遍。相对而言，鸡鱼类江湖菜更有新鲜的吸引力，烹饪程序也相对较为繁杂，因为家庭为省时而形成的需求也更大，故更容易成为餐馆中的江湖菜。

二、很有意思的是在近几十年，巴蜀地区餐饮文化几乎同时出现了两种风潮，一种是江湖菜风潮，一种是新派川菜风潮，但两者的命运却完全不同。江湖菜不断继续演义此消彼长，越来越火，有的已经沉淀到民间家庭；而新派川菜虽然在各大餐馆如雨后春笋般出现，让人目不暇接，但往往都只是昙花一现。究其原因，巴蜀江湖菜起于民间，深得巴蜀饮食之根本，即我们古人提出的

"食无定味，适口者珍"。以前我将川菜特征概括为"麻辣鲜香复合重油"八字，这八个字在巴蜀江湖菜中体现得最为深刻，故有强大的生命力。许多巴蜀江湖菜完成了从民间菜到江湖菜再到民间家常菜的轮回，成为一种文化沉淀下来。而近几十年来，虽然新派川菜层出不穷，在盘菜的创新上也有不少成功的案例，时有进入寻常百姓家的菜品，但总体上来看，很少有菜品具有强大的生命力而沉淀下来成为重要的家常菜品流传。这主要是新派川菜的三个致命弱点造成的：一是盲目简单引进外来饮食味型、烹饪方法，放弃传统巴蜀饮食固有的基本特征；二是只注重在造型工艺上下力，不注重饮食味道的"适口者珍"的饮食根本；三是多是在菜品名称上花费心机，近几十年流行的许多所谓新派川菜，其烹饪方式、味道味型其实早就存在，许多人仅是取一些沾点文化或者象形的名字而已。

三、巴蜀江湖菜的流行与地缘、交通、旅游、文化关系密切。从我们调查的巴蜀江湖菜来看，不论是从菜种数量还是影响力来看，巴渝地区的江湖菜明显比四川地区数量更多，影响更大。《巴蜀江湖菜历史调查报告》一书共调查了40种江湖菜，其中70%都是在今天重庆的范围之内。这正如前面我们谈到的，巴渝地区居民个性特征的简约、粗野、豪放正好与江湖的简约、生猛相关联。也就是从文化上来看，巴渝地区历史上社会经济文化发展相对滞后，山地农耕狩猎、峡江急流航行铸造巴渝先民尚武豪放之风，江湖码头文化发达，折射在食俗上也崇尚大盘大格、简约生猛、大麻大辣，成为江湖菜创造和流行的自然和人文背景。

我们可以看到，巴蜀江湖菜发源地大多在交通通道沿途，交通客货流对江湖菜的影响巨大，有些江湖菜则与旅游开发有关。实际上，从这一点可以看出为何巴蜀江湖菜多出现在改革开放以来这近四十年，一是在于民营饮食企业在制度上使川菜的创新空间更大，厨师选择、市场定位、菜品创新方面都比以前计划经济时代有更大的自由度；二是在于改革开放以来在经济飞速发展过程中交通运输、旅游产业、社会人流的发展，极大地提高了商业饮食在整个饮食中的比例，由此带来了更大的市场空间，为巴蜀江湖菜的大行其道奠定了更广泛的社会市场基础。

四、从巴蜀江湖菜历史调查中我们可以看出，江湖菜的历史确实很"江湖"。我们知道，早在《孟子》引告子称"食色，性也"，美食和美女这两个东西很难有一个统一的标准。江湖菜源于民间，流行于江湖，更是江湖得很，难以说清你我好与坏。许多江湖菜一谈历史总是想将其追溯得越早越好，名其曰"文化深厚"，实则更关乎经营利益。有的家族的非物质文化遗产申报书中的江湖菜历史往往是与自己的家族历史一起在重新构建，有的菜品的历史则明显是在地方经济文化诉求的背景下重新构想打造。这可真是江湖是属于人民大众的，人民大众是历史文化的创造者。以前我提出有两种历史，一种是作为科学的历史，一种是作为文化的历史。我们更多认为先秦历史研究中作为文化的历史对历史研究影响更大，后来我在研究《西游记》的历史故事原型中发现这种作为文化的历史一直与作为科学的历史同时在不间断地铸造出新的历史。这次我们进行的巴蜀江湖菜调查表明，就是在近几十年的光景中，这种作为文化的历史仍然被我们人民群众不断创造着。所以，江湖菜背后的历史往往是众说纷纭，莫衷一是。当然，这种作为文化的历史创造不仅是受一种传统文化的推动，也受时代的政治气候、经济利益所驱动。

这次巴蜀江湖菜的历史调查是西南大学西南地方史研究所（历史地理研究所）师生们共同努力的结果。很有意思的是，江湖菜的历史调查后，我们不仅感受到川菜历史积淀的深厚，体会到巴蜀江湖菜的口感味道，更多是对学术人生、学术理念产生了较大的冲击。从琐碎的江湖菜背后透视出如此复杂的历史、社会景象，这倒是我们这次考察调查没有预料到的。

一、前面我们谈到"江湖"二字的一个很重要的特征就是变化无常，时起时落。近几十年兴起的巴蜀江湖菜可能远非我们调查的这几十种，很多江湖菜从兴起到消失的时间并不是很长，江湖是一个长江后浪推前浪的英雄空间，可能一批江湖菜远离我们，一批江湖菜又重新出现。但有的江湖菜可能会沉淀下来进入家庭、进入菜谱，留给后人，这才是我们张扬传统川菜文化的本质所在。所以，江湖虽然很热闹，但更需要沉淀，更需要积累。因此，我们的学术研究需要的不仅仅是一时的热闹、暂时的风光，更需要在艰苦创新的基础上沉淀。可以说，那些能够流传下去的巴蜀江湖菜正是接巴蜀大地的地气而又兼采天下新意而创新得来的。我们的区域历史地理研究也应该这样，不要放弃巴蜀、西南的地方性话语，不要嫌弃"豆腐"、"红船"、"回锅肉"、"收癫"、"博戏"之类的生活琐碎，只是需要在一种全球全国观念中提炼升华，去总结话语。

二、在中国传统社会中，史家往往兼有在文本上记录当时社会的职责，当下这种职责远离了学者、远离了高校、远离了研究所而被分离到地方志、年鉴部门去了，而县志、年鉴中往往只记录能够进入主体叙事的大事，像江湖菜这类琐碎低俗之事往往是不可能记录的。应该承认我们这次巴蜀江湖菜历史的系统调查，既有对江湖菜产生历史的调查基础上的考证和梳理，也在大量记录当下江湖菜的现实情况的留真存史。自然，如果从当下史学研究的视野来看，这种记录可能并不会引起我们的重视，也可能被学界视为非学术、低俗，但我们相信，如果再过一百年、两百年、一千年，可能我们这种调查的意义才会真正体现出来。其实在我看来，如果在一个社会里一段时间内对于社会和历史缺乏充足评论的话语权，不能真实地记录社会的情况，特别是无法记录那些非主体的世俗低层琐碎、制度规章外的真实潜规则，可能我们后人就无法真正认知这个社会的全貌。所以，我们希望有更多的类似的由历史学者所做的调查报告出现，希望更多既有真实记录也有历史时间坐标的严谨的调查报告出现，我们期待着历史学者对当下社会俚语段子、茶馆发廊、世故人情、礼尚往来等有历史坐标的报告的出现。也许有人会提出，这种调查应该由社会学者来完成。其实，在我看来，由经过历史学训练的史学工作者来完成，保证所调查的事情二三十年内的时空坐标的精准，对于我们后来的史学研究来说可能更有参考价值。所以，作为历史学工作者，这应该是我们的一个重要责任。这就是我们一直在强调的历史学者的现实关怀的一种体现方式。

三、我们发现川菜的江湖很热闹，江湖川菜的江湖更江湖。在激烈的商业竞争和地方经济利益的推动下，江湖菜世界就是一个社会缩影。江湖很混乱，也很无序。在川菜的江湖间，商人之间的互相诋毁、拆台司空见惯，商业竞争，古今中外，概不例外，这自然可以理解。可以说，江湖菜的这种乱只是乱了一时，乱了一方，我们治史者倒也不用太在意。不过，还有一种乱可能对于我们后来的历史学家来说就是大问题了。问题在于很多时候，这作为文化的历史和作为科学的历史是无法分辨的，而且作为文化的历史还在不时被当下的人们创造。这次巴蜀江湖菜历史调查中，我们发现有的江湖菜为申请非物质文化遗产，有意将菜品的历史与湖广填四川硬扯在一起，有的则完全有意编出菜品历史悠久的历史故事，有的正在造假编写过程中，有的甚至将编写提纲拿给我们指导。很有意思的是这些历史有些已经写入镇志、县志、市志、省志之中，可能许多年以后，这些作为文化的历史可能就会变成科学的历史写入正史，让我们的后人深信不疑了。在文明程度如此之高、资讯条件如此发达的当下都是如此，几十年的历史更弄不清楚了，人们还不断在文本上创造着历史，那么先秦、汉唐、宋元、明清又有多少科学历史与文化历史的交结融合呢？可以说这种混乱更令我们历史学者揪心难眠。有时历史学者面对纷繁的历史往往是力不从心的，我们之所以强调历史研究的田野考察，也就是想最大可能去将历史发展中作为科学的历史与作为文化的历史尽量区分开来。所以，面对混乱无序的历史江湖，我们最需要的是"清醒"二字。

蓝　勇

2018 年 4 月 19 日于荟文楼

巴蜀江湖菜始发地分布示意图

四 川 省

湖 北 省

重 庆 市

贵 州 省

云 南 省

剑阁剑门豆腐宴

彭州九尺鹅肠
成都老妈蹄花
双流老妈兔头
新津黄辣丁

简阳羊肉汤

蓬安河舒豆腐宴

潼南太安鱼

资中球溪河鲶鱼

乐山甜皮鸭
乐山苏稽跷脚牛肉
乐山西坝豆腐宴

自贡鲜锅兔
自贡冷吃兔

宜宾黄沙鱼

高县沙河豆腐宴

大足
邮亭鲫鱼

荣昌卤鹅
荣昌羊肉汤

璧山
来凤鱼

三溪口豆腐鱼
翠云水煮鱼

南川烧鸡公
万盛雄窝鸡

綦江北渡鱼

江津酸菜鱼

叙永江门豆花

古蔺麻辣鸡

巫溪烤鱼

奉节紫阳鸡

万州烤鱼

梁平张鸭子

石柱武陵山珍

黔江李氏鸡杂
黔江青菜牛肉

南川泉水鸡

李子坝梁山鸡

磁器口毛血旺

歌乐山辣子鸡
白市驿板鸭

白市驿辣子田螺

目录

鱼类

璧山来凤鱼历史调查报告

调 查 人：张亮、白军秀

调查时间：2017 年 10 月 26 日

调查地点：重庆璧山县文史委、重庆市璧山县来凤镇

执 笔 人：张亮、白军秀

　　来凤鱼，起源于璧山来凤镇，以麻、辣、鲜、香、嫩为主要特征。自 20 世纪 80 年代至今，璧山来凤鱼已走出璧山，在我国大江南北的大都市都能看到璧山来凤鱼的招牌。璧山来凤鱼作为重庆江湖菜最具代表性的菜品之一，因邮亭鲫鱼、太安鱼、芋儿鸡等江湖菜的烹饪技法与璧山来凤鱼皆有相似之处，是以有来凤鱼为重庆江湖菜鼻祖的说法。2016 年，作为璧山名菜的来凤鱼被列入重庆市第五批非物质文化遗产代表性项目名录，更使来凤鱼引起了广泛的社会关注。

一、璧山来凤鱼的相关记载与认同

　　在调查璧山来凤鱼之前，我们先行对已出版的相关书籍、报刊及网络上的相关资料等进行了整理，初步梳理了璧山来凤鱼的起源与发展过程，发现以下三个问题：

（一）来凤鱼的发祥地：来凤还是青杠？

　　《别有风味·璧山饮食文化研究》中专章专节叙述了来凤鱼的兴起与发展，

认为来凤鱼的崛起始于一家名叫"鲜鱼美"的食店：

> 巴渝近 20 年形成阵势的吃鱼史，首推来凤鱼。早在 1981 年，如今风靡的各色鱼品或如在襁褓，或者还在睡梦之中，来凤一家"鲜鱼美"便以鲜嫩麻辣为特色的一品来凤鱼，引起食界的轰动……书法家杨萱庭亲为题匾。[1]

《重庆纪实》中亦言来凤鱼的兴盛始于来凤"鲜鱼美"食店：

> 1981 年早春，唐德兴改"东街合作饮食店"名为"鲜鱼美"，尔后著名书法家杨萱庭被来凤人那种吃苦耐劳、艰苦创业精神所打动，亲笔为之题书店名！
>
> 是年，唐德兴打出"鲜鱼美"招牌之后，生意更为火爆。每天，从县内县外开来的汽车，总是排成长蛇阵，将店门外那条老街占去了半边。[2]

从上述两本书的记载来看，来凤鱼的兴盛或者名声大震是始于来凤镇的"鲜鱼美"食店。然则网上也有不同的说法，认为来凤鱼出名是在来凤驿，但源头在青杠的"大字号"食店：

> 采访世居来凤的耄耋耆老，他们认为来凤鲜鱼的起势，源头在大字号，最后出名是在来凤驿。大字号，今在成渝高速公路青杠收费站口处。那里原是来凤区青杠公社办公所在地，这个院坝乡，在成渝公路之要冲，只有一所学校、一个加油站和两三家"幺店子"食店，这个小不点一样的乡场，在 1973 年至 1984 年间，的确成了来凤鱼的发祥地。[3]

此种说法认为来凤鱼的源头是在青杠的"大字号"食店，最后在传至"来

---

① 璧山饮食文化研究组：《别有风味·璧山饮食文化研究》，第 219 页。
② 邓毅：《重庆纪实》，重庆：重庆出版社，2013 年，第 172 页。
③ 《"来凤鱼"的起源一说》，2013 年 8 月 21 日，http://blog.sina.com.cn/s/blog_496c22b80101mpv4.html.

凤驿"时才最终出名。那么，来凤鱼的发祥地到底是来凤"鲜鱼美"还是青杠"大字号"呢？

（二）"鲜鱼美"的来源

相关书籍、报刊与网络报道中，都一致记载"鲜鱼美"来源于一位叫杜渝的记者，但具体的记载又有所出入，主要集中在当时为杜渝主厨的师傅是谁。

有的说法认为，当时杜渝是吃了唐德兴做的"鲜鱼"，后来才有了"鲜鱼美"的说法：

> 1981年2月21日，重庆广播电视报记者杜渝同志前往大足，途经来凤镇被食店门前的"鲜鱼"吸引。停车入店，当面捉鱼，随即下锅，顷刻就餐，品尝了有着30多年烹调经验的唐德兴师傅制作的色、香、味均佳的鲜鱼，倍加赞赏，提笔写了"轻车游大足，主雅客来勤。来凤鲜鱼美，宝顶酒味醇。临崖赞石刻，回首道古今。迂回登胜地，看仙不信神"的诗句，并写了一篇《鲜鱼为游者助兴》的文章，刊登在《重庆日报》上。还来信建议将该店名改为"鲜鱼美"，特地委托《北京日报》友人转请我国著名书法家杨萱庭先生题写了"鲜鱼美"三个大字赠送来凤食店。①

而有的说法，则认为当时为杜渝主厨的并非唐德兴，而是邓永泉（泉又作全）：

> 1981年，邓永全掌勺，在来凤凉桥北桥头"鲜鱼"店创出著名的来凤鱼"鲜鱼美"招牌店，开启一段被传为佳话的来凤鱼传奇。来凤"鲜鱼"店开业不久，就迎来了重庆广播电视报记者杜渝等人。在享用"来凤鱼"后，杜渝一行赞叹不已，随后请《北京日报》友人邀请书法家杨萱庭题写"鲜鱼美"。1985年，借参观大足石刻之机，杨萱庭特意来此，在鱼市口东街食店品尝了来凤鱼。②

---

① 《天下美食来凤鱼》，2009年11月9日，http：//cq.qq.com/a/20091109/000619.htm.
② 《邓胖子来凤鱼，千载风华凝练来凤"鱼文化"》，2017年2月18日，http：//blog.sina.cn/s/blog_48f7dd400102x5kn.html.

（三）来凤鱼的传人多为邓永泉弟子

基于相关书籍、报刊与网络报道的整理，我们发现如今璧山做来凤鱼的厨师多是邓永泉的徒弟与后人，比如川江酒楼的主厨任家志便是邓永泉的徒弟，璧山大江龙酒楼的老板龙大江的师父邱国财亦是邓永泉的徒弟，璧青饭店老板娘的父亲也是邓永泉的弟子。这就让我们更疑惑，为什么在现今的璧山，邓永泉的弟子众多，而前述唐德兴则几乎没有后人与弟子开店？

总的来看，前期收集到的相关书籍、报刊与网络报道中，主要的疑惑集中在：来凤鱼的发祥地在哪里？"鲜鱼美"由来信息的矛盾与冲突，邓永泉与唐德兴两位厨师究竟谁为杜渝主厨？现今璧山市面上，为何唐德兴后人不显？

二、璧山来凤鱼的历史调查过程

2017年10月26日，我们开展了对璧山来凤鱼的实地调查，具体情况与调查过程如下：

（一）采访政协文史委傅应明

我们联系上来凤鱼非物质文化遗产传承人、"大江龙"餐饮文化有限公司董事长龙大江。后又联系了政协文史委的傅应明主任。幸运的是，傅应明主任处正好有龙大江申遗时，对璧山来凤鱼做历史梳理的材料。傅应明正负责编写《来凤镇志》，相关内容我们作拍照处理，整理如下：

康熙五十年（1711）名师邓厨家传烹鱼技艺给邓三娘。雍正、乾隆年间，邓三娘家传鱼技给邓氏子弟，同时期又将鱼技外传给姻亲龙国绶，也就是来凤鱼从清朝分为两个支系在发展——邓氏和龙氏。嘉庆、道光、咸丰、同治年间，邓氏子弟将鱼技家传族人历4代。嘉庆末期，名厨龙国绶将邓氏鱼技家传龙姓子弟。光绪末期，邓氏子弟又把祖传的鱼技外传给甘龙泉。民国年间，清嘉庆名厨龙国绶的6代孙子龙长辉承祖业为乡厨。1949年前后，名厨甘龙泉将传统烹鱼技艺回传给邓氏子弟邓永泉，另传黄正康、陈海云等人。

20世纪50年代初期，龙长辉家传鱼技给儿子龙朝富（乡厨），20世纪70

年代前后，邓永泉传鱼技艺给邱国财、曾德宇等人。1981年春，邓永泉主厨来凤"鲜鱼"店，为重庆日报记者杜渝等人掌勺烹鱼，杜一行赞叹不已，请北京同人邀大书法家杨萱庭题店招牌为"鲜鱼美"。从此来凤鱼名传国内海外，为人称道。邓永泉继承了传统来凤鱼烹饪技艺，弘扬了来凤鱼技艺，其徒又分数支继承鱼艺。

20世纪80年代后，邱国财将鱼技传给乡厨龙朝富之子龙大洪以及曾克祥等25人，名厨龙大江将来凤鱼烹饪技艺传给王川、杨波等40人。《食都文化》《重庆美食》《四川烹饪》等书记载：龙大江致力于传承发展来凤鱼，在2011年第五届中国（重庆）国际美食节的舞台上，一举夺得"中国名宴"称号，使来凤鱼传统技艺得到发扬光大，起到保护文化遗产、承前启后的作用。

从傅主任提供的资料来看，璧山来凤鱼源于邓氏，1981年时为杜渝主厨的亦是邓永泉。按这份资料，前述三个疑问仿佛都能得到解决。但璧山来凤鱼的历史发展真的和唐德兴没有任何关系吗？基于孤证不立的考虑，我们前往来凤"鲜鱼美"食店旧址，即来凤街道的凉桥桥头。

（二）"鲜鱼美"旧址处采访何代森先生

我们联系到当年与唐德兴共事的何代森，在来凤新桥大酒楼（璧山区来凤新大桥旁5米），我们见到了80岁的何代森老师傅，就我们的困惑，与何师傅展开了交谈。

在来凤新桥大酒楼采访何代森（左）

问：何老师，凉桥桥头那儿就是"鲜鱼美"旧址，也就是以前的东街食店吗？

何：当年来凤只有三个食店——三八食店、东街食店和供销社的服务所，三八食店和东街食店是同一个组织领导的，我在这两个食店都干过。"鲜鱼美"不是东街食店，而是在东街食店被车子撞垮之后开的。

问：来凤鱼的创始人，您知道究竟是谁吗？

何：来凤鱼不能说是某一个人主创的，当时整个来凤都在做鱼，唐德兴、邓永泉、陈中文、唐聋子等这些人都是一起做来凤鱼的老掌门，他们都是很有名的厨师。来凤鱼很早以前就在卖了，不过来凤鱼红火起来就是以记者杜渝为契机，他在吃了东街食店的鱼之后觉得很好，就请北京的大书法家杨萱庭写了"鲜鱼美"三个大字，后来龙国碧等很多人都来过。同时邓永泉在青杠也是非常出名的，因为过往的车辆很多，口口相传。

问：当年，杜渝吃鱼的那家店是在东街食店吗？当时是唐德兴还是邓永泉主厨的呢？

何：实事求是地说，东街食店的主厨是唐德兴，而当年的记者杜渝就是在东街食店吃的鱼，也就是唐德兴做的鱼。"鲜鱼美"的招牌是唐德兴打造的，和邓永泉一点关系也没有。在杜渝吃鱼的时候，邓永泉已经被调到了青杠大字号的综合食店。

问：为什么唐德兴的徒弟很少，邓永泉的徒弟很多呢？

何：那个时候不是说教不教徒弟的问题，而是不准教。因为那个时期是集体单位，是合作企业，"技术不外传"，只有单位安排才能教徒弟，不安排新职工就没有新徒弟。而邓永泉因为在青杠的大字号没有组织管着，所以就收了很多徒弟，这是由社会背景决定的。虽然唐德兴后来也有两个徒弟，但是现在都不做这行了。

问：唐德兴和邓永泉之间有什么关系吗？

何：他们只能算是做鱼的同行关系，以师兄弟相称，他们两个人的师傅也没有什么关系，最早邓永泉也是和他们一个单位的，后来被调走。他们做鱼的方法大致都一样，以麻辣鱼最出名。

问："鲜鱼美"之后是慢慢衰落了吗？

何："鲜鱼美"的逐渐衰落是因为在来凤鱼兴起之后，慢慢出现了"红嘴鲤鱼"，多到整条街都是，于是对"鲜鱼美"形成了很大的冲击，盈利很少，所以慢慢衰落。

（三）采访"鲜鱼美"主厨唐德兴

我们在来凤卫生院附近的茶馆里见到了已是 87 岁高龄的唐德兴。唐德兴老师傅领我们去往他的家中。在他家中，我们见到了装订成册的《鲜鱼美纪实》，其中专门记录了"鲜鱼美"的由来。

唐德兴装订的"鲜鱼美纪实"

唐德兴在《鲜鱼美纪实》中写道："鲜鱼美"的前身是东街食店合作商店，是于 1955 年成立的集体化合作性质的商店，改革开放之后在党的鼓舞下得以美名。

问：听何代森老师说，"鲜鱼美"不是东街食店吗？

唐：当时是合作企业，三八店是总店，东街店是支店，"鲜鱼美"是新开店。"鲜鱼美"是东街店被车撞了以后开的。

问：当年杜渝是在东街食店吃的鱼吗？听说是您主厨？

唐：当时杜渝去大足，经过我们这个地方，就在东街食店吃的鱼，是我亲自下的厨，做的是麻辣鱼。后来杜渝回重庆后，就请北京的大书法家杨萱庭写了"鲜鱼美"三个字。"鲜鱼美"店就是杜渝来吃鱼以后开的新店。

问：来凤鱼在"鲜鱼美"以前就成型了吗？您是跟谁学做鱼的呢？您在做鱼的时候，有没有什么改进？

唐：我们这一带挨着河，很早就开始做鱼了，在"鲜鱼美"出名前，来凤这一带做鱼的就有很多人了。东街食店当时做鱼做得好的就有唐子荣、黄庭福这几个人，我是跟着唐子荣学的，也就是外面人喊的唐聋子。那个时候我们卖鱼是被逼无奈，生活紧张，计划经济时代什么都要"计划"，而鱼不在"计划"内。当时，我们不仅卖鱼，还卖黄鳝、鸭子这些。当时，一个月供应十几斤菜油，猪油更少，没什么改进。

问："鲜鱼美"开业后，生意怎么样？后来，怎么又衰落了呢？

唐："鲜鱼美"开业后，生意很红火，多的时候一天要卖几百斤鱼，我们还专门去永川买鱼。当时经济困难，主要是过路的驾驶员吃得多。你们去过凉桥桥头那里，"鲜鱼美"店前面没有停车的地方，不好停车。后来，政府还专门派人在桥头管制交通，很多驾驶员就不在我们这吃鱼了。当年报纸上还有一篇文章专门报道这件事，叫《酒香也怕巷子深》。

问：邓永泉在"鲜鱼美"干过吗？后来他在青杠大字号那边做得怎么样？

唐：邓永泉没在"鲜鱼美"干过，他最开始也在东街食店，做的鱼也很不错，后来不知道什么原因就被派到青杠大字号食店那边去了。当时的青杠大字号很小，就几间房子。但是青杠那边有停车的地方，坝子很大，货车好停，"鲜鱼美"这边不让停车后，司机都去青杠邓永泉那边吃，邓永泉就火了。

问：现在市面上，很多厨师都是邓永泉的弟子，您没收徒弟吗？

唐：当时社会背景不一样，不是想收就能收的，要单位让带才能带，我弟子很少，后来也没继续做厨师。邓永泉在青杠大字号的时候也没怎么收徒弟，主要是他退休以后收的。

问：唐老师，您觉得现在的来凤鱼怎么样，和当年差不多吗？

唐：现在的来凤鱼已经做不出当年的味道了，主要是现在的调料豆瓣、酱油都不如以前。当时材料少，做得精细，现在是材料多，反倒做得不精细了。

三、璧山来凤鱼历史调查后的初步认识

在对璧山来凤鱼历史发展做了实地走访调查后，结合相关书籍、报刊及网络报道里面的信息，我们形成了对璧山来凤鱼历史发展的初步认识。

在改革开放以前，璧山来凤镇便已有做鱼的传统，在来凤镇的食肆餐馆中，不同类型的鱼经由不同的烹饪方式已经走上餐桌。改革开放以后，得益于成渝公路上的来往车辆以及成渝间大量的人口流动，"来凤鱼"这一带有地方标签的名称得以形成，并沿着成渝间的交通网络迅速传播，名声逐渐由璧山走向全国，以至在国内外都具有一定知名度。而在来凤鱼历史发展的过程中，璧山来凤的"鲜鱼美"食店与青杠的"大字号"食店扮演了重要的角色。

（一）来凤"鲜鱼美"与来凤鱼的名人效应

据璧山来凤何代森、唐德兴所言，来凤镇在很早以前便已有做鱼的传统，在20世纪80年代，来凤做鱼的名厨就有唐子荣、唐德兴、陈中文、邓永泉等一大批人。而来凤鱼的声名远播则始于"鲜鱼美"。1981年，重庆广播电视台记者杜渝前往大足，在旅途中于来凤东街食店吃了唐德兴做的麻辣鱼，深有感触，便请北京的书法家杨萱庭写"鲜鱼美"赠予东街食店。后来，东街食店被货车撞垮后，唐德兴等人以"鲜鱼美"为名在原东街食店旁另开新店。"鲜鱼美"的故事与名人效应，促使来凤鱼的名气沿着成渝公路快速传播，越来越多的人闻名前往。来凤鱼的名气打开后，除四方食客云集外，政商各界名流亦闻名前往，先后有著名演员游本昌、美籍华人赵海燕、人民日报社原社长高狄等一大批名人品尝了来凤鱼。此后，在名人效应、公路交通、政府扶持等因素的刺激下，璧山来凤鱼愈发兴盛。

（二）青杠"大字号"与师承传播

除来凤"鲜鱼美"食店以外，青杠的"大字号"食店在来凤鱼历史发展过程中亦有突出的贡献。"大字号"的主厨邓永泉原本就是来凤东街食店做鱼的师傅之一，后被调派至青杠"大字号"食店。来凤"鲜鱼美"食店本就因临近凉桥桥头，缺少停车空间，后来来凤凉桥桥头又进行交通管制，成渝公路上的过往司机便多在停靠车辆便利的青杠"大字号"食店歇脚，邓永泉的做鱼手艺和"大字号"的名声因此在"鲜鱼美"之后逐渐传播开来。邓永泉退休后，为传承手艺，收有不少的徒弟。这些徒弟在前辈厨师的基础上不断改进、推广来凤鱼的烹饪技法，亦是璧山来凤鱼历史发展的重要环节。

总的来说，来凤鱼与川渝许多江湖菜一样，起源于民间，经历了从民间走进餐馆，再从餐馆走向全国的发展历程。在璧山来凤鱼兴盛与影响逐步扩大的过程中，来凤"鲜鱼美"食店和青杠"大字号"食店有着突出的贡献。基于璧山来凤鱼的历史调查，我们认为成渝公路的交通效应、名人效应以及师承传播，是璧山来凤鱼历史发展过程中重要的影响因素。

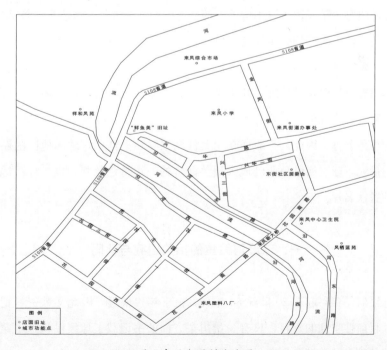

璧山来凤鱼原创地地图

资中球溪河鲇鱼历史调查报告

调查者：*唐敏、杨宽蓉*

调查时间：2017年10月19—21日

调查地点：四川资中球溪东站高速出口（139）、球溪
西站高速出口（黄桷树）、鱼溪天马山

执笔人：唐敏

　　球溪河鲇鱼是起源于资中球溪镇的一道巴蜀江湖名菜。当地有一条球溪河，是沱江的支流，盛产的野生鲇鱼无鳞少刺，且肉质细腻，富含多种矿物质和微量元素，营养价值极高。

　　球溪有烹饪鲇鱼的传统，几乎家家都会做鲇鱼，以前当地人讲究以野生鲇鱼为原料，现吃现杀，主要有大蒜鲇鱼、麻辣鲇鱼、水煮鲇鱼等口味，以麻辣鲜香的特色著称。因此，一般现在川菜江湖菜鲇鱼烹饪中，球溪地区的鲇鱼做法影响最大，球溪河鲇鱼业已成为川菜河鲜的一块特色招牌，也是球溪地区最闪光的餐饮名片。

一、球溪河鲇鱼的相关记载与认同

　　球溪河鲇鱼兴起于20世纪80年代，由于年代偏近，因此文献资料记载不多。就目前搜集到的资料，只有少量川菜方面的书记载了球溪鲇鱼这道菜，主要介绍的都是球溪鲇鱼的原料、辅料及制作方法，内容大同小异。

《新编家庭川菜》一书对球溪鲇鱼做了一个简要概述：

> 这是成渝公路资中段球溪河内所产的鲇鱼，用四川传统麻辣调料调制，突出麻辣鲜香风味的代表菜，在公路沿线非常有名。家庭制作此菜效果也不错，可以算作是家庭特色风味菜，最宜品味。①

然后介绍了球溪鲇鱼的原料、制作过程和诀窍，讲究以野生鲇鱼为原料，突出麻辣鲜香的特点。另外有三本书②也详细介绍了球溪鲇鱼的原料、制作方法、成菜要求及要领。仅有《最应品尝的四川美食》一书介绍了球溪鲇鱼这道菜的兴起缘由：

> 实际上，球溪鲇鱼的兴起，与成渝高速的开通，有着极大的联系。作为西南地区第一条高速公路，成渝高速开通之初，每天车流往来如织。从地理位置上讲，球溪镇恰好处于成渝高速中段，无论从成都还是重庆出发，当时行驶至此恰好二至三小时，长途奔忙的司机、过往的旅客均会在此歇息或吃上顿饭。众所周知，出门在外的人，往往需要一些味道比较鲜辣的食物，一是开胃佐餐，二是提神醒脑。球溪鲇鱼恰好具有此特点。因此，凭借地理位置的优势与鲜香猛辣的滋味，球溪鲇鱼迅速在市场中赢得口碑并广泛传播。如今，球溪鲇鱼逐渐遍布巴蜀，甚至在京、津、沪等大城市也逐渐登陆，但对于食不厌精脍不厌细的食客们，最为理想的无疑还是在成渝高速球溪段歇上一脚，过一把"鱼瘾"。③

此处明确指出球溪鲇鱼的兴起与成渝高速的开通密切相关。成渝高速开通之后，由于地处成渝中心的地理优势，成渝之间大量往来的司机与旅客恰于中

---

① 黄永莲等：《新编家庭川菜》，成都：四川科学技术出版社，2001年，第244—245页。
② 吕樊国：《川味热菜150例》，成都：四川科学技术出版社，2002年，第36—38页；张通奎、程松：《川渝流行菜》，重庆：重庆出版社，2003年，第82页；赵良齐：《经典川味菜谱》，北京：中国人口出版社，2006年，第255—256页。
③ 四川师范大学历史文化学院主编：《最应品尝的四川美食》，成都：四川人民出版社，2010年，第44—45页。

午饭点行至球溪解决午餐需要。另外，球溪鲇鱼麻辣鲜香的口味提升了长途跋涉的人们的食欲，消除疲乏。因此，球溪鲇鱼拥有了丰富的客源，并且在南来北往的人群中赢得口碑，经大家的推广介绍迅速提升了名气。

此外，2013 年邹渠的《球溪鲇鱼求"变身"》[①] 一文也提到了球溪鲇鱼的兴起缘由：

> 20 世纪 80 年代起，盛产鲇鱼的球溪河就开始出名——这里是成渝两地公路交通的必经之地，随着南来北往的客流，球溪河鲇鱼这道特色美食声名鹊起。据不完全统计，目前省内外打球溪河鲇鱼招牌的餐馆至少有 1 万家。

同时该文也谈到，尽管目前球溪鲇鱼在省内外其他地区发展较好，但球溪当地鲇鱼餐馆却生意惨淡，出现了"墙里开花墙外香"的有趣现象。

综上所述，球溪河鲇鱼始于 20 世纪 80 年代，成渝高速开通后声名远播，但现在当地鲇鱼餐馆却生意惨淡。但目前有关球溪河鲇鱼具体的创始时间、创始人、早期餐馆、球溪鲇鱼发展历史及其原因等内容，尚未有记载，这也是我们此次调查力图解决的问题。

二、球溪河鲇鱼的历史调查过程

我们向资中地方志办公室的工作人员了解到，内江市方志办编写的《美食内江》一书中有关于"资中鲇鱼"这道菜的介绍。

> 资中鲇鱼作为美食佳肴，于 20 世纪 80 年代中后期被大规模推上餐桌。当时，成渝公路（321 国道）鱼溪镇天马山路段几十家鲇鱼餐馆前车水马龙，食客络绎不绝，形成最初闻名全川的天马山"鲇鱼街"。1995 年成渝高速公路通车后，取而代之的是鱼溪、球溪两地高速公路出口新的"鲇鱼街"，打造出了

---

① 邹渠：《球溪鲇鱼求"变身"》，《四川日报》2013 年 11 月 21 日，第 009 版。

"球溪鲇鱼"和"鱼溪鲇鱼"两张知名餐饮品牌。这两地"鲇鱼街"快速兴起和规模发展，把鲇鱼餐馆开到了大江南北。

聚集在鱼溪、球溪两地高速路口的鲇鱼馆基本是以老板姓氏命名"××鲇鱼庄"，都悬挂有"内江名菜"标志，进任一家都能吃到正宗的鲇鱼美食。鲇鱼佳肴有麻辣味、家常味和白味，菜品有大蒜烧鲇鱼、麻辣鲇鱼、水煮鲇鱼、鲇鱼烧豆腐、清蒸鲇鱼、鲇鱼皮等，风味独特。其中尤以麻辣味最为普及、最为地道。鱼馆大厨在制作家常麻辣鲇鱼时各有手法，但基本制作工艺大致相似，现宰现烹，食材绝对新鲜。①

不过，这篇文章的记载较为简略，具体时间、地点、人物、店名及发展兴衰趋势，仍需通过调查来确定。

（一）球溪东站高速出口（139）的鲇鱼街调查

1. 目前东站口碑较好、餐饮规模较大的张妈鲇鱼庄

成渝高速开通以前，球溪镇家家都会做鲇鱼，只是味道上有略微差异。张妈鲇鱼庄位于球溪东站高速出口右侧 50 米，我们对张妈鲇鱼庄厨师卿松进行了简单的采访，得知他于 2007 年到张妈鲇鱼庄学做鲇鱼，是继张妈（何瑞芳）、张岗之后的第三代传人。前几年生意好的时候，一天可卖几百斤鲇鱼，属于大众消费。

10 月 20 日晚上，我们在资中凤凰城卡洛里茶楼二楼与张妈鲇鱼庄总经理张岗进行了访谈。据张岗介绍，张妈名叫何瑞芳，嫁到张家后称张何氏，是张妈鲇鱼庄的创始人。张妈鲇鱼庄于 1981 年开店，1997 年以鲇鱼图像注册商标，2003 年他接手经营张妈鲇鱼庄，2005 年成立了张妈妈鲇鱼有限责任公司。但我们在餐馆参观时看到以前的广告说是 1986 年开店，我们询问过当地老人，他们也表示张妈鲇鱼庄开店不早，至少晚于张学良 1985 年开的周氏鲇鱼庄。

据张岗介绍，张妈鲇鱼庄在 1986—2000 年期间生意最好，球溪东站与西站

---

① 中共内江市委党史研究室、内江市地方志办公室编：《美食内江》，北京：开明出版社，2017年，第 38—39 页。

高速出口南北相距 6 公里，当时这 6 公里之间都是鲶鱼餐馆，多达百余家。球溪鲶鱼如此受欢迎不是没有原因的，鲶鱼由于少刺，适合各种人群消费；沱江的野生鲶鱼会洄游至球溪河，用野生鲶鱼做出的鲶鱼味道最好；球溪是国道 321 公路的重要枢纽，1995 年成渝高速公路开通，成渝之间往来经过球溪的车流量增多，因此中午在球溪吃饭的过路车辆很多；餐馆的主要消费对象是过路的司机、旅客，球溪本地人通常只有请客的时候才去餐馆吃鲶鱼，平时都是自己买鲶鱼回家做。南来北往的司机、旅客对球溪鲶鱼的赞美和宣传，使得这道菜扬名于外。十几年前的黄金周每天有四五万营业额，能卖出 500 到 800 斤鲶鱼。

另外，张岗提到，球溪东站高速出口的鲶鱼餐馆基本上是同期同步发展，但只有张妈鲶鱼注重品牌知识产权的保护。他甚至说道："中国鲶鱼在四川，四川鲶鱼在球溪，球溪鲶鱼在张妈。"张妈鲶鱼确实在店面装修、知识产权和广告推广方面比其他鲶鱼餐馆做得要好，目前在成都、重庆、绵阳、南充等地开了十余家分店，并且已经涉及其他领域的生意。

张岗还说，张妈鲶鱼庄以美味扬名，主要在调料和原材料上有秘诀。调料有自家秘制的豆瓣酱、自家泡制的酸菜、土清油和保密的香料配方。原材料上尤为注重鲶鱼的养殖。2007 年，张岗联合水产养殖户成立了球溪河三江鲶鱼渔业农民专业合作社，建立了生态鲶鱼沟，并对鲶鱼沟实行水质监控，养殖鲶鱼不喂饲料，采用"大鱼吃小鱼"的方法，即用寸片喂食鲶鱼，这样养出来的鲶鱼口感好，没有泥腥味。另外，张妈鲶鱼庄的鲶鱼做法已经标准化，制定了球溪鲶鱼这道菜的厨艺标准，张妈鲶鱼庄外地分店的厨师，必须经过厨艺培训，考核通过之后颁发证明才有资格到分店当厨师，保证张妈鲶鱼庄做出的鲶鱼口味一致。

张岗还谈到现在球溪鲶鱼的一个现象：墙内开花墙外香。球溪鲶鱼这道菜目前已经推广到了省内外其他城市以及国外的华人街，其名气不亚于经典川菜回锅肉，已是江湖菜河鲜的一个代表。球溪人依托球溪鲶鱼这个品牌，在外地普遍开起了鲶鱼餐馆。张岗总结为"两把菜刀闹革命"，两夫妻就能在外开餐馆。目前打着"内江鲶鱼"、"资中鲶鱼"、"球溪鲶鱼"、"鱼溪鲶鱼"、"渔溪鲶鱼"等招牌的餐馆在世界范围内超过 3 万家,假设每个餐馆每天平均销售 300 元,这样球溪鲇鱼餐饮业每年的品牌产值能达到十几亿元以上,再加上餐饮行业带动的鲇鱼养殖业、水产业以及餐馆服务业,球溪鲇鱼产生的经济价值更是高达数十亿。

2. 球溪东站鲇鱼街其他鲇鱼餐馆

现在从球溪东站高速出口一直绵延几公里到球溪西站高速出口的鲇鱼街景象已不存在,只有球溪东站出口附近尚能看到十几家鲇鱼餐馆招牌,其中仍在经营的鲇鱼餐馆只剩六七家,各餐馆门前几乎都无人光顾。后来采访了解到,球溪鲇鱼餐馆的主要消费对象是中午的过路司机,中午的生意比晚上好。

此外,很多鲇鱼餐馆都打"正宗周书记"或"老书记"的招牌,从对当地老人的采访中得知有三种说法。一说是高速公路开通之前,一个租房子的人首先在 321 国道边上开了第一家老书记鲇鱼餐馆,其他餐馆纷纷效仿"老书记"招牌,以彰显自身餐馆是经营历史长久的老店。二说老书记原是大队支部书记,姓周,现在已经去世了,都打"老书记"招牌是为了提升餐馆的信誉,吸引顾客。因为鲇鱼餐馆的顾客多是成渝公路上的过路司机,有些不良商家会故意抬高价格宰客,打"老书记"招牌是为了让顾客相信自己的店诚信经营不欺客。第三个说法是政府官员经商的结果,周书记号召大家开店时打自己的名号,或许能从中牟利。

我们询问了一些当地老人了解到,20 世纪 80 年代初,139 附近还没有居民居住,现在的正宗老书记鲇鱼总店店址还在干菜码头,以前居住的地方离 321 国道比较远,90 年代修建高速公路,村民们才在 321 国道旁修房子、开餐馆。在 80 年代后期修建成渝高速公路之时,国道 321 旁只有两三家餐馆在卖鲇鱼,其他的餐馆大多是 1995 年成渝高速开通之后才普遍开始做鲇鱼生意的。成渝高速开通后鲇鱼餐馆的生意最好,每天成渝高速上络绎不绝的过路司机中午都会在球溪用餐,每天家家餐馆都爆满,当时是球溪鲇鱼发展的黄金时代,能卖到八十多元一斤。后来成渝之间其他高速开通后,成渝高速上的车辆被分流,过路车辆逐渐减少导致鲇鱼餐馆的生意逐渐下滑。

正宗第一家老书记周鲇鱼是 139 附近开店最早的餐馆之一,1985 年开业,老板张学良是餐馆的创始人，最初名为周氏鲇鱼庄，做法与其他餐馆大致无二，餐馆烹饪的鲇鱼是由鱼贩子每天定时定量送来，每条有5—8斤重。

据张学良介绍：1997年他曾接受过《西南航空》的采访[1]，之后很多人慕名前来吃鲇鱼，生意好的时候曾经每个餐馆每天可以卖两三百斤鲇鱼，鲇鱼餐馆经常爆满。2002年成南高速开通后客源减少，2014年成自泸高速开通后客流量更少。现在节假日由于高速不收费，会有人专门来店里吃鲇鱼。

九〇年老书记周鲇鱼老店老板李大娘介绍说，餐馆一直是自家人经营，开店时间已记不清，厨师是自己和儿子，最初是李大娘掌厨，儿子的手艺学自李大娘，现在在外地开店掌厨，自己留守本地餐馆。现在很多球溪本地人在外面开店，包括自己的儿子，来往139的客流量减少了很多，再加上现在各地都有球溪鲇鱼餐馆，因此生意远不如前，平时基本没有顾客，只有过年过节生意好点。

（二）球溪西站高速出口（黄桷树）的鲇鱼街调查

因西站附近以前种有几棵黄桷树，故当地人俗称该地为黄桷树。多个球溪本地人告知我们，黄桷树的黄资万是当地较早做鲇鱼生意的，而且也是黄桷树经营得最好的鲇鱼餐馆。

据黄桷树饭店（黄资万）老板娘詹桂仙介绍：她与黄资万两夫妻原是农民，因修高速公路房屋、土地被征用，于是搬至国道321旁居住，另谋生路。黄资万以前就爱钻研美食，球溪鲇鱼这道菜就是由他逐渐摸索出来的。1988年开店，在餐馆旁立了一块木质的招牌——黄桷树饭店，当时

黄资万夫妇早年受采访照片

是黄桷树第一家鲇鱼餐馆，地址一直没变过。后来其他鲇鱼餐馆也效仿打出"黄桷树饭店"的招牌，于是老两口就在店名旁加上老板黄资万的名字，顾客也

---

[1] 《西南航空》杂志，1997年第2期，总第34期。

多是奔着黄资万的口碑来吃鲇鱼。

詹桂仙还提到：当时的调料比较少，口味也比较单一，主要是大蒜烧鲇鱼，可以提香去腥。现在调料比较丰富，口味也增加了，顾客可以根据自己的口味进行选择，有大蒜味、清蒸白味、麻辣味、干烧味。

詹桂仙还说，开店之初，中午在球溪吃过路饭的司机络绎不绝。修高速公路的时候，很多工人也来餐馆吃鲇鱼。1995 年成渝高速通车之后，餐馆离球溪西站出口很近，客流量大，因此 20 世纪 90 年代餐馆生意很好，经常通宵做生意，现在逢年过节的时候生意也爆满，两夫妻分工明确，詹桂仙负责接待客人，黄资万负责厨房煮鱼。

现任厨师黄贞材，63 岁，1991 年到黄资万餐馆学厨帮工至今，老板黄资万平时淡季已基本不下厨，只有旺季忙不过来的时候才帮忙。黄贞材介绍道，平时生意好的时候，从上午 11 点就开始有客人来吃鱼，一直持续到下午 2 点，整整三个小时都在不间断地煮鱼，做一道球溪鲇鱼一般仅需 10 分钟左右。

黄资万鲇鱼餐馆满堂的生意让本地人觉得有利可图，于是纷纷在国道 321 两旁开店，1995 年成渝高速开通之后，黄

厨师黄贞材

楠树转盘处车水马龙，外地车辆往来不息，因此家家鲇鱼餐馆生意都很好。后来随着其他高速的陆续开通，往来球溪的客流大量减少，很多鲇鱼餐馆生意下降，有的餐馆甚至倒闭关门。现在球溪西站高速出口还有将近十家鲇鱼餐馆，我们中午经过时基本没有顾客。

（三）鱼溪天马山鲇鱼街调查

据当地人介绍，成渝高速开通之前，成渝往来车辆都走国道321公路，天马山是必经之地，每天的过路司机川流不息。成渝高速开通之后，途经天马山的车辆大幅减少，很多以前的老餐馆都已关门，只有一家永久王鲇鱼餐馆仍然在营业。

我们来到天马山永久王鲇鱼餐馆，通过采访了解到，永久王鲇鱼始于1985年，创始人是王永久，鱼溪本地人，原是球溪糖厂的厨师，自创了鲇鱼这道菜，1985年借资3000元与妻子在天马山开起了鲇鱼餐馆。不到半年就返本把3000元借款还清，1987年，王永久就成了当时为数不多的万元户。在天马山经营了几年的鲇鱼生意后，王永久就将鲇鱼餐馆开到了成都，1995年在成都犀浦开了第二家店。

据王永久的嫂子李婆婆介绍，天马山的老餐馆曾歇业两年，1995年由她接着王永久的招牌继续经营，她的鲇鱼手艺学自王永久，店里鲇鱼的做法二十多年来一直没变。现任老板姓甄，也是王永久的亲戚，甄老板说自己2012年左右回乡接手餐馆，跟李婆婆一起掌厨。

甄老板说道，天马山鲇鱼街在成渝高速开通之前，客流不断，生意很好。自1995年成渝高速开通后，途经321国道天马山路段的车辆大量减少，生意每况愈下。最近几年凭借好味道和老顾客的口碑，生意才渐好。顾客多为回头客，主要是资中、内江、简阳等地的顾客专程来吃，也有少量过路顾客，几乎每天都能坐满。近年餐馆主要卖鲢鱼，而不是鲇鱼，花鲢一天能卖一两百斤，鲇鱼几十斤。

二十几年前天马山鲇鱼街几十家鲇鱼餐馆内食客络绎不绝的现象早已一去不复返，仅留下一些破旧褪色的鲇鱼招牌还在诉说着曾经的繁华。现在天马山路段可用冷清来形容，我们采访所见仅有几家鲇鱼餐馆仍在经营，除了永久王鲇鱼还顾客盈门外，另外几家开店较晚的餐馆都没有顾客，其他一些以前的鲇鱼餐馆则早已人去楼空。

三、球溪河鲇鱼调查后的初步认识

球溪河鲇鱼被大规模推上餐桌经营始于 20 世纪 80 年代中后期，在近 30 年的发展中经历了几次变化，大致可分为三个时期：1995 年以前的国道 321 时期，以鱼溪天马山的鲇鱼街为盛；1995 年成渝高速开通之后，球溪东站、西站高速出口大量鲇鱼餐馆开业，形成新的鲇鱼街；成渝之间其他高速开通之后，由于客流减少，球溪东站、西站高速出口的鲇鱼街餐馆大量关闭，于是球溪人纷纷外出开起了鲇鱼餐馆，扩大了球溪鲇鱼的餐饮影响力，将球溪鲇鱼发展成川菜河鲜的代表菜肴。可见，球溪当地鲇鱼餐馆的兴衰与其地理位置和交通条件密不可分，此外，球溪人外出开店也使球溪鲇鱼迎来二度发展的机会。

（一）1995 年成渝高速开通前，鱼溪天马山鲇鱼街名气最大

20 世纪 80 年代中后期，鱼溪镇天马山和球溪镇的 139（后来的球溪东站高速出口）、黄桷树（后来的球溪西站高速出口）三个地点都有鲇鱼餐馆，只是开店时间上相差两三年。当时球溪 139 和黄桷树两地的鲇鱼餐馆数量少，且相对分散，没有形成规模效应，名气屈居于鱼溪天马山之下。此时鱼溪天马山路段公路两旁分布有几十家鲇鱼餐馆，数量多且集中，形成了一定规模的鲇鱼街，生意火爆，名气明显高于球溪两地。

长期以来成渝之间来往车辆都行经国道 321 公路，而鱼溪天马山路段是国道 321 公路的必经之地，来往车辆川流不息，因此当地鲇鱼餐馆主要是解决中午过路司机和旅客的午餐需要，一般中午生意比晚上好，每家鲇鱼餐馆都能满座。1985 年开店的永久王鲇鱼是目前唯一存留下来仍在经营的老字号鲇鱼餐馆，创始人王永久已将鲇鱼生意做大，在成都开了多家分店，天马山老店由他的嫂子接手经营，鲇鱼做法一如既往。1985 年 139 附近的国道 321 两旁开始有零星的两三家鲇鱼餐馆，其中有现在的"正宗第一家老书记周鲇鱼老店"和"九〇年老书记周鲇鱼"。1988 年黄桷树的黄资万开始卖鲇鱼，是黄桷树最早的鲇鱼餐馆。

（二）1995 年成渝高速开通之后，天马山鲇鱼街衰落，球溪东站、西站高速出口形成新的鲇鱼街

1995 年成渝高速公路的开通，改变了以往天马山鲇鱼街繁忙的景象，大量过往车辆不再走 321 国道，自然天马山鲇鱼街的鲇鱼餐馆失去了最主要的客源，生意惨淡，许多餐馆相继关门歇业。与此相对的，过路车辆改走成渝高速，球溪 139 和黄桷树迎来了大批客流，因此大量的鲇鱼餐馆如雨后春笋般出现，球溪鲇鱼迎来了发展的黄金时代。

球溪东西两站高速出口相距 6 公里，鲇鱼餐馆一直绵延其间，多达百余家。中午饭点时，鲇鱼餐馆都能坐满堂，每家餐馆每天能卖一两百斤鲇鱼，有时甚至能看到排队吃饭的车辆绵延一两公里的盛况，黄资万饭店生意好的时候还能通宵营业。经南来北往过路的司机和乘客宣传推广，球溪鲇鱼在此时期得到迅速发展，在省内外名气大增，球溪镇也因这道河鲜美味而被外地所熟知。

（三）成渝之间其他高速公路开通之后，球溪本地鲇鱼餐馆生意惨淡，球溪人纷纷外出开店，于是球溪鲇鱼餐馆遍地开花

球溪鲇鱼街经过几年的繁华之后，也遇到了发展以来最大的危机，成渝之间交通路线网的变化使球溪鲇鱼街经历了天马山鲇鱼街同样的衰落命运。

1995 年开通的成渝高速是西南地区第一条高速公路，进入 21 世纪，成渝之间多条高速公路相继开通，将原成渝高速的车流大幅度地分流，这样途经球溪的过路车辆大量减少，球溪鲇鱼餐馆的生意自然随着客源流失而下降。

于是球溪人纷纷在外地开起了鲇鱼餐馆。目前省内外许多城市都有打着球溪鲇鱼招牌的鲇鱼餐馆，外地鲇鱼餐馆多为夫妻档，因成渝高速开通后积攒起来的名气，球溪鲇鱼在外地广受欢迎。此外，球溪鲇鱼餐饮行业内部现在有了一定的组织管理，平时依靠微信等社交软件经常沟通交流，淡季的时候球溪鲇鱼生意人更是聚在一起畅谈生意经，互相交流经验，促进共同进步。

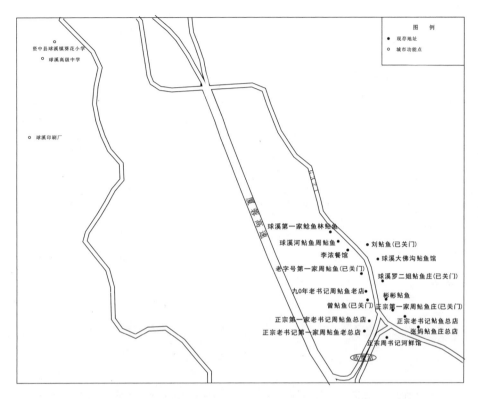

球溪东站鲇鱼街鱼庄分布图

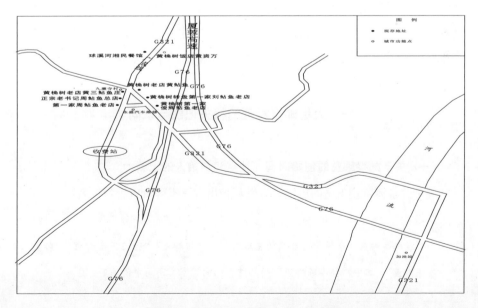

黄桷树（球溪西站）鲇鱼街鱼庄分布图

大足邮亭鲫鱼历史调查报告

调 查 者：池秀红、张莲卓

调查时间：2017 年 10 月 22 日

调查地点：重庆市大足区邮亭镇陈鲫鱼总店、刘三姐

　　　　　邮亭鲫鱼店

执 笔 人：池秀红

大足邮亭鲫鱼是一道源于大足邮亭镇，在 20 世纪 90 年代末火爆于川渝两地的江湖菜，其风味特点是麻、辣、鲜、香，引入了重庆火锅吃法的邮亭鲫鱼也有麻辣、清汤、香辣三种口味供食客选择。现在遍布全国的邮亭鲫鱼店铺和产业还带动了辣椒、生姜、萝卜、大蒜等相关配套产业的发展。

一、大足邮亭鲫鱼的相关记载与认同

（一）关于邮亭鲫鱼的创始时间、地点和创始人的记载

关于邮亭鲫鱼较出名的店铺，有资料指出有三家鲫鱼店较为有名：

> 在邮亭鲫鱼一条街，最著名的招牌有"刘三姐鲫鱼""杨门正宗鲫鱼""邮亭陈鲫鱼"。其中"邮亭陈鲫鱼"的品牌，已向国家工商局申请注册。①

---

① 杨源、杨辉隆编著：《中国导游十万个为什么·重庆》，北京：中国旅游出版社，2008 年，第 232 页。

而关于邮亭鲫鱼这道菜的创始人及最早开店的人，却众说纷纭，总的来看，有以下四种说法。

1. 没开店铺的向姓老人创始说

一篇《永恒不变｜麻辣霸道江湖菜，重庆大足邮亭鲫鱼！非遗产品！》的文章说，邮亭鲫鱼的创始人为一向姓老人，创始地点为邮亭镇，而起源于清咸丰年间。

> 邮亭镇……是旧时下到重庆，上达成都的必经驿站，自古为成渝交通咽喉，史称"邮亭铺""邮亭驿"。清代咸丰年间，南来北往的行人停留邮亭铺，喝茶、打牌、吃饭、住宿，人气甚旺。
>
> 从那时起，本地一些精明的渔民便依托邮亭铺开起了路边鲫鱼店。这里煮出的鲫鱼以其味鲜、细嫩的口感，赢得过往官家和商贾大加赞赏，天长日久，名声远播。……据了解，由六十多岁重庆大足邮亭镇向姓老人发明，是重庆地区烹饪鱼的又一杰作，川渝两地的一些县市餐饮市场，刮起了一股"邮亭鲫鱼"旋风。
>
> 传说此菜发源于咸丰年间的邮亭铺，真正火爆是在 20 世纪八九十年代，因为口味不断创新至今仍受市民喜爱，和石刻一样成了大足的名片。①

《重庆江湖菜大全》一文亦认为邮亭鲫鱼为一位六十多岁的老人在 1992 年发明的，他先后在"向老太婆鲫鱼""刘三姐鲫鱼"店工作过，但他具体姓甚名谁并不清楚。

> 其实邮亭鲫鱼的历史并不是很久远，它最初发明于 1992 年，由一位大概 60 岁的老人发明的，他本人其实是大足县珠溪镇人氏，20 年过去了，这位老人也早已离开了尘世，但他留给我们的这道邮亭鲫鱼却广为流传，这位老人最先的工作地点是在"向老鲫鱼"（邮亭镇外的高家店），但时间的推移使得这家

---

① 《永恒不变｜麻辣霸道江湖菜，重庆大足邮亭鲫鱼！非遗产品！》，2017 年 4 月 18 日，http：//www.sohu.com/a/134864053_351342。

餐馆早已没落了，后来这位老人又被刘三姐（"刘三姐鲫鱼"老板）请去，也就是在刘三姐那里邮亭鲫鱼崭露头角，之后纷纷前来学艺之人甚多。①

2. "向老太婆鲫鱼"向俊东最早开店说

2014年，《大足日报》一篇名为《寻根邮亭鲫鱼》的报道中又提出一种说法，指出在邮亭鲫鱼的发展中，有三户人家做的时间都比较早，而向俊东老人开了最早的邮亭鲫鱼店。

在众多消费者眼中，"向老太婆鲫鱼"才是最早的一家鲫鱼店。今年70岁的向俊东年轻时参军当通信兵，因为煮饭煮得好，调到了伙房。在部队里，见识了天南地北的烹饪方式，自创了独特的煮鱼方法。1984年，退伍回乡的向俊东和妻子开了邮亭第一家鲫鱼店，因为掌握了"独门绝技"，他的鲫鱼店很快做得风生水起……鲫鱼店的生意越来越好，年迈的向俊东夫妇渐渐顾不过来，希望儿女回来传承手艺，却没有一个人愿意，嫌太累。2012年，向俊东无奈之下，将店铺租了出去，挑剔的食客却不满意新的老板，生意逐渐萧条，向俊东又开始重操旧业，但每天只接待少量客人。尽管如此，"向老太婆鲫鱼"店依然是鲫鱼食客的天堂。②

3. "刘三姐鲫鱼"刘三姐祖传技艺、最早开店说

《寻根邮亭鲫鱼》一文关于"刘三姐鲫鱼"店的内容如下：

刘三姐，原名刘著英，今年63岁，是邮亭"刘三姐鲫鱼"的老板……1990年，刘三姐在家门口开了个小饭店，由于没有经验，亏本一万多元……几个月后，刘三姐重整旗鼓，摆上4张桌子，添置了些锅碗瓢盆，小饭馆改成了鲫鱼店。刚开始的时候，每天凌晨5点，刘三姐都要到几十里外的荣昌县广顺采购新鲜的鲫鱼，来回三个小时，几十斤的活鱼，都由刘三姐背回来。几经煎

---

① 《重庆江湖菜大全》，2012年10月1日，http：//www.360doc.com/content/12/1001/20/1712081_239054806.shtml.
② 袁毅、王廷志：《寻根邮亭鲫鱼》，《大足日报》2014年8月13日，第A4版。

熟，老人传下来的煮鱼手艺，在刘三姐手里重新"活"了过来，温油、煎料、勾料、浇油一气呵成，引来了食客，也引来了小偷……好在有她侄儿李昆仑的帮忙，20岁的李昆仑跟着阿姨把生意从4张桌子做到了40张桌子。刘三姐除了烹制祖传鲫鱼，又根据人们口味的变化，在调料、火候上下功夫，开发出了"红烧家常鲫鱼""锅巴鲫鱼""肥肠鲫鱼""大蒜鲫鱼"等不同口味的鲫鱼，赢得了八方食鱼者的青睐。①

4. "陈鲫鱼"陈青和最早说
《寻根邮亭鲫鱼》一文关于"陈鲫鱼"店的内容如下：

在重庆，陈青和第一次吃到了火锅，他一下迷上了那诱人的鲜香。那时的邮亭还没有火锅店，陈青和决定，将这样的味道带回家乡。他的父亲陈恒青是煮鱼的好手，陈青和传承了父亲的手艺和天赋，开起了鲫鱼餐馆。他脑子活络，时常让食客们提出自己的意见，不断改进配方和口味。陈青和因为在饭店里表演魔术，引来了《华西都市报》《重庆晨报》《商报》等数十家媒体报道。邮亭鲫鱼依靠"奇人陈青和"的名气，声名远扬。邻居们纷纷效仿他开鲫鱼店，连名字大多也叫"陈鲫鱼"，时至今日，陈青和鲫鱼店所在的街道发展出大大小小三十多家鲫鱼店，被当地人称为"鲫鱼一条街"。

同时《永恒不变｜麻辣霸道江湖菜，重庆大足邮亭鲫鱼！非遗产品！》也讲了陈青和做鲫鱼的缘由：

家住邮亭新市村五组的陈青和原本是个打石匠。谈起为什么卖起了鲫鱼，陈青和说道："煮鱼的手艺，传自我父亲，他最爱吃鱼，自然练得一手煮鱼的好手艺。我从中看到了商机，准备用这门手艺创业。"
1983年，三十出头的陈青和改行做餐饮。"那时刚允许私人经营餐厅，所以我就想把父亲的手艺用起来，摆个摊摊卖鱼。"但他坦言，自己最开始的小

---

① 袁毅、王廷志：《寻根邮亭鲫鱼》，《大足日报》2014年8月13日，第A4版。

摊并不是打邮亭鲫鱼的牌子，"那时候主要是卖火锅，兼搭着卖鲫鱼，后来吃鲫鱼的客人越来越多，干脆就只卖鲫鱼了。"

同时，我们找到几个视频资料，其中一段是陈鲫鱼的老板陈青和参加了中央台2014年3月18日的《影响力对话》节目的视频。在节目中他也说到，邮亭鲫鱼一条街当时只有他一家在开店，正是他的成功带动了邮亭鲫鱼一条街的形成。他开店是因为在重庆吃到了火锅，当时母亲和妻子都反对他，但是他摆了4张桌子就开干了，开始是开的火锅店，叫"陈火锅"，买了几包火锅底料，照着上面的方法来做，其间有客人来吃的时候给了他许多建议。后来生意做大了，请了其他厨师，陈青和从其他厨师那里也学到了许多做菜的技巧。

（二）关于邮亭鲫鱼的发展与成就

在查找关于邮亭鲫鱼的创始人及最早店铺的时候，我们发现多数介绍中都提到20世纪90年代为邮亭鲫鱼的发展高峰。

> 特别自20世纪90年代开始，除川渝两地刮起了一股"邮亭鲫鱼"旋风外，甚至江苏等省外一些城市里，也可见到"邮亭鲫鱼"店。在邮亭鲫鱼的发源地邮亭镇，更是形成了邮亭鲫鱼一条街，经营户超过了20户，从业人员二百余人。[①]

2011年3月18日的《行报》报道了邮亭鲫鱼的良好发展状况：

> 重庆邮亭镇产鲫鱼，大概从上个世纪末的时候，鲫鱼做出了名气，被五湖四海的食客们加冕为"邮亭鲫鱼"。小镇上两溜小店，足足有数十家餐馆，专做邮亭鲫鱼，还捧出了"向鲫鱼""陈鲫鱼"等几个名角。做这道菜，泡姜、泡海椒非常重要，所以江湖上留下传说，邮亭鲫鱼火爆的时候，当地很多做泡

---

① 《一道邮亭鲫鱼 为何能火30年》，《重庆晨报》2014年3月27日，第024版。

姜、泡海椒、泡菜坛子的企业生意也跟着火得不得了。①

《寻根邮亭鲫鱼》一文中也有类似报道。

《永恒不变 | 麻辣霸道江湖菜，重庆大足邮亭鲫鱼！非遗产品！》里面还提到邮亭鲫鱼的制作方法被列入重庆市第四批非物质文化遗产代表性项目名录。

2015 年 2 月 16 日的《大足日报》报道"邮亭鲫鱼"被重庆市规划局、重庆市地理信息中心选入《重庆非遗美食地图》。②

综上，我们发现关于邮亭鲫鱼的历史，其发展高峰是在 20 世纪 90 年代，这是大家公认的。而关于邮亭鲫鱼的创始人及开店情况，我们初步有以下几点认识：（1）向俊东的"向老太婆鲫鱼"在很多消费者眼里是最早开店的，向俊东是发明人；（2）刘三姐的"刘三姐鲫鱼"有祖传的做鱼手艺，历史更久；（3）陈青和的"邮亭陈鲫鱼"名气最大。然而却并不能判断邮亭鲫鱼的发明时间哪一种说法更为可信，发明人究竟是谁，最早开的店究竟是哪家，所以还需要更充足的资料来证实。另外，虽然有向姓老人创始说，但关于他的事迹是否属实也需要考证。

二、大足邮亭鲫鱼的历史调查过程

（一）邮亭鲫鱼的名牌——"邮亭陈鲫鱼"

邮亭陈鲫鱼总店店主的女儿陈雄英告诉我们，另一家做鲫鱼的"刘三姐鲫鱼"要更早一些。至于他们家最开始打出"陈鲫鱼"这一品牌是"在 1999 年，当时是在现在的新街处即邮亭火车站（大足南站）旁"。如今在全国各地都开有加盟店，包括新疆、西藏。

负责陈鲫鱼调料工厂管理经营的伍顺才告诉我们，陈鲫鱼的经营是"前店

---

① 刘小溪：《邮亭美鲫鱼 鲜味由外向内，是新鲜丰美的鱼和近乎完美的调料方案的结晶，很有美感》，《行报》2011 年 3 月 18 日，第 B12—13 版。
② 李美坤：《重庆 48 种非遗美食 邮亭鲫鱼大足冬菜上榜》，《大足日报》2015 年 2 月 16 日，第 A1 版。

陈鲫鱼店外

后厂"的模式，前面开店做鲫鱼，后面是加工陈鲫鱼调料的工厂。工厂的规模年产值可以达到七八百万，调料主要供应分店和零售，到餐厅来买调料的人都络绎不绝。他介绍道："现在店里主要有三种吃法的鲫鱼，分别是邮亭鲫鱼、锅巴鲫鱼、清汤鲫鱼，各自的特点是邮亭鲫鱼麻辣鲜香，锅巴鲫鱼也是麻辣味但相对清淡些，清汤鲫鱼则以喝汤为主，熬出的汤是白色的。在 2017 年元月还创新了一个凉拌鲫鱼，以青椒味为主。"

当地很多店铺都打着"邮亭鲫鱼创始人""第一家邮亭鲫鱼"字样。伍顺才告诉我们："这些店家都是其他人开的店，和'陈鲫鱼'并没有什么关系，只是有一部分人会来买我家工厂的调料。"他还说，"在邮亭镇只有陈鲫鱼和刘三姐鲫鱼是有名的，但只有邮亭陈鲫鱼打入了全国市场。"

对于他们家做鱼方法的来源，中央台拍摄的纪录片里陈青和做鱼的方法来自他的父亲，但在《影响力对话》节目里，陈青和却说"陈鲫鱼"的做法是参考了其他人的意见，慢慢改进的。《邮亭镇志》上记载："陈氏鲫鱼来自河南来足（我们在网络上并没有查询到河南有'来足'这个地名）人氏陈恒清，其谱系为陈恒清、陈青和、陈熊均和陈雄英等。"① 我们据此推断陈家人应该是由外地迁入重庆大足的，做鱼的历史并不是很长，陈青和打出"陈鲫鱼"这个品牌是在 1999 年。

---

① 重庆市大足区邮亭镇人民政府：《邮亭镇志》（1949 年 10 月—2011 年 12 月），重庆大正印务有限公司印刷，2016 年，第 72 页。

(二) 邮亭鲫鱼之始——"刘三姐鲫鱼"

我们采访了"刘三姐鲫鱼"的掌门人刘三姐本人——刘著英女士。刘三姐鲫鱼是刘著英同她的侄儿李昆仑从1992年开始慢慢摸索的，通过选择加什么调料、什么时候掺水、煮多久，慢慢地尝试出来的。但具体是什么时间打出"刘三姐鲫鱼"的招牌，她已经记不清楚了。在刘三姐鲫鱼的创新方面，她说："以前没什么调料，现在调料很齐全，油也放得多，适当添加了一些酸萝卜。以前不熬汤，现在要先熬一会儿汤，大概熬十分钟，把味道熬出来以后再倒鱼进锅。以前鲫鱼的汤是白色的，现在是红色的，现在的汤要熬得久一些，用的辣椒也不一样了，是从云南运过来的。"

他们家的鲫鱼有三种口味，分别是锅巴鱼、鲫鱼煎蛋汤、(麻辣/邮亭)鲫鱼。鲫鱼煎蛋汤是他们家比较独特的一道菜，做法是：先煎鱼或蛋，起锅，然后加水入锅煮鱼，再把蛋放进去，汤熬得很浓稠，营养价值很高。

关于邮亭鲫鱼一条街的形成，她说："是在我们家店的生意火爆以后，这边才有人开始修房子，卖鲫鱼，然后形成了鲫鱼一条街，陈鲫鱼家也是在那个时候才开始卖鲫鱼创业的。"目前，刘著英家已经注册了"邮亭刘三姐鲫鱼"的商标，现在刘著英主要负责店的经营，她的侄儿李昆仑主要负责做菜。

至于"邮亭鲫鱼"的说法来源，刘著英说："在我们做了几年以后，因为这个地方叫邮亭，外面人来吃鱼，就说吃邮亭鲫鱼，我们管自己的牌子叫'刘三姐鲫鱼'，外面的人喊'邮亭鲫鱼'，这个说法实际上是外面的人喊出来的。"所以，我们认为"邮亭鲫鱼"的得名应该是在20世纪90年代中期。

在刘三姐鲫鱼店铺里，挂了很多以前的老照片，上面有许多各方名人前来吃饭在此留下的合影，其中有两张合影都能看出"刘三姐"的招牌字样，有一张看起来

刘三姐早年照片（右）

比较久远，另一张上刘著英身后的店铺贴着瓷砖，但下面门窗与现在几乎一模一样。此外，她还给我们看了她家的一个《"邮亭刘三姐鲫鱼"巴渝老字号》的申报材料，里面对刘家的传承谱系记载得十分清楚：

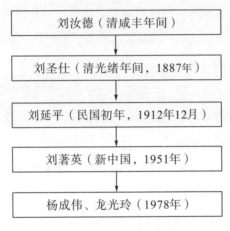

刘三姐家庭谱系图

在《邮亭镇志》上也记载了刘三姐鲫鱼的谱系："刘氏鲫鱼的祖辈最早于清咸丰年间就在邮亭开店煮鱼，其谱系为刘汝德、刘圣仕、刘延平、刘著英、李从孝和杨洋等。"[①] 所以，再结合陈雄英女士和伍顺才先生二人所言，刘家不管是做鱼的历史还是目前传承人打出鲫鱼品牌的时间都早于陈家。

我们在《邮亭镇志》和刘著英家的申报材料中都有看到，邮亭鲫鱼这一古老技艺现在面临着后继无人的情况。一方面是有许多人都看不起这一行业，不愿学习这一技艺；另一方面，此行业目前还是原始的个体经营，经营的规模不是很大。还有就是对邮亭鲫鱼的知识产权保护力度不够，行业混乱，使"邮亭鲫鱼"这一品牌信誉度下降。

三、大足邮亭鲫鱼历史调查后的初步认识

通过调查，我们对大足邮亭鲫鱼的历史发展有了以下几点认识：

---

① 重庆市大足区邮亭镇人民政府：《邮亭镇志》（1949 年 10 月—2011 年 12 月），重庆大正印务有限公司印刷，2016 年，第 72 页。

关于刘家祖辈最早在咸丰年间就开始卖鲫鱼的说法，虽然《邮亭镇志》和刘著英家的申报材料都有所提及，但这两个资料都有可能来自刘家人的口述，并没有其他史料可以佐证，且卖鲫鱼不等于创造了邮亭鲫鱼，所以我们对此持怀疑态度。而刘著英女士和他的侄子李昆仑在1992年开始做鲫鱼，且不断创新改进祖传鲫鱼的做法使其更美味、营养，慢慢创出"邮亭鲫鱼"这一品牌，使许多外地人都知道了邮亭鲫鱼，对大足邮亭鲫鱼的发展有开创之功。

另一家陈鲫鱼店，在1999年刘三姐鲫鱼生意好了以后，才开始做鲫鱼，但是后来居上，在全国各处都开了陈鲫鱼的加盟店，将"邮亭鲫鱼"这一品牌推广到全国，使得邮亭鲫鱼在全国享有较高知名度。

刘著英的意思是邮亭鲫鱼一条街是由刘三姐鲫鱼店的开设带动形成的。而陈青和在《影响力对话》中说是陈鲫鱼的发展带动了邮亭鲫鱼一条街的形成。我们认为两家对邮亭鲫鱼一条街的发展都有贡献。

另外，关于网络上的资料，我们可以确证的是杨门正宗鲫鱼这家店已经不存在了，而不明姓名的向姓老人确实存在，但他对刘三姐鲫鱼店的贡献有限，并不能肯定是他发明了邮亭鲫鱼的做法。

大足邮亭鲫鱼原创地地图

潼南太安鱼历史调查报告

调查者：张莲卓、池秀红

调查时间：2017 年 10 月 26—27 日

调查地点：潼南商务局、潼南文化馆、潼南太安镇老
　　　　　牌何鲜鱼店、老桥头太安鱼店、y 牌太安
　　　　　鱼店、太安镇正街、太安镇政府

执 笔 人：张莲卓

　　潼南太安鱼是潼南的一道名菜。传统意义上，潼南太安鱼仅指潼南太安的
一种名为"鳊鱼"的鱼。而现在太安鱼是一道以鱼为主料的菜的统称，而不具
体指某一种鱼，因现在的太安鱼烹饪中所用的鱼主要有鲤鱼、草鱼、花鲢、白
鲢，此外还有青鲍鱼、武昌鱼、桂花鱼、青鳝、白鳝等。烹饪好的太安鱼，鱼
肉爽滑，汤汁浓郁，味道鲜香。

一、潼南太安鱼的相关记载与认同

　　本次调查的主要目的是查明潼南太安鱼的创始之地和创始人，以及最早开
始商业化经营的企业或店铺的时间及地点。

　　一篇名为《重庆江湖菜》的文章提到：

　　　据《潼南县志·物产篇》记载："鳊鱼，即唐诗'缩项'鳊。产县太安镇

瓦漩沱。腹如越斧，色青黑，味鲜美，实为他处罕见。"《舆地纪胜》载："'孟蜀时，常取鱼于禁溪'。据传所取即此"。故世人又称太安鳊鱼为贡鱼，称瓦漩沱为禁溪。聪明的太安人便以此鳊鱼为优势，创造出一套独特的烹调技艺，制成了早已闻名川中的"太安鳊鱼"，这也就是今日"太安鱼"的前身了。①

我们查阅了 1915 年的《潼南县志·物产篇》，确有相关记载。② 然而，《舆地纪胜》卷一五八《普州·景物下》原文作："大安溪，在安居众水最关，东流至合州入于江。《九域志》谓：'安居水中多鲤鱼，故老云孟蜀尝取鱼于此，禁人捕采，当时号曰禁溪。'"③ 是以禁溪指的是安居水，即今日涪江之支流琼江，自乐至县起，往东南流至潼南县安居镇汇入涪江，全长两百多公里，并不单单指今太安镇的水域。因此，将瓦漩沱与禁溪强行等同未免有附会之嫌。另，唐宋安居水以鲤里出名，但近代出名的是"鳊鱼"，之间的关系也须分清。

在对其他网络资料和文献资料进行梳理后，我们对潼南太安鱼有了初步的认识，它是潼南地区一道比较有名的江湖菜，评价比较好的是一家在 205 省道上靠近太安镇的姐妹鱼庄店，另有一些如老桥头太安鱼店、y 牌太安鱼店等均在潼南太安镇，故而我们调查的重点要放在太安镇上。

二、潼南太安鱼的历史调查过程

2017 年 10 月 26 日上午，我们到潼南商务局和文化馆了解情况，在文化馆帮忙的沈姓老人给了我们一份潼南太安鱼发展史的文档和几张潼南太安鱼的照片。沈老给的材料显示太安鱼的创始人是郑海清，其传承谱系如下：

---

① 《重庆江湖菜》，2009 年 10 月 30 日，http：//i. mtime. com/963233/blog/2695510/。
② 《潼南县志》卷六《杂记·物产》。
③ ［宋］王象之：《舆地纪胜》，北京：中华书局，1992 年，第 4289 页。

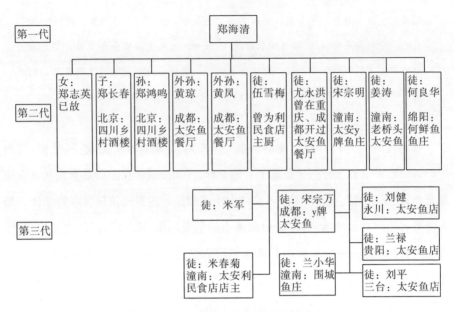

潼南县文化馆提供的太安鱼传承谱系

根据沈老提供的资料，郑海清曾在利民食店和太安罐头厂工作过。

随后我们前往太安镇上据说较早做太安鱼的何鲜鱼太安鱼店，我们的采访相对顺利。男主人徐昂告诉我们，他本人是何鲜鱼店主何良华的女婿，现在经营太安镇的何鲜鱼店，2006年，何良华去绵阳开太安鱼店后就一直在绵阳，并给了我们何良华的电话。徐昂指出太安鱼是何良华、付元龙和一个老人一起创制的。因为当年打出来的鱼卖不掉，他们就自己尝试着做，后来就有了太安鱼的做法，因为是在太安镇，所以就叫太安鱼了。何鲜鱼太安鱼店1984年在太安镇的合作社那里开业，1986年、1987年搬到罐头厂对面，1992年搬到现在所在位置之后就没变过了。他告诉我们他的妻子何燕在1992年开始学习做太安鱼，他家太安鱼的做法没有什么变化，用的鱼基本是本地的，天冷的时候会用绵阳的鱼。

从何鲜鱼往潼南方向走几分钟就是老桥头太安鱼店。店里的小厨师李阳瑞琦告诉我们老桥头姜记太安鱼店店主是姜涛，付元龙是太安鱼的创始人，姜涛是跟着他学的。李阳瑞琦三年前到老桥头太安鱼店学习烹饪太安鱼，有时候姜涛会教他怎么做鱼，但大多都是他以前的师傅教的。他说老桥头太安鱼做鱼以前用的是草鱼，大概 12 年前开始用花鲢，其他调料没有变化。同时告诉我们姜涛教了大概有两三百个做太安鱼的徒弟，全国各地的都有，他们都是到太安镇学习的，所以他们家的名声也很高，但是老桥头没有开分店，这些人在外面也没有加盟他们的店。

店里的年长厨师陈秋生说姜涛是在 20 世纪 70 年代大集体的厨房里（即原来的太安大食店）与别人一起创制出太安鱼的。陈秋生的师傅就是姜涛，他说太安鱼在烹饪上没有什么变化，就是鱼的选择上因为花鲢、白鲢的味道更好而代替了草鱼。

老桥头太安鱼店的厨师陈秋生

佐料也都没有变化，泡菜都是店里自己腌制的。

在老桥头太安鱼店了解完之后，我们继续前往 y 牌太安鱼店。店主宋宗明告诉我们，他的店是 1986 年开的，刚开始只有几张桌子，现在有三百多平方米。另外几乎和他同时开的也有几家店，如何鲜鱼、尤永洪的店（现在不做了）、老桥头太安鱼店等。他做太安鱼的技法是他的师傅王心贝教了一部分，他自己创新了一部分。他的师傅是双江镇杨尚昆家的私人厨师。他本人 1976 年的时候分配到太安大食店工作（现在的政府斜对面太安正街 62—64 号），后来允许个人开店经营的时候，他就出来自己干了。他说老桥头的姜涛曾去跟他的师傅王心贝学习厨艺，王心贝让他指点姜涛，所以他们算是师兄弟，也算是师徒关系。

经引荐，我们找到了太安鱼协会会长王刚。王刚说最早做太安鱼的是米记太安鱼，也就是原来的利民食店，但现在已经不做了，而米记即为他现在所经营的"雅食居"的前身。他说太安鱼的创始人是郑海清，但也不否认有人偷师学艺加自己摸索，推出了太安鱼。而 y 牌、何鲜鱼、老桥头等几乎都是在 20 世纪 80 年代同时开起来的。太安鱼的烹饪方法没有大的变化，只是在每个厨师手里因为调料放置量的变化而有点区别。20 世纪 80 年代，太安镇是交通运输的必经之地，太安鱼通过过往客人的口口相传而出名。

10 月 27 日上午我们再次来到区商务局，见到了特商科科长彭勇。他指出太安鱼的创始人很有争议，主要是因为现在说自己创立太安鱼的几个人在 20 世纪 70 年代基本都在合作社的食堂一起工作过，所以很难说清楚是谁创立的。

年轻时的何良华

11 月 2 日，我们对何鲜鱼店主何良华进行了电话采访。何良华说他本人就是太安鱼的创始人，太安鱼也是他申请注册的，他凭借着太安鱼在重庆的中国美食节上获得了中国名菜的牌子，也把太安鱼推向了全国。他告诉我们郑海清是帮米新伟做事的，米记后来也不做了。他 1982 年左右烹饪出太安鱼，也是在那个时候开的店。对于做太安鱼，他说从创始之初到现在烹饪技术上都没有变化，只是细节上需要厨师自己掌握。

据太安鱼协会会长王刚介绍，米记太安鱼的老板叫米新伟，现在已经有八十多岁，原来是搬运社的工人，80 年代开了米记太安鱼店，并请了当地的名厨郑海清掌勺，后来创出太安鱼并得到当地和过往食客的认可。而米记原本在太安正街上，后来因为修围城路搬迁到滩石村 81 号，20 世纪 90 年代改名为"太安名鱼"，2000 年米新伟因为家庭原因放弃经营而转手给王刚，并改名为"雅食居"而营业至今。

三、潼南太安鱼历史调查后的初步认识

（一）太安鱼的创始人及地点

通过调查与文献对比，我们发现太安鱼这道菜的创始人主要有郑海清、付元龙、王心贝、宋宗明、何良华这几种说法。

郑海清创始说最为普遍，文化馆的资料即持此说。通过与当地人的交流，

我们发现郑海清创制出太安鱼的说法也是他们所认可的。若按此说，则创始地为太安镇原利民食店。但另一方面，文化馆给的资料显示宋宗明、姜涛、何良华是郑海清的徒弟，而宋宗明却说自己的师傅是王心贝，姜涛的店员说姜涛的师傅是付元龙。何良华虽然认识郑海清，但是他也不承认郑海清的创始人地位。故而，对于郑海清在1985年受雇于利民食店之后创出太安鱼这一说法并不能完全肯定。

付元龙为创始人之说只在姜记李阳瑞琦和何鲜鱼徐昂的口中说出，其他人并不了解，但同时他二人对这个人也不是很了解。此外，对于付元龙，他们也都仅仅认为是参与创作，并非独立完成，故而只能说他对太安鱼形成一道独特的菜有一定的贡献。王心贝仅有宋宗明提及，虽然宋宗明说他的师傅王心贝是杨尚昆家的厨师，但这一说法也无从考证。

何良华说他本人首创太安鱼，证据就是他的店首先获得"太安名鱼"的称号，并在重庆美食节上获得成功，也是他自己首先申请注册了太安鱼的商标。若以何良华为创始人，则创始地点则为太安镇原太安大食店。

（二）太安鱼的创始时间与传播发展阶段

通过对各个鱼店的访问了解，我们可以确定太安鱼的创制时间大致在20世纪80年代，若以郑海清创制为主，则是1985年受雇于利民食店之后。若以何良华创制为主，则是1982年之后。若以宋宗明及其师傅王心贝创制为主，则是1986年开店之后。

太安鱼这道菜的传播可以分为两个阶段。第一次传播是在20世纪80年代后期到90年代前期，这段时间一批以太安鱼命名的店铺相继在太安镇诞生，并因为地处省道的旁边，凭借着优越的交通和大量的来往商旅而打出了太安鱼的名气。尤其是20世纪90年代前期，《人民日报》、《人民日报》（海外版）、《重庆日报》、《四川经济日报》、《重庆晚报》等报纸的多次报道也让太安鱼的名声更加响亮。

第二次大规模传播的时间是最近几年，一方面是潼南油菜花景观旅游业的发展，带动了太安鱼的发展；一方面是川菜的发展、美食类节目的推广等让潼

南政府对打出太安鱼的品牌有了相应的重视和政策支持。宋宗明坦言，2018年7月份，区商务局召集太安鱼协会的会员店及所有做太安鱼的店铺开会探讨太安鱼的发展前景，计划在潼南附近的几个水库开展太安鱼养殖，以满足本地市场对太安鱼的需求，同时推广太安鱼走出去发展。

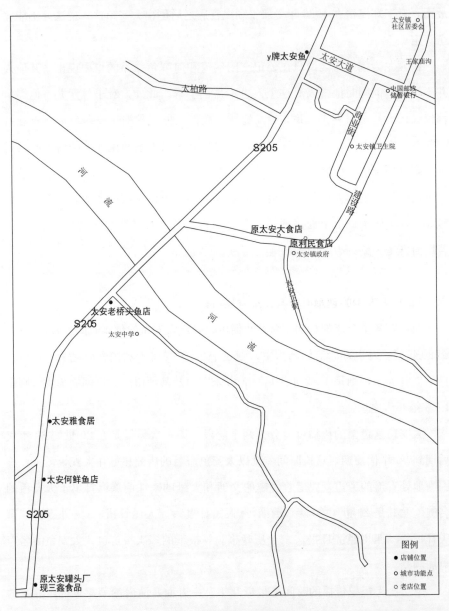

潼南太安鱼原创地地图

江津酸菜鱼历史调查报告

调 查 人：张莲卓、池秀红

调查时间：2017 年 10 月 20 日

调查地点：江津区商务局、江津九龙区邹开喜酸菜鱼店

执 笔 人：张莲卓

江津酸菜鱼是一道远近闻名而又简单易学的江湖菜，在 20 世纪八九十年代由江津双福地区逐渐流传开来。关于谁是酸菜鱼的创始人，目前有多种说法，其中认可度较高的是邹开喜创始说。酸菜鱼的烹饪较为简单，先将鱼切块，拌上鸡蛋面粉糊，放入炒制好的酸菜汤内同煮，煮熟后撒上葱与香菜即可。烹饪好的江津酸菜鱼细嫩爽滑，酸香鲜美，微辣不腻。

一、江津酸菜鱼的相关记载与认同

我们发现关于酸菜鱼的历史起源有四种说法，可将其归纳为两地，一是重庆璧山起源说，一是重庆江津起源说。璧山起源说又可细分为来凤镇起源和璧山老渔翁夫妇发明两种。而江津起源说亦可分为两种，一是江津江村渔夫以鱼与酸菜同煮无意间发明的：

> 传说酸菜鱼始于重庆江津的江村渔船。据传，渔夫将捕获的大鱼卖钱，往往将卖剩的小鱼与江边的农家换酸菜吃，渔夫将酸菜和鲜鱼一锅煮汤，想不到

这汤的味道还真有些鲜美,于是一些鸡毛小店便将其移植,供应南往北来的食客。酸菜鱼流行于90年代初,在大大小小的餐馆都有其一席之地,重庆的厨师们又把它推向祖国的大江南北,酸菜鱼是重庆菜的开始先锋之一。①

一是津福一餐馆有意为之:

　　始创于重庆市江津县津福乡的周渝(注,应作邹鱼)食店,80年代中期经营酸菜鱼,颇受食者赞许,此店陆续收了不少徒弟,艺成之后,离店自立门户,该店的拳头品种也随之流传四面八方。②

另有一篇文章较为客观地分析了酸菜鱼的创始优势、创始人及传播发展过程。该文指出,酸菜鱼是江津津福人邹开喜依托江津优越的鱼资源和喜吃酸菜的习惯,根据当地过路司机想吃开胃菜的要求,试着将鲫鱼和酸萝卜一起煮而收到了意想不到的好评,于是他经过不断创新,最终将酸菜鱼定型为草鱼和酸青菜同煮,并最早打出了酸菜鱼的招牌。

　　善动脑筋的邹开喜突发奇想,把泡菜坛子中的陈年老萝卜捞起,切成丝后与鲫鱼同煮,哪想,这不经意的一招,竟让走南闯北的司机们吃后大呼过瘾!……1982年,邹开喜在津福场上打出了"邹鱼食店"的招牌,专卖酸菜鱼。尔后,随着生意日益兴隆,他又把店开到双河场,更名为"邹开喜酸菜鱼",至此,"邹开喜酸菜鱼"正式问世,成为巴渝江湖名菜一绝。③

---

① 魏咏柏:《"酸香可口"的酸菜鱼》,《大河报》2013年1月24日,第B31版。
② 冉先德、瞿弦音主编:《中国名菜4 巴蜀风味》,北京:中国大地出版社,1997年,第35页。
③ 施迎合:《话说江津酸菜鱼》,《重庆晚报》2013年5月27日,第014版。

二、江津酸菜鱼的历史调查过程

（一）专访刘晓龙

10月20日，我们前往位于江津新区的商务局。在商务局我们遇到了工作人员刘丹，她很热情地给我们提供了三本关于江津酸菜鱼的杂志——《味道江津》（重庆市江津区商务局内部刊物）、《重庆美食》、《江津富硒美食地图——硒味》。当我们问到有没有对江津酸菜鱼比较了解的专家时，她请来了研究员刘晓龙先生。

刘晓龙（男，53岁，江津区商务局副研究员）很耐心地接受了我们的采访，详细地介绍了江津酸菜鱼的历史和发展现状。他告诉我们，江津鱼系菜以酸菜鱼为代表。改革开放初期，以邹开喜为代表的双福酸菜鱼很出名。原因在于20世纪80年代在双福的公路上车流量很大，而邹开喜他们做的酸菜鱼酸爽可口且价格实惠，故而很受欢迎，以至于通过这些客人的口口相传就把江津酸菜鱼的名声传播出去了。江津酸菜鱼流传广的另一个原因就是其烹饪方法上的简单快捷。酸菜鱼近十多年在江津本地却在逐渐淡化，一是因为传统上它的大油特点；二是和最近几年主要推出的尖椒鸡相比，江津酸菜鱼的低端化倾向就使它本身失去了竞争性；再一个就是尖椒鸡的发展有利于带动江津的花椒种植等产业的发展，而酸菜鱼却因其简单的配料而没有这样的价值。还有，尖椒鸡可以往中高端的方向发展，随着技术的提高，还可以打包以快递的方式寄到北京、上海等地方，而酸菜鱼就不具有这个优势，从而使得江津酸菜鱼生意越来越差。

酸菜鱼的店家多在双福，但因为双福城市规划上的变化，做酸菜鱼的店家也有一定的变化，再加上很多餐馆都会做了，以前比较典型的店家就不突出了。现在比较突出的是中咀的几家，名气比较大，做法也是比较传统的，加上处于旅游路线上，有很多外地人慕名前去，因此生意整体上比双福的好一些。对江津本地人而言，酸菜鱼已经是一道非常常见的家常菜了，几乎家家都会做，故而双福的酸菜鱼店都不止做酸菜鱼了。

对于江津酸菜鱼是否是由邹开喜发明的，刘晓龙认为"不应该说他就是创始人，而应该说他是杰出的代表"。他表示20世纪80年代到90年代中期是酸菜鱼的发展高峰期，而在所有饭馆中，又属邹开喜的店生意最火爆。

酸菜鱼的做法比较简单，其烹饪方式基本没变化，然而最近几年，为了发展和生意的需要，有些店铺还是有所创新。比如鱼的选择和酸菜选择上都有变化，现在的高端做法会选择酸菜中比较好吃的部分来做，鱼也会选择传统的冷水鱼或山村里原生态无饲料的鱼。但是一般百姓还是会用草鱼，搭配一般酸菜或自制酸菜来做。因此有些商家发现商机，专门做酸菜鱼的配料，发展也相当好。另外，在用油上有一个比较大的变化，最开始炒酸菜用的是猪油，后来使用菜油，之后又用调和油，但发现调和油的香味始终达不到消费者的要求，香味上始终有区别，所以现在又回归到用猪油或者腊猪油。

（二）邹开喜酸菜鱼店见闻

下午三点半，我们出发前往双福寻找邹开喜酸菜鱼店。当车到达双福的时候，看公路两边，我们发现很多酸菜鱼店都有大大的招牌写着"创始人"或者"第一家"的字眼，由此我们便理解了刘晓龙副研究员为何不直接说邹开喜是酸菜鱼的创始人。

病中的邹开喜老人

我们终于见到了邹开喜老人，显然老人刚从睡梦中醒来，对所有的事物都没有什么反应。由于事先我们从刘晓龙那里了解到邹开喜老人正在病中，故而在缓慢地问了几个问题而没有得到回应后，仅仅拍了几张老人的照片就离开了。我们发现直到我们离开，老人似乎都没有任何表情和动作，就只是僵硬地坐在床上。

随后我们采访了厨师，他告诉我们他叫涂德亮，到邹开喜酸菜鱼店打工已经 11 年了。邹开喜老人以前身体好的时候会教他们做鱼。虽然邹开喜老人收了很多徒弟，但他们在外面开酸菜鱼店都用自己的牌子，因为用邹开喜酸菜鱼的牌子需要交加盟费，所以他们都不用。而邹开喜的徒弟开的店到处都有，如九龙坡的陈家坪，以前有很多，后来因为和邹开喜之间有点矛盾，有些就没开了。同时他告诉我们邹开喜酸菜鱼以前是在双福开的，在 2010 年或 2011 年左右，从双福时代广场搬到现在店铺的位置（九龙坡）。而他们最开始开店是在创始人的老家江津津福。他说："我们现在虽然是在九龙坡这里，但我们是属于江津的，我们都是江津人。"

（三）后续资料整理

我们整理资料的时候发现，江津商务局给我们的《味道江津》和《重庆美食》两本杂志上都有邹开喜是江津酸菜鱼的创始人之说，但是关于邹开喜的经历却是两种完全不同的版本。

《味道江津》中表明邹开喜是一个农民，喜欢做菜。1979年，47 岁的邹开喜在江津津福老家开了一家小饭馆，1985 年，一位孕妇在他的店里点了一份酸萝卜鲫鱼汤且一下子吃了个精光。受到启发的邹开喜干脆用酸菜和鱼一锅煮了做成一道菜，没承想受到当地人喜欢。于是他把店开到了老成渝公路边，而他自创的酸菜鱼也受到了来往驾驶员的喜爱而迎来了很多回头客，那个时候，他的店里每天能卖出去

邹开喜酸菜鱼店内左侧悬挂的老照片

800—1000 斤鲜鱼。也是在那个时候，邹开喜酸菜鱼的做法才固定下来。1992年，邹开喜凭借着良好的名声将店面开到了人气旺盛的江津双福，并取名"邹鱼食府"，1997 年是他的生意最为兴隆的一年，同时他也乘势而上，将店铺开到了九龙坡走马镇，并扩大了规模。目前，邹开喜因为年事已高而不再亲自掌勺，但是坚持自己做酸菜鱼的主要原料：酸菜、泡椒、泡姜。2004 年，邹开喜老人将"邹开喜酸菜鱼"注册商标，并在江津和重庆主城开了多家分店。[1]

《重庆美食》则说邹开喜为江津津福乡人（今双福新区）。民国时期，其父亲为当地知名乡厨，以善烹制江湖民间"八大碗"而驰名。他常往返于四乡八邻间的"红白喜事"，待手头有了积蓄后在江津津福正街上开了一家路边小餐馆。邹开喜自小耳濡目染父亲的手艺，自然学会了家常川菜的烹制。改革开放后的 20 世纪 80 年代初期，在外闯荡漂泊多年的他回到津福老家，重操父业。也是在夏日的一天，过路的司机想吃开胃解暑的汤菜。善动脑筋的邹开喜突发奇想，把泡菜坛子中的陈年老萝卜切丝与鲫鱼同煮而成一道菜，不想当时就受到司机的赞美。然而因为陈年萝卜酸而软，多数食客不敢尝试，只能做辅料。邹开喜苦思加反复实验，最终确定用泡制的青菜，同时将鲫鱼换成刺较少的草鱼，从而使得他自创的菜更受欢迎。1982 年，他在津福打出"邹鱼食店"的招牌，专卖酸菜鱼。而后他把店开到双河场并更名为"邹开喜酸菜鱼"，至此，"邹开喜酸菜鱼"正式问世，成为巴渝江湖名菜。现在邹开喜酸菜鱼已被列入川菜系列名菜，并被收入《中国美食地理》一书，其分店分布于巴蜀内外、大江南北。[2]

《江津富硒美食地图——硒味》也指出江津双福最出名的有两道菜——酸菜鱼和尖椒鸡，这也直观地印证了刘晓龙副研究员告诉我们的江津酸菜鱼的式微状态。

① 重庆市江津区商务局等：《味道江津》，重庆紫石东南印务有限公司，第 58—59 页。
② 重庆美食杂志编辑出版：《重庆美食》，第 28—29 页。

三、江津酸菜鱼历史调查后的初步认识

上述两本杂志均认为邹开喜是酸菜鱼的创始人，虽然二者对邹开喜的往事追忆是完全不同的两个版本，不得不让人怀疑两本杂志所说之事的真实性，但不可否认的是邹开喜在酸菜鱼的传播过程中起着很重要的作用，可以说是他个人推动了酸菜鱼在20世纪八九十年代的迅速流传。此外，就酸菜鱼的创始时间来说，两本书的表述也有一致的地方——创始时间大体上是20世纪80年代。对创始地点的描述也是一致的——在邹开喜老家江津津福自己的店里。邹开喜借着自己创制的酸菜鱼而出名，双福镇也因酸菜鱼而出名。

正如我们在江津的调查中了解到的，无论邹开喜是否是酸菜鱼的创始人，他都是酸菜鱼的一个活招牌。另外，虽然他自己的店因为商业竞争的原因从双福搬到了九龙坡，但是却因为以他为代表的一批人在双福打出的酸菜鱼的招牌而使双福的餐饮业发展更具有吸引力，从这一点来说，邹开喜在酸菜鱼发展史上的贡献是无可置疑的。

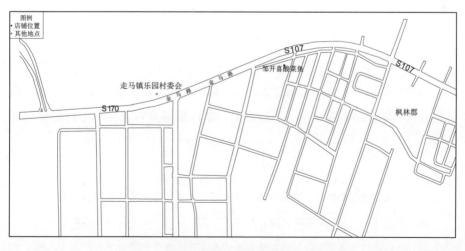

江津酸菜鱼创始地地图

綦江北渡鱼历史调查报告

调 查 者：张浩宇、郑红艳

调查时间：2017 年 11 月 2—3 日

调查地点：重庆市綦江区商务局、綦河春北渡鱼、迎
　　　　　风楼北渡鱼、鱼春香北渡鱼

执 笔 人：郑红艳

綦江北渡鱼，以麻辣鲜香、一鱼多吃为特点，发源地为重庆市江津区彭桥乡，但是在綦江北渡得到流传，因此得名綦江北渡鱼，并通过 210 国道上的司机以及路人的口口相传，成为巴蜀江湖名菜。

一、綦江北渡鱼的相关记载与认同

1991 年四川省綦江县志编纂委员会编纂的《綦江县志》没有关于綦江北渡鱼的片文只字。其他资料中，胡绍良的《綦江旅游十八爱》一书提到綦江北渡鱼：

> 北渡鱼出自綦江的北渡场，这里原来是一个乡，与县城近在咫尺，綦江河从这里流过，有一个繁忙的渡口，对岸就是 210 国道，又是渝黔铁路的綦江北站，所以这里十分繁华。过去江边打鱼的人，将活鱼用快刀打甲去鳞后下入沸水锅内，锅中大把撒辣椒，大瓢加花椒、大蒜和一些特有调料，烧土灶，用粗

碗，打几个滚，起锅淋上沸油，大盆装鱼，吃完鱼后加上素菜，既营养又爽口，既便宜又实惠。后来，这种带着浓郁的江湖菜风味的吃法，由普通渔家进入餐馆饭店，取名"北渡鱼"。①

但是该书只是讲到綦江北渡鱼发源于綦江一个渡口，创始人为"江边打鱼的人"这样模糊的概念，并没有明确提出綦江北渡鱼的起源与发展。另外，网络资料上则多着眼于北渡鱼的做法。

有一篇名为《恩怨北渡鱼》的文章对綦江北渡鱼的创始人也有所关注。在文章中我们得知关于綦江北渡鱼起源有不同的说法，一说是吴文超，一说是吴荣文。

> 1982 年，他（吴文超）的邻居、也是他长辈的吴荣文，见他的鱼馆生意红火，便向乡上提出，愿意向乡上交纳管理费，要与他共用执照。乡上同意了，就把执照一分为二：吴文超为第一门市，吴荣文为第二门市。吴文超比吴荣文年长，但辈分低。吴荣文先是做手工糖果生意，赚钱不多，就跟着吴文超学做鱼的手艺。②

关于吴荣文及吴文超的说法是否真实，是否有更多的资料介绍，綦江北渡鱼的创始和发展到底如何，这些都需要我们实地调查了解。

二、綦江北渡鱼的历史调查过程

（一）从北碚到綦江

2017 年 11 月 2 日上午，我们乘车前往綦江。当汽车驶入綦江高速路口时，随处便能看到"綦江北渡鱼"招牌的店铺，几乎都集聚在綦江高速路口处。根

---

① 胡绍良：《綦江旅游十八爱》，重庆：西南师范大学出版社，2007 年，第 73—74 页。
② 《恩怨北渡鱼》，原载《中国美食地理》2006 年第 3 期，http：// bbs. tianya. cn/post—no16—53990—1. shtml。

据之前查阅的资料，我们了解到綦江北渡鱼年代较久、较为出名的有三家店铺，分别是：綦河春北渡鱼、迎风楼北渡鱼以及鱼春香北渡鱼。

我们到达綦江区商务局（綦江区古南街道交通路 59 号），商务局李源科长（43 岁）十分配合我们对綦江北渡鱼的考察，给了我们相关资料，告诉我们他了解到北渡鱼较早的就是綦河春北渡鱼。资料中说："除重庆本地之外，贵州、北京都有北渡鱼店铺。不过，北渡鱼的起始名称是叫綦河春北渡鱼，这个名字是从 1981 年的元旦开业开始使用的，是 35 年前的第一家北渡鱼。其他若干在'北渡鱼'前面冠以××字样的×××北渡鱼，都是在市场经济大潮中，看好称谓市场，从'綦河春北渡鱼'衍生出来的。"① 这和我们前期了解的情况有所出入，前述关于綦江北渡鱼创始人的文章，说吴文超老人的迎风楼是最早的北渡鱼店铺。

我们随后到达档案馆。档案馆工作人员提供了两本《綦江县志》，一是由西南交通大学出版社于 1991 年出版的《綦江县志》，另一本是由方志出版社于 2016 年出版的《綦江县志（1986—2011）》。后者第十一篇《商贸旅游》中的第十节"餐饮服务业"中写道："綦江北渡鱼，发源于綦江原北渡乡。綦江河经綦江区域向北流 5 公里，在北渡与清溪河交汇。20 世纪 80 年代，北渡场当地的渔民打鱼上岸后，在国道 210 线两旁开设路旁点，主要经营水煮鱼……过往的司机、綦江城区居民，均喜爱到北渡去吃，因而人民就将其取名为'綦江北渡鱼'。"②

（二）綦河春、迎风楼与鱼春香

由于商务局李科长的提前联系，我们顺利地见到了綦河春北渡鱼（綦江区古南街道中山路一号）的王其老板（45 岁）。王老板告知我们綦江北渡鱼的创始人是他的丈人——吴荣文老先生，老爷子外出不在家中，綦河春现由二女儿吴秀梅（45 岁）打理。王总告诉我们綦江北渡鱼源起于江津区广兴镇彭桥乡，

---

① 綦江区商务局资料《綦河春北渡鱼发展史》。
② 四川省綦江县志编纂委员会编：《綦江县志（1986—2011）》，北京：方志出版社，2016 年，第 502 页。

北渡大桥是綦江和江津的分界点，连接北渡两岸，这面是北渡镇，对面就是江津广兴镇彭桥乡。据吴秀梅回忆，綦河春商标是在 2003 年注册的，直至今日共搬迁过三次店铺，原始店铺便是在彭桥乡，那时候的店铺是集体房，在那里经营了 5 年（从 1983 年到 1987 年）。关于綦河春北渡鱼和迎风楼北渡鱼谁为綦江北渡鱼创始人，王总明确地告诉我们綦河春北渡鱼才是北渡鱼的创始人。

对照查阅綦江商务局所给的资料，我们发现綦河春北渡鱼店的注册商标和店铺搬迁的时间和位置与店主所说有一定的出入，可能因为时间久远记不清楚了。但是这篇资料是由綦河春酒家所撰写，关于创始人的说法有较强的主观性，不能证明吴荣文老先生为綦江北渡鱼的创始人。

我们便立即赶往迎风楼北渡鱼总店（綦江区高速路出口对面），在店铺中见到了迎风楼店主吴卫星先生。吴卫星先生告诉我们，迎风楼是他的父亲吴文超创办的，吴文超老先生 2016 年 7 月 9 日已经去世。綦江北渡鱼起源于

210 道旁的铁路

地名，北渡是一个乡的名称，现在依旧可以找到。在 1983 年后，从重庆到云贵川的 210 国道上人多货物多，而 210 国道的一旁是铁路，另一旁便是綦河，那里可以算得上是綦江的交通枢纽，綦江北渡鱼的名气主要是通过过路司机的口口相传。父亲吴文超先生以前是兽医，1980 年开了一家副食店，1981 年因为经过 210 国道的路人、驾驶员问到河里鱼类很多，为何不做餐馆卖鱼，由此，吴文超老先生开始做起了卖鱼的生意。迎风楼北渡鱼最开始是做豆瓣鱼，改革后有了麻辣鱼、酸菜鱼、糖醋鱼还有番茄鱼。1982 年到 1983 年还增加了抄手鱼头和豆腐鱼头汤。在配料方面，主要是花椒、辣椒、胡椒、豆瓣等，豆瓣也是自家所制。最开始的豆瓣鱼并不属于麻辣味，属于咸鲜味，后来才有了麻辣鱼。

直至今日，北渡鱼的主要味型只有三种：麻辣、酸菜以及番茄味。而在鱼类的选择上多以花鲢为主，因为花鲢价格便宜，且鱼刺较少，但是也有其他鱼类，比如鲇鱼、江团、鲤鱼、黄辣丁等。在问及首创问题时，吴卫星先生说另一家店綦河春是父亲的分店，当时还有合同，合同书说明当时的店是集体店，迎风楼为第一门市部，綦河春为第二门市部，当时这两家店相隔很近，且两家都是一个地方，有亲戚关系。在后面走访地址时我们也发现两家店铺多次搬迁的位置都相近。綦河春比迎风楼晚开两年，吴文超在开北渡鱼店的时候，吴荣文还在做糖果工厂。

而现在迎风楼的营业情况也是相当乐观的，两三家店铺，总营业额能够上百万。

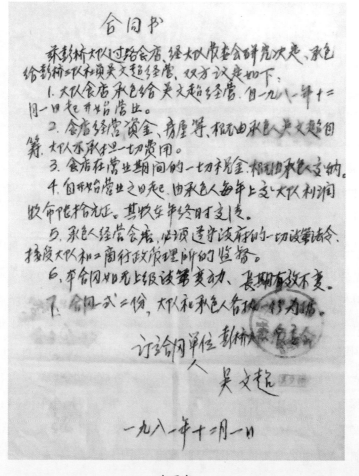

合同书

我们随后采访了鱼春香北渡鱼店老板李世敏（51岁）。据他介绍，綦江北渡鱼是从江津广兴发源，在綦江北渡得到发扬，通过路人的口口相传，綦江北渡鱼才得以宣扬出去，成为一道巴蜀江湖名菜。李老板说，迎风楼确实开得比较早，因为当时店铺生意不错，店主觉得店铺环境太差，就把原房子推了，建一个更好的房子，但是与周围人协商不当，所以中途就停了一段时间。在这过程中别人就开始做起了北渡鱼。

三、綦江北渡鱼历史调查后的初步认识

在实地考察的过程中，綦江北渡鱼的起源和发展脉络基本清晰，我们了解到了綦江北渡鱼起于地名，发源地在重庆市江津区广兴镇彭桥乡，因在綦江210国道上通过路人口口相传，因此得名綦江北渡鱼，成为巴蜀江湖名菜。结合吴卫星先生提供的合同、街访的老人以及鱼春香北渡鱼老板的说法，綦江北渡鱼创始人是吴文超先生的说法比较可信，最早开设的店铺则是由吴文超先生创办的迎风楼北渡鱼店，并且经过三次搬迁，第一家店在重庆市江津区广兴镇彭桥乡，开店时间为1981年；第一次搬迁至重庆市綦江区下关王地区，开店时间为1981年至1996年；第二次搬迁至重庆市綦江区綦江中学（綦江区古南新镇山村48号）附近，开店时间为1996年至2001年；第三次搬迁至綦江区高速路口处（綦江区文龙街道高速出口老码头），开店时间为2001年至今。从一开始的豆瓣鱼到现在的一鱼多吃、味型丰富，靠的是两辈人的传承与创新。此外，綦河春、鱼春香等店也为这道菜的发展做出了贡献，綦江北渡鱼才能成为享誉川渝地区的名菜。

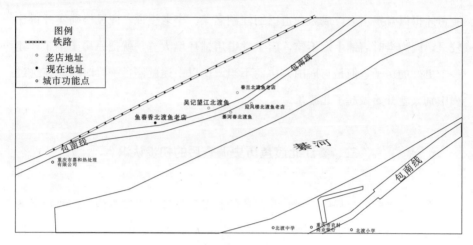

綦江北渡鱼原创地地图

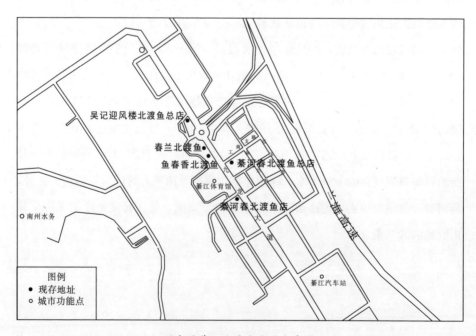

现今的綦江北渡鱼鱼庄分布图

渝北翠云水煮鱼历史调查报告

调 查 人：张亮、白军秀

调查时间：2017 年 11 月 5 日

调查地点：重庆渝北翠云水煮酒楼

执 笔 人：张亮、白军秀

　　水煮鱼起源于渝北民间，经历了从粗放的民间饮食走进餐馆，再从渝北食肆餐馆走向全国的发展历程。在渝北众多的水煮鱼餐馆中，翠云水煮鱼因其在水煮鱼烹饪技法上的革新，以及在水煮鱼从渝北走向全国的过程中所做出的贡献，有"中国水煮鱼之父"的称谓。翠云水煮鱼采用上乘原材料，以干烧、家常、水煮等不同的方式，满足了不同消费者的口味需求，具有平民化、大众化的特征。到目前为止，翠云水煮鱼已有四家直营店，二十多家加盟店，获有"重庆名菜""渝北名吃"等荣誉称号。在重庆民间，流传有"到渝北乘飞机不品尝翠云水煮鱼，等于枉来渝北"的说法，翠云水煮鱼的影响力可见一斑。

一、翠云水煮鱼的相关记载与认同

　　在调查翠云水煮鱼之前，我们先行对已出版的相关书籍、翠云水煮鱼的非物质文化遗产申请资料、报刊与网络上的相关资料进行了整理，发现以下两个问题：

（一）翠云水煮鱼脱胎于火锅鱼吗？

部分相关书籍认为翠云水煮鱼脱胎于重庆火锅鱼，如《舌尖上的中国味道·中国名菜的故事》中载：

> 翠云水煮鱼的前身其实是重庆的火锅鱼，最开始是针对司机朋友推出的，风行一时。①

《重庆攻略》中亦载翠云水煮鱼的前身便是重庆火锅鱼，且所载更加详细：

> 水煮鱼的前身其实是出自重庆的火锅鱼，……火锅鱼流传开了之后，很多城里食肆就开始仿效，但这些食肆没有办法弄一个大铁锅并像炼铁似的旺火煮鱼，三两个食客也不方便一顿吃 10 斤的鱼，因此就弄成小锅、小火、小鱼，名曰"水煮鱼"，而地点脱胎于两路（重庆机场附近的小镇）的机场鱼。②

以上两则材料都认为水煮鱼的前身是火锅鱼。然而就重庆人的日常生活经验而言，火锅鱼与水煮鱼之间的差异明显，并不是《重庆攻略》中所言"大锅"换"小锅"、"大火"换"小火"、"大鱼"换"小鱼"便能解释清楚的。这就在我们心中留下了疑问，翠云水煮鱼真的脱胎于重庆火锅鱼吗？

（二）翠云水煮鱼的创立者究竟是谁？

在整理相关文献的过程中，我们还发现翠云水煮鱼的创立者虽同为田家人，但究竟谁是最开始的、最准确的创立者则众说纷纭，有以下三种说法：

第一种说法认为翠云水煮鱼是田仲明创立的。2012 年 10 月 29 日，《重庆商报》刊发了《水煮鱼网络人气最高，吃货竟用鱼汤泡饭》一文，该文称翠云水煮鱼系田仲明由水煮肉片改进而来：

---

① 赵红瑾编著：《舌尖上的中国味道·中国名菜的故事》，北京：华夏出版社，2014 年，第 66 页。
② 重庆攻略编写组：《重庆攻略》，北京：中国旅游出版社，2011 年，第 170 页。

原江北县翠云乡（现北部新区翠云街道）的居民田仲明是川菜世家出身，在1983年重庆举办的一次厨艺大赛中，他以一种新颖的方法烹制了一份"水煮肉片"，获得了评委的一致认可。获奖后，田仲明的一位老朋友远道而来探望他，并带了几条刚从嘉陵江打上来的草鱼，眼看时近中午，田仲明却因为家中没有准备肉，无法给老友展示"水煮肉片"而发愁，田仲明忽然灵机一动，何不借鉴获奖的水煮肉片，做水煮鱼片？就这样，第一盆水煮鱼诞生了，没想到的是，鱼肉的鲜美、麻辣的厚重，竟使味道更胜水煮肉片，使得老友赞不绝口。

此后，田仲明潜心研究起了水煮鱼，很快水煮鱼声名鹊起。到20世纪90年代中期，田仲明及其子女将翠云水煮鱼搬到渝北机场附近，后来，做水煮鱼的人越来越多，在当地形成了水煮鱼一条街。①

第二种说法认为翠云水煮鱼是由田仲明的第二个儿子田其树创立的。田仲明早年在翠云乡上的公路边开有一个小饭馆，当时尚无翠云水煮鱼，饭馆最受欢迎的菜品是翠云水煮肉片。《重庆纪实》里记载：

> 翠云水煮麻辣鱼……它源于田其树的翠云水煮麻辣肉片。……1990年，田其树立志走出山外，闯荡经营。是年，他在双凤桥租房办店，入乡随俗，改翠云水煮肉片为翠云水煮鱼。……田其树在原水煮肉片调料、烹饪的基础上，结合鱼肉质性，探索鱼在不同烹饪过程中所显现的特点，终于推出了自己的水煮鱼。②

第三种说法认为翠云水煮鱼是由田仲明的第三个儿子田利创立的。2006年4月21日，《重庆日报》刊发了《13岁起学艺要当"水煮鱼之父"》一文，该文称：

---

① 《水煮鱼网络人气最高，吃货竟用鱼汤泡饭》，《重庆商报》2012年10月29日，第008版。
② 邓毅：《重庆纪实》，重庆：重庆出版社，2013年，第179—181页。

1983 年，田利的父亲田仲明老先生用省吃俭用的 3000 元钱在江北翠云村公路边开了家小餐馆，食客主要是来往主城和两路、长寿、垫江等地的司机。当时，田家口味独特的水煮肉片就在来来往往的司机中流传开来……1989 年机场高速路开通后，经过这条老公路的车越来越少，"翠云"就转战机场边的双凤桥。那一年，19 岁的田利和二哥田其树已经开始掌勺当大厨了。

当时，鱼很便宜，来往的司机也喜欢点家常鱼，每份鱼才三四元，田利对父亲说，为什么不把鱼肉切成片，用水煮肉片的方法来煮鱼呢？父亲同意了田利的提议，从此翠云水煮鱼片声名鹊起，700 平方米的店里每天要卖四百多斤鱼。1993 年，23 岁的田利带着父亲给的 3 万元闯荡江湖，到两路北大街独立门户，开了一家"翠云水煮鱼"。[1]

按此种说法，则翠云水煮鱼的烹饪方法是田仲明在田利的建议下推出的。2012 年，翠云水煮鱼获批区级非物质文化遗产保护项目，代表性传承人便为田利。渝北区文化广播电视新闻出版局 2011 年 6 月印制的《渝北区非物质文化遗产项目代表性传承人推荐表》中亦称是在田利的"创立和改进下，翠云水煮鱼这块招牌树立起来，并开始壮大，发展成为拥有四家直营店，二十多家加盟店的企业"。

基于上述说法，翠云水煮鱼系由田家人创立与推广是无疑的，但具体是由谁创立，是谁在水煮肉片的基础上改良形成了新式的水煮鱼，则有田仲明、田其树、田利三种说法。

二、翠云水煮鱼的历史调查过程

（一）电话采访田利

鉴于渝北翠云水煮鱼非物质文化遗产传承人为田利，11 月 4 日，我们通过电话联系到他。据田利说，他们一家都在做翠云水煮鱼，包括大哥田其万、二

---

[1]《13 岁起学艺要当"水煮鱼之父"》，《重庆日报》2006 年 04 月 21 日，http：// news. sohu. com/ 20060421/n242917544. shtml。

哥田其树和他自己,且已经注册了商标。田利十分支持我们的调研工作,告知我们如果想要清楚地了解翠云水煮鱼的历史,可以找他二哥田其树,田其树是田家人中最清楚翠云水煮鱼来龙去脉的。

(二)采访翠云水煮酒楼田其树

11月5上午上11点,我们到达渝北区空港大道333号的翠云水煮酒楼,实地采访了田其树。

问:据相关书籍、网上的报道,翠云水煮鱼的创立者众说纷纭,有的说是您父亲,有的说是您,还有的说是您弟弟,究竟是谁创出的翠云水煮鱼这块招牌呢?

田:翠云水煮鱼的招牌是我最先创立的,最早开的路边食店在双凤桥那边。1985年,我父亲田仲明在翠云乡南山大队公路边开的餐厅,是我们家最早的店,名字就叫"南山饭店",主要是卖豆花、水煮肉片、家常菜等。南山饭店那个地方就是老翠云,在翠云街道那边。1988年,机场高速路开通。1989年,我就在双凤桥又开了一家店。1990年,我推出了水煮鱼,就把双凤桥的路边食店改名叫了"翠云水煮"。我哥哥田其万在这期间就一直在照顾老翠云的南山饭店,弟弟田利读完初三也没有继续上学了,就过来跟着我做。1997年,我弟弟田利也自己单独开了家店,就是现在翠云水煮鱼的渝北店。

2017年11月5日于渝北翠云水煮酒楼采访田其树(左一)

问：既然是您创制的水煮鱼，那为什么水煮鱼申遗的传承人写的是田利呢？

田：我们一家人都很团结，写谁都无所谓。而且弟弟田利的店面是自家买下来的，其他的多是租赁的店面。

问：您在双凤桥开店以后，是怎么想到推出水煮鱼的呢？

田：以前，我们家店里卖的是传统的水煮肉片，用的是花椒面和海椒面，口感不好，很黏稠。所以我就在保持原来水煮肉片颜色的基础上，探索怎么让它吃起来更滑嫩又不黏稠。后来，在1990年，就用改进后的水煮肉片的烹饪方法又推出了水煮鱼。水煮鱼一推出，就很受欢迎，生意也很好，城里的很多人专门开车过来吃，一天差不多就要卖七八百斤。因为水煮鱼很受欢迎，1992年，我们就申请了注册商标，1994年注册商标才下来。1995年，我们的店就被评为"渝北名店""渝北名吃"。2010年的时候，渝北申请"中国水煮鱼之乡"，这里面主要用的就是我们的材料。

问：有的书籍里面写翠云水煮鱼是脱胎于火锅鱼的，而据您说，翠云水煮鱼是您在水煮肉片的基础上改进而来的，那么翠云水煮鱼与火锅鱼有关系吗？

田：不是这样的，我们的水煮鱼和火锅鱼没有什么关系。成都还一度说水煮鱼是成都的，就是因为我1995年去成都进修，考试的时候做了自己改进的水煮鱼，师傅们很认可，就写进了《四川烹饪》那本书里，其实和成都没什么关系。火锅鱼和翠云水煮鱼就不是一个体系，做法完全不搭边。

问：从网上我们看到北京的沸腾鱼乡和翠云水煮鱼有很直接的关系，您弟弟田利告诉我们，您还占有沸腾鱼乡的部分股份，能告诉我们具体经过吗？

田：北京的杨战和宋依多在1999年的时候专门来找过我三次。1985年，我开餐厅的时候，杨战和宋依多在上技校学厨师。学成后，他们在饭店做了几年帮厨又跳槽去做生意。后来，生意不好做，1999年的时候就想重操旧业，所以就全国各地考察。杨战祖籍是重庆的，听说重庆水煮鱼很火，就来考察。第一次来的时候，就住在雾都宾馆。那时候双凤桥有十几家水煮鱼，杨战几乎每天都过来，后来看我们家店里生意好就天天到我店里来，想看我的生意是不是中午和晚上都这么好。第二次来的时候，杨战的目的就很明确和直接，就是要直接挖厨师到北京去。因为都是我带的徒弟，就没能挖走。第三次来的时候，就执意要见我了，先是请我吃饭，然后又请我去北京看看。我觉得他很有诚意，就给他分了一些厨师，现在也是技术入股。起初开店的时候，杨战也只有十几张桌子，后来生意就好了，现在分店也很多，很多明星都去过。

此外，田其树还给我们说，田家在新中国成立后被认为"成分不好"，爷爷辈有三弟兄，大爷爷和二爷爷把钱拿去换鸦片，他爷爷就把钱留着。爷爷过世的时候，他父亲田仲明才11岁，姑姑也才9岁，年龄太小不会种庄稼，就用爷爷留下来的钱请人，因为这个被评了个"地主"。改革开放后，他父亲就一直想做生意，后来就有了开在翠云乡南山大队公路边的南山饭店。他还说道，歌乐山辣子鸡、水煮鱼、江津酸菜鱼都是在1990年产生的，但是真正走出重庆的只有他们水煮鱼。当年政府对翠云水煮鱼还有补贴，那时翠云水煮鱼还被列为政府接待餐厅，但现在已经是今非昔比了。

采访完田其树后，我们在渝北区双龙大道翠云水煮鱼的渝北店，也就是田利的店里，品尝了翠云水煮鱼，果然是"大瓢辣椒，大把花椒，糊辣壳下藏主菜，红油汤里漂鱼片，闻之浓香，食之细嫩，麻辣不燥，味浓醇厚"。

三、翠云水煮鱼历史调查后的初步认识

经过前期资料的收集、整理以及对田氏兄弟的采访，翠云水煮鱼的起源以及发展脉络已然较为清晰，情况如下：

改革开放以后，田仲明于1985年在翠云乡南山大队公路边开了一家小饭馆，名为"南山饭店"，主要经营豆花、水煮肉片、家常菜等，其中水煮肉片是南山饭店的特色菜，为食客所欢迎。1988年，重庆机场高速路开通。1989年，田仲明大儿子田其万继续经营老翠云的南山饭店，二儿子田其树便在双凤桥机场高速路边开了一家路边食店。1990年，田其树在改进水煮肉片烹饪方法的基础上又推出了水煮鱼，水煮鱼一经推出便大受欢迎。考虑到水煮鱼的生意更红火，田其树便把双凤桥公路边的路边食店改名叫"翠云水煮"。田其树的弟弟田利读完初三后，便跟着田其树打理餐馆，并在1997年也独立开店，即翠云水煮

鱼的渝北店。翠云水煮鱼在 1992 年就开始申请国家注册商标，1994 年才得以
注册成功。1995 年，田其树去成都学习时，在考试时他所做的改良式水煮鱼得
到师傅们的认可，被写入《四川烹饪》一书。1999 年，杨战（北京沸腾鱼乡的
创始人）来重庆找到田其树后，把翠云水煮鱼带到了北京，促进了水煮鱼在全
国的传播。2010 年渝北被评为"中国水煮鱼之乡"，翠云水煮鱼在其中亦有不
少功劳。2012 年，翠云水煮鱼获批区级非物质文化遗产保护项目，考虑到田利
经营的翠云水煮鱼渝北店为自家店面以及兄弟间的和睦关系，由田利代表田家
申请了非物质文化遗产传承人。

　　总的来说，起源于民间的水煮鱼，在从粗放的民间饮食走进餐馆，再从渝
北食肆走向全国的发展历程中，翠云水煮鱼在其中扮演了重要的角色。从翠云
水煮鱼的创立与发展过程，我们可以知道作为水煮鱼典型代表的翠云水煮鱼是
如何通过改良烹饪技法走进了餐馆，又是如何从路边食店依靠交通网络享誉重
庆，又是如何从重庆走向全国的。基于翠云水煮鱼的历史调查，我们认为渝北
的地方特色、机场路的交通效应，以及翠云水煮鱼与北京沸腾鱼乡的特殊合作
关系，是翠云水煮鱼最终能够走向全国的重要影响因素。

渝北翠云水煮鱼原创地地图

北碚三溪口豆腐鱼历史调查报告

调 查 者：蓝勇、钱璐、向蓝月、张铭、张莲卓、
　　　　　谢什虎、石令奇
调查时间：2017 年 11 月 12 日
调查地点：重庆市北碚区三溪口村
执 笔 人：向蓝月

重庆市北碚区三溪口豆腐鱼因麻、香、辣味独具特色而受重庆人喜欢。正宗的三溪口豆腐鱼吃起来酥软细嫩、鱼香味浓、辣香浓郁，令人回味无穷。

一、北碚三溪口豆腐鱼的相关记载与认同

在对相关材料进行初步整理的时候，我们发现关于谁是三溪口豆腐鱼的创始人存在争论，一共有以下三种说法：

从 2012 年 11 月 6 日的《重庆商报》中可知，三溪口豆腐鱼的创始人为王安文。

村里"文明食店"的老板王安文是公认的三溪口豆腐鱼首创者，据他回忆，豆腐鱼的灵感来自三十多年前一位过路卡车司机的一句话。"那位司机说，他在外地吃的魔芋鱼，把鱼和魔芋搅拌在一起，特别好吃。当时我就想，可以用豆腐代替魔芋啊。"于是，当晚王安文便和妻子做出了一道豆腐鱼，不料大

受欢迎，由于这个地方叫三溪口，渐渐地，"三溪口豆腐鱼"便由此传开。①

但是在2014年11月25日的人文纪实节目《人生——三溪口豆腐鱼》中，记录了三溪口村"渝兴食店"的老板何万英是三溪口豆腐鱼的创始人，何万英接受采访时说道：

> "当时我们做了一个小炒馆子，那阵生意还是可以，但是还是觉得没有什么特色，过后我们几个朋友到璧山吃了麻辣鱼，觉得那个麻辣鱼还可以。回来我们就在说，我们这边有豆腐，我们把鱼加点豆腐进去肯定还好吃点哦，我们就做豆腐鱼。"就这样何万英回到家后就将他的豆腐鱼付诸实践，不断地选料炒料，反复试验，终于做出了麻辣鲜香的三溪口豆腐鱼。②

在2016年7月8日《正宗重庆味·情怀篇·三溪口豆腐鱼》中，凉风垭鱼庄的老板刘光亮在接受采访时说三溪口豆腐鱼是他们发明出来的，他的原话如下：

> 1983年，改革开放刚刚开始的时候，我们二伯经常在外面跑。他就发现了商机：212国道经常有货车小车，办事都要从这里经过，他就组织他们几弟兄搭伙，一个凑了几百块钱，在街边搭了一个简易的棚，先是加点水卖点小面，逐步卖家常菜。做到后面，顾客要求越来越高，要求吃点鱼啊这些。我们就发明了一个菜，先是做的麻辣鱼，顾客觉得这个鱼吃了还不尽兴，每一回吃了剩一点汤，然后每一桌把豆腐都煮进剩的这个鱼汤里，但是煮到这个汤里面，可能要差一点味，后面我们干脆说，就直接把豆腐加到鱼里面，就逐步形成了三溪口的整个豆腐鱼。③

---

① 《20年渐衰败三溪口豆腐鱼难跃"龙门"》，《重庆商报》2012年11月6日，第017版。
② 《人生——三溪口豆腐鱼》，2014年11月25日，https：//v.qq.com/x/page/h0141yqahnc.html。
③ 《正宗重庆味·情怀篇·三溪口豆腐鱼》，2016年7月8日，http：//www.3023.com/video/1636171108.html。

针对报刊和网络上的这三种说法，调查小组认为《重庆商报》采访的对象从村支书到豆腐鱼店的老板（比如凉风垭），采访对象更为广泛，所以更具有说服力。因此，调查小组比较偏向于认为"文明食店"是最早做豆腐鱼的店铺。为了证实《重庆商报》的说法，并进一步了解北碚三溪口豆腐鱼的发展现状，调查小组决定开展实地调查。

二、北碚三溪口豆腐鱼的历史调查过程

（一）"文明食店"的历史调查

"文明食店"坐落在陈家浩老路的一边。在"文明食店"的门口可以看见店铺的匾额上有著名艺术家李伯清题的八个大字"食在山城，味数文明"。我们试图采访王安文本人，但是他因个人原因拒绝了。但现任老板也是厨师的赵勇（40岁，三溪口村本地人）和他的妻子刘小平（36岁，三溪口村本地人）以及他的妈妈接受了我们的采访。

"文明食店"的店铺外观

我们向赵勇询问了"文明食店"的历史，他的原话整理如下：

> 三溪口豆腐鱼确实是我们店最先开始做的，是我姨父王安文创制出来的。"文明食店"店面是在1989年1月1日注册的，注册人就是我小姨庚小平（57岁，三溪口本地人）和我姨父王安文（62岁，三溪口本地人），注册地就是现在"文明食店"所在的地址。但是店面是在1989年以前就开张了的，大概是在1987年或者1988年，具体是什么时候我已记不清了。我们店里做豆腐鱼的时间是在1992年的时候，在1992年之前店里主要做炒菜类的家常菜。做豆腐鱼生意最好的时候是在1995年和1996年。1997年的时候，我们店还被评为重庆市的"双文明建设"。在1998年的时候，为了扩大店面，我姨父他们买了店铺旁边合作社的房子，把"文明食店"搬迁了过去。到2012年我们接手"文明食店"的时候，把店面从旁边合作社的房子又搬回到了现在的地方。

当时究竟是在什么样的因缘巧合下开始创制出豆腐鱼？据刘小平介绍：

> 我听人家讲，我姨父他创制豆腐鱼，主要是因为当时很多卡车师傅到这里来吃饭，那些师傅点了鱼，但是他们不够吃，要加菜，当时又没有什么菜给他们加，厨房里只有豆腐了，所以当时王安文就把豆腐给加到鱼里面去了，没想到还很受大家的欢迎。但是这个也是听人家这样说，究竟是不是真的也不知道。

"文明食店"的赵勇正在做豆腐鱼

因此我们也不知道王安文究竟是像《重庆商报》说的那样是在卡车司机的启发下创制出了豆腐鱼，还是像刘小平说的那样只是在加菜的过程中偶然创制的。

调查小组向赵勇询问了他们家的豆腐鱼做法是否有变化，他介绍道："其实做法大的变动倒是没有，不过之前我们做豆腐鱼的时候，没有在最开始的时候撒盐和裹红苕粉，也就是没有进行腌制。"

现在随着兰海高速公路的修建，陈家浩人流量减少，他们的生意也不太景气。赵勇告诉我们："每年只有像国庆和春节这样重大的节日，大家都从城里出来玩的时候，我们的生意才能有点盼头，其他时间生意并不是很好。"

（二）整个北碚三溪口豆腐鱼的历史调查

调查小组也向赵勇询问了有关村里其他做豆腐鱼的食店的情况，赵勇告诉我们说：

> 村里其他家做豆腐鱼都是跟着我们店里做的，他们都是在 1992 年之后做的，应该是在我们做豆腐鱼之后的两三里里，具体是好久开始的，不太清楚了。目前做豆腐鱼生意最好的是凉风垭，以前他们也不是做豆腐鱼的，他们主要做一些家常菜。我们村里其他家做豆腐鱼的鱼庄现在生意也和我们差不多，都不是特别景气，比不上以前了。

我们同时调查了新兴酒家的开创人万清云（76 岁）、谭朝玉（73 岁）、万明富（54 岁）和渝兴酒家的开创人王云香（80 岁）、刘青元（56 岁），都证明三溪口豆腐鱼王安文在时间上是最早的，他们都是在 1987 年左右开店，但开始卖豆腐鱼要晚一些，最初只是中餐卖份数的，后来学习了来凤鱼中的麻辣味型鱼而改为点杀卖条数。

目前就整个品牌来说，三溪口豆腐鱼在市场上并没有发展得很好，至于三溪口豆腐鱼为什么没能走出三溪口发展，在 2012 年 11 月 6 日的《重庆商报》中说道：

> "文明食店"的老板娘庾小平说，鱼庄走不出去，与豆腐鱼中的特色豆腐有关："不用本地豆腐的话，味道就变了，不正宗。"

同时，我们也能在《重庆商报》中大致知道三溪口村豆腐鱼走出去的情况如下：

> 龙旭林（三溪口村党委书记）介绍说，目前走出了三溪村的豆腐鱼庄不多，"主城有几家，但都集中在北碚区，秀山、铜梁等区县各有一两家，另外，华蓥、广安也有分布，都是零零散散的"。

三、北碚三溪口豆腐鱼历史调查后的初步认识

在对北碚三溪口豆腐鱼进行实地考察后，结合查阅到的资料，我们形成了对北碚三溪口豆腐鱼历史发展的初步认识。

（一）关于三溪口豆腐鱼的起源

经过调查，我们认为最开始做北碚三溪口豆腐鱼的店铺是"文明食店"，创始人是王安文，时间是在80年代末。紧随其后较早的是渝兴食店、新兴食店、渝北食店等，现在三溪口一带有文明食店、渝兴食店、新兴酒家、渝北食店、凉风垭鱼庄、龙源居鱼庄、兄弟鱼店、宋洋鱼庄、缘缘鱼庄、黄桷树鱼庄等主营三溪口豆腐鱼，其中渝兴、新兴、凉风垭三家生意较好，特别是凉风垭鱼庄，虽然起步稍晚，但后来发展得较好。三溪口豆腐鱼在烹饪方法、味道味型上明显受璧山来凤鱼麻辣味型的影响，只是添加豆腐而别具特色。

（二）关于三溪口豆腐鱼没能走出三溪口的原因

据调查所知，三溪口豆腐鱼并没有像很多江湖菜一样走出去，闻名于全国。虽然"文明食店"老板的妈妈庾祖容和姨妈庾小平都认为三溪口豆腐鱼没能走出三溪口与它的食材豆腐有关。但是，我们调查后认为三溪口豆腐鱼没能走出三溪口，并不仅仅是因为豆腐的原因，而是多种因素共同作用的结果。首先，三溪口豆腐鱼没有树立一个好的品牌意识，宣传工作不到位。其次，现在饮食市场竞争激烈，单单重庆就有万州烤鱼、璧山来凤鱼、江津酸菜鱼、翠云水煮鱼等。这些都对北碚三溪口豆腐鱼的发展造成了影响。

渝兴食店
陈家浩大桥
新兴酒家
凉风垭鱼庄　文明食店

重庆材料研究院
北碚区凤林小学

蔡家岗立交

图例
●　现存地址
○　城市功能点

北碚三溪口豆腐鱼鱼庄分布图

巫溪烤鱼历史调查报告

调 查 者：张浩宇、王林

调查时间：2017 年 10 月 21 日

调查地点：重庆市巫溪县商务局、成娃子烤鱼王、鲍
　　　　　鸡姆烤鱼、三毛烤鱼

执 笔 人：王林

巫溪烤鱼是起源于重庆市巫溪县的一道美食，以其独特的制作方法和鲜美的味道而闻名。巫溪烤鱼兴起于大宁河边，相较于其他烤鱼，无论是制作技艺还是口味，都比较传统。味道以香辣为主，鱼肉鲜嫩，鱼皮焦香。

一、巫溪烤鱼的相关记载与认同

虽然巫溪烤鱼近年相当火热，但相关记载却相当少。较早的应该是 2005 年对诸葛烤鱼的相关论述：

> 2000 年，万州大街小巷突然多了许多烤鱼店，生意异常兴隆，其中大多打着"巫溪烤鱼"的旗号，做法与吴家的"诸葛烤鱼"有几分相似。[1]

---

[1] 《传承饮食瑰宝 "诸葛烤鱼"引爆三国美食风潮》，《职业圈·好财路》2005 年第 4 期，第 26 页。

另一篇文章对此还有相关记载：2002 年，诸葛烤鱼的创始人吴朝珠在巫溪一家酒店做厨师长时，曾将技艺传给一位师兄。该人在学成后，逐渐发展：

> 将中餐馆改为烤鱼店，打出"巫溪烤鱼"的招牌，其后，把此项技术又高价转让，一时间，"巫溪烤鱼"店在当地遍地开花，很快成为家喻户晓的小吃。①

这是目前所能知晓的关于"巫溪烤鱼"的最早的文字记载。值得注意的是，自称是诸葛烤鱼创始人的吴朝珠出生于重庆市巫溪县。也就是说，如果此说法成立，诸葛烤鱼起源于巫溪地区，为巫溪人所创。

巫溪烤鱼广泛地进入人们的视野是 2010 年以后的事情了。2010 年 11 月，巫溪县举办了"中国重庆首届巫文化节"之"鱼悦宁河烤鱼王"大赛，代表巫溪烤鱼的张宗成获得"烤鱼王"称号，得到了广泛报道。② 此后，"烤鱼王"的传奇故事更是吸引了众多人的眼球，这样一道美食也引起了更多的关注。③ 此外，在这一年，出现了大量关于万州烤鱼的报道，而这些报道在追述其源头时，大都指向了巫溪烤鱼。④ 对于巫溪烤鱼的起源，巫溪县餐饮宾馆商会会长认为其发源于大宁河边，距今已有两千余年历史。⑤ 此后，《重庆晚报》更是以《谁是重庆烤鱼鼻祖?》为题加以报道，表明万州烤鱼亦起源于巫溪，巫溪烤鱼源于大宁河边，最早是由船工发明的。

> 巫溪的宁厂古镇因盐而兴盛，紧靠大宁河，船运非常发达，不少人以当纤
>
> 夫、船工为生……当时船工要往下游运输货物，中途没有什么吃的，饿了就向

---

① 周家祥：《回放千年饮食文化 "诸葛烤鱼"引爆三国美食风潮》，《现代营销》2005 年第 4 期，第 28 页。
② 《巫文化旅游节三天接待 5 万游客》，《重庆晨报》2010 年 11 月 12 日，第 018 版。
③ 参见姚宏涛、邹继国：《回访"烤鱼王"》，《法律与监督》2011 年第 1 期，第 36—37 页。2015 年，央视《生活早参考》2015 年第 6 期《"烤鱼王"的江湖人生》专门讲述了"烤鱼王"的故事。
④ 代表性的有何苦：《凝望烤鱼的天空》，《四川烹饪》2010 年第 1 期，第 52—54 页；张茜：《移民文化视角下的万州烤鱼》，《四川烹饪高等专科学校学报》2010 年第 6 期，第 6—8 页。
⑤ 《万州烤鱼 PK 巫溪烤鱼 网友"盲吃"辨味》，《重庆商报》2012 年 11 月 1 日，第 018 版。

大宁河撒网捕鱼充饥。一日，一名船工将随身携带的咸菜、豆豉加入鱼中，边烤边吃，味道鲜美无比，此方法很快广为流传。加上巫溪以前是产盐地，鱼的保鲜和腌制又需要盐，这就为随时吃烤鱼提供了条件。[1]

事实究竟是怎样的呢？巫溪烤鱼是近些年来才兴起来的一道美食，还是有着数千年的历史呢？是吴朝珠的家族秘传技艺，还是劳苦群众船工智慧的结晶呢？巫溪烤鱼与万州烤鱼是否有关系呢？面对众多的疑问，我们决定前往巫溪烤鱼的发源地——巫溪县，进行实地考察。

二、巫溪烤鱼的历史调查过程

（一）"成娃子烤鱼王"的传奇故事

10 月 25 日下午，我们到达巫溪县城，前往了"成娃子烤鱼王"处，老板张宗成先生、范越女士接受了我们的采访。

采访范越女士（左）

首先是探寻巫溪烤鱼的来源。张宗成（56 岁）告诉我们，他认为其源于两千多年前的巫文化。巫人在河边捕鱼后，抹上盐巴，烤好后食用，后来的纤夫也是如此。烤鱼是巫文化、盐文化、药文化、纤夫文化、烤鱼文化五种文化的融合。至于究竟是谁发明了巫溪烤鱼，已不可考。这也与我们之前搜集到的，巫溪烤鱼最早是由大宁河上的船工发明的说法类似。从烤鱼端上餐桌的角度来说，他自认为是第一人。

早在 1986 年，张宗成便在巫溪县城操场坝（现巫溪县人民广场）卖烧烤，当时只是一个流动性的小摊子。经营类型主要是不同种类的烤串，烤鱼只是其

---

① 《谁是重庆烤鱼鼻祖？》，《重庆晚报》2013 年 7 月 20 日，第 007 版。

中的一个种类，且烤的都是小鱼。值得注意的是，当时在操场坝卖烤串的约有二十余家，张宗成只是其中一家。1990 年，张宗成、范越两人结婚，婚后一起卖烧烤。1994 年，妻子怀孕后，想吃烤鱼，张宗成才第一次烤了稍大的鱼，一条六七两的鲫鱼。妻子很是喜欢，接连吃了几天。一个朋友见到后，也想吃，吃后赞不绝口。在这种情况下，头脑灵活的张宗成开始烤大鱼，生意红火，"成娃子烤鱼"的名声也传出来了。1997 年，夫妻俩在操场坝附近的文化馆租下了一个小店面，正式打出了"成娃子烤鱼"的招牌。这个时候，他们开始有了桌子，有了烤鱼夹子，第一个烤鱼夹子是张宗成自己动手做的。虽然有店铺了，但夫妻俩也会在各种热闹的场合支起临时的烤鱼摊。2010 年 11 月，张宗成在"中国重庆首届巫文化节"之"鱼悦宁河烤鱼王"大赛中获得的"烤鱼王"称号，之后，与朋友合伙开的"成娃子烤鱼王"在马镇坝第一个红绿灯处开张，不过只是断断续续地经营了一年。2012 年，张宗成在巫溪老城港口租赁经营的店面重新开业，2014 年另买下了老城北门城墙边的两栋仿古楼房，经营至今。

范越女士告诉我们，这些年来，烤鱼的味型在不断发展变化。一开始味型比较少，主要是葱香鱼，也有酸菜鱼、豆豉鱼、盐菜鱼、糖醋鱼。其中盐菜鱼在食用过程中存在安全隐患（火候控制不当，油会溅出来烫伤客人），慢慢被淘汰，糖醋鱼因制作较复杂，葱香鱼因比较费时，也已很少做。到现在，主要有泡椒鱼、花椒鱼、香辣鱼、酸菜豆豉鱼、渣辣子鱼、蒜香鱼等多种口味的鱼。张宗成告诉我们，他制作烤鱼的关键在于自己配制的盐，可以去除鱼腥、烟熏味等异味。关于特制的盐，妻子范越说 1994 年便开始研制，到1997 年左右已经基本定型。对于这个说法，我们无法确信。

对于烤鱼技术师承何处，张宗成说自己的手艺是祖传的，父母为当地红案、白案师傅，外婆的手艺很好，从小耳濡目染，再加上自己常年摸索发展出来的。

正在烤鱼的张宗成（右）及其弟子

关于巫溪烤鱼与万州烤鱼的联系，张宗成说，那是他的一个叫任泽定的朋友带过去的。大致在 2000 年左右，朋友任泽定在万州军分区附近开了一家烤鱼店，但因种种原因，不到半年就转让出去了。目前双方已多年没有了联系，任泽定没有回过巫溪，也找不到其他的联系方式。这个信息对我们而言，是相当宝贵的。因为如果是事实，巫溪烤鱼与万州烤鱼的联系就有了直接的证据。

第二天早上八点半左右，我们来到了操场坝，随机采访了数位老人。综合起来是：巫溪烤鱼最早是 20 世纪 80 年代末兴起在操场坝，张宗成是比较早的。2000 年左右，烤鱼开始在漫滩路兴起发展。

（二）"鲍鸡姆烤鱼"与"三毛烤鱼"

"鲍鸡姆烤鱼"店店主朱太云（50 岁）细致地给我们讲述了烤鱼店的历史。烤鱼店于 2006 年开张，其中地址变迁三次。问及烤鱼的制作，他说自己家的烤鱼是传统的烤鱼，沿用炭火烤。自己去腥的独门秘诀是，鲤鱼烤之前要抽筋。

关于烤鱼技术师承何人，朱太云表示烤鱼技术是自己费了一番功夫摸索出来的，特别是火候的掌握很难。至于店名的由来，他说这是他的外号。由此看来，巫溪人似乎喜欢用外号来命名店名。

另一家烤鱼店"三毛烤鱼"，店主是一位阿姨，大家都叫她"三毛"，因此店子也叫"三毛烤鱼"。关于巫溪烤鱼的源头，毛阿姨坦率地告诉我们，自己不是最早的，但也经营了十几年了，算一个老店子了。最早搞烤鱼的人已经去世多年了，"成娃子烤鱼"算是很早的了，只是中间耽搁了几年，自己则从未间断。

三、巫溪烤鱼历史调查后的初步认识

巫溪烤鱼的做法起源很早，但这样一种称呼是后起的。虽然没有更多的史料验证巫溪烤鱼究竟源于何时何地，但应该与大宁河以及大宁河上的纤夫、周边的渔民有着密切关系。20 世纪 80 年代末最开始出现烤鱼的地点不是河边，而是操场坝（今人民广场）。2000 年后，在大宁河边、漫滩路上，开始兴起烤鱼。几乎与此同时传到了万州地区，"巫溪烤鱼"名称最早也是在万州地区打出来的。万州凭借其相对的地理优势以及政府宣传，迅速将"巫溪烤鱼"推向了市场。2010年以后，巫溪当地政府及其商家，也开始注重以"巫溪烤鱼"作为巫溪地区烤鱼的统称，并进行了一系列宣传活动。

在巫溪烤鱼的兴起发展过程中，张宗成虽不一定是最早的，但在巫溪地区现有经营者中，相较于同样是十多年老店子比如"鲍鸡姆烤鱼""三毛烤鱼"而言，却是最早的。不过，其经营中有几年时间的间断。今天我们知晓的"成娃子烤鱼王"，是张宗成在2010年11月获得"烤鱼王"称号之后，重新开始经营的。此外，因其获得了"烤鱼王"称号，以及央视等的采访报道，其知名度也是最高的。

对于巫溪烤鱼这样一道美食，我们认为其起源不是某一个人的功劳，也不是一时之间突然形成的。它是在长时间的经验积累中逐渐发展起来的，巫溪人、万州人，很多人都为其发展做出了重要贡献。

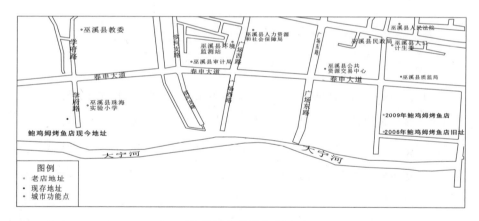

巫溪烤鱼原创地地图

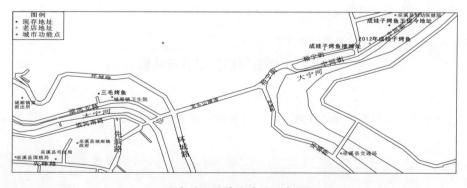

现今的巫溪烤鱼店铺分布图

万州烤鱼历史调查报告

调 查 者：张浩宇、王林

调查时间：2017 年 10 月 19 日

调查地点：重庆市万州区商务局、小舅母子烤鱼、独
一处烤鱼、诸葛烤鱼

执 笔 人：王林

万州烤鱼是万州地区的特色美食，以其多元化的味型、创新性的烤制方式，赢得了众多食客的喜爱。万州烤鱼以鲤鱼为主，同大多数烤鱼一样，讲究现吃现杀。处理好的烤鱼打上花刀，在特制的腌制调料汁中稍作腌制，即可烤制。烤制工具是多种多样的，有比较传统的烤架烤制，也有烤炉、瓦缸、UFO 等新型烤制工具。烤好的鱼淋上各种味型的酱料，即可上桌。上桌了的烤鱼需要稍微加热一段时间，食用过程中，也需要持续加热。吃完烤鱼，还可以涮菜，鲜香味美，深受食客喜爱。

一、万州烤鱼的相关记载与认同

近年来，万州烤鱼迅速走红，受到全国各地食客的喜爱。2010 年，大量关于万州烤鱼的论述出现。如《万州烤鱼天下闻名》[①]《解读万州烤鱼的制法》[②]，多从烤鱼的制作过程、美食鉴赏的角度来介绍万州烤鱼。而《移民文化视角下的万州烤鱼》一文则将移民文化与饮食文化相结合，探讨万州烤鱼的兴盛与三峡移民之间的关系，在谈到万州烤鱼的源起和发展时，提及万州烤鱼源于巫溪烤鱼的说法：

> 以前小三峡的纤夫们拉纤饿了就近叉鱼在岸边烤了吃，纤夫们烤的鱼太多了，就带回家，妻子们加热这些剩下的烤鱼又加了一些调料，这样就形成了最原始的"万州式烤鱼"。随着小三峡旅游的发展，巫溪的餐饮业最早出现了这种形式的烤鱼。尔后，万州人改进和改善了烹制烤鱼各个环节，并将其发扬光大，最终打造成为一张三峡库区的美食名片。[③]

关于万州烤鱼的由来，我们整理发现主要有两种说法。一种即为前面所提，"万州烤鱼的制作和经营形式最早是由依山傍水的巫溪人所开创"，万州人在此基础上发展创新[④]；另一种则认为其为万州本地的特产，已有相当久远的历史，如《万州名特小吃发展研究》中称"相传万州烤鱼也有几百年的历史，当地老百姓充分借鉴了传统川菜和川味火锅的工艺、用料特点，形成了独特的风格特色"[⑤]。但关于万州烤鱼发展脉络的文字记录却都语焉不详。在此之前，源于万州地区的"诸葛烤鱼"倒有不少论述，[⑥]但其始终是以"诸葛烤鱼"的名称进行加盟发展，并非以"万州烤鱼"自称。[⑦]万州烤鱼究竟源于何处？又何以迅

---

① 长安：《万州烤鱼天下闻名》，《大众商务（创业版）》2010 年第 5 期。
② 吴朝珠、赖富平：《解读万州烤鱼的制法》，《四川烹饪》2010 年第 1 期。
③ 张茜：《移民文化视角下的万州烤鱼》，《四川烹饪高等专科学校学报》2010 年第 6 期，第 6—8 页。
④ 何苦：《凝望烤鱼的天空》，《四川烹饪》2010 年第 1 期，第 52—54 页。
⑤ 罗红芳：《万州名特小吃发展研究》，《网络财富》2010 年第 12 期，第 163 页。
⑥ 参见刘华：《诸葛烤鱼绝技味美香飘神州大地》，《现代营销（创富信息版）》2007 年第 9 期；陈华：《央视"烤鱼之乡烹饪之星选拔赛"尽显"诸葛烤鱼"风采》，《现代营销（创富信息版）》2007 年第 12 期；张友先：《诸葛烤鱼一波三折发展秘史》，《农产品加工》2009 年第 7 期；《诸葛烤鱼火爆冰城》，《现代营销（经营版）》2008 年第 9 期；《十年来只做"烤鱼"一道菜 诸葛烤鱼大盘点》，《现代营销（创富信息版）》2009 年第 10 期。
⑦ 可参见《传承饮食瑰宝 "诸葛烤鱼"引爆三国美食风潮》，《职业圈·好财路》2005 年第 4 期。

速发展壮大？其与诸葛烤鱼又有怎样的联系？为一探究竟，我们展开了实地的走访与调查。

二、万州烤鱼的历史调查过程

（一）访万州烤鱼

2017年10月19日早上，我们到达万州，先到万州区商委（万州区江南大道2号），商委服务业管理科科长谭远康（万州人，49岁）介绍了万州烤鱼的基本情况，提供了宣传万州烤鱼的影像资料，并且把"小舅母子烤鱼"负责人的联系方式给了我们。

蓝显民师傅

下午，我们采访到"小舅母子烤鱼"的蓝师傅（蓝显民，60岁，万州本地人）。他介绍，万州烤鱼源于巫溪烤鱼，最开始是巫溪人到万州开烤鱼店，后来万州人开烤鱼店也打着巫溪烤鱼的旗号。直到2007年左右，政府通过《三峡都市报》等媒体，引导大家更名为"万州烤鱼"。万州烤鱼是一个大的称呼，在其下，每家店有各自的名称、招牌，如小舅母子烤鱼、尾巴烤鱼等。十余年来，万州烤鱼本身没有特别大的变化，主要在于烤鱼技术的创新，如自家特制的烤炉，隔壁家的瓦缸，都是不断创新，适应发展需求。

对于传承人问题，蓝师傅说，这些年来，全国各地有很多人来向自己学习烤鱼技术，自己倾囊相授。还有人已经将烤鱼店开到韩国。当天，正好有一个云南昭通的年轻人（杨胜刚）跟着蓝师傅学习。据了解，他是专程过来学习烤鱼技术的，学成以后回自己的家乡开烤鱼店。

之后，我们了解到，广场上较早的烤鱼店，以前都是在不远的周家坝转盘处经营，后来因为环境卫生条件差等原因，政府才统一规划到这里来。

（二）诸葛烤鱼

2017 年 10 月 27 日下午，我们再次来到了万州，通过万州文化委员会的帮助，我们采访到万州非物质文化遗产负责人王庆阳（44 岁），了解到关于万州烤鱼的一些情况，获得了关于万州烤鱼申请非遗的资料，以及由政府认定的万州烤鱼两家传承人（"666 烤鱼店"和"诸葛烤鱼"）的联系方式。

我们后期对诸葛烤鱼老板付泉（38 岁）进行了电话访问。他介绍道，2000 年，自己便开始经营大排档，形成了烤鱼店的雏形。2004 年，于万州三峡茶庄处成立了诸葛饮食文化有限公司，为其烤鱼融入了三国文化。2005 年开始开加盟店，2010 年开始进军国际市场。现在全国各地共有七百余家加盟店，在法国、德国等国也有加盟店。付泉表明，诸葛烤鱼发展至今，各方面都在不断发展变化。首先是烤鱼的种类增加，由最开始的

特制烤炉

鲤鱼到现在草鱼、清江鱼、江豚等。其次是烤鱼的技术，主要是烤制工具的变化，2000－2008 年是炭火烤制，2008－2013 年是烤箱烤制，2013 年至今是 UFO 烤炉。随着烤制工具的变化，烤制时间也在缩短，由开始的 13 分钟到现在的 8 分钟。再者是味型的变化，由开始的泡椒味为主，到现在的泡椒、香辣、麻辣、豆豉、青椒、酸菜、渣辣椒等十几个品种。企业经营方式也在转变，由单一的烤鱼经营，转变为以烤鱼为主，包含干锅、江湖菜、卤菜、饮料等在内的复合性餐饮企业。关于烤鱼技术，付泉说是跟着自己父辈学习的，父辈是农村的大厨。关于自家烤鱼与万州烤鱼、巫溪烤鱼的不同，付泉表示万州烤鱼与

巫溪烤鱼差别不大，均以香脆为主，自家烤鱼汤汁更多，讲究的是"先烤后炖"，烤鱼吃完后还可以涮菜。

小烤架

对于万州烤鱼源于巫溪烤鱼这一观点，付泉表示自己并不完全认同，认为巫溪烤鱼只是现在万州烤鱼的雏形，也就是将烧烤的小鱼变成稍大的鱼而已，是万州人在其中加入各种调料，使其慢慢发展成一个独立的菜。并认为自家烤鱼是第一家万州烤鱼店，店铺名源于一个无从考证的传说：诸葛亮在三顾茅庐出山前，一次垂钓得到一条鱼，归途中，遇到狂风大雨，只得在山洞躲雨。饥寒交迫的他便拾取了些柴火，准备将鱼烤熟食用。当鱼烤到九成熟时，雨停了，回到家中，问其好友如何烹饪，好友灵机一动，将剩菜加水煮，再放上烤鱼，竟是意想不到的美味。正如付泉所言，这只是一个无从考证的传说，多是附会的，但就是这样一个附会的传说最终成就了一个品牌，这或许是值得我们思考的。

三、万州烤鱼历史调查后的初步认识

（一）万州烤鱼其名

万州烤鱼是一个相当广泛的概念，在这一大的概念下包含了很多烤鱼店。各店铺既有自己的特色，也有着不同于其他烤鱼店的明显特征。

万州地区的万州烤鱼主要聚集在心连心广场。该广场于 2002 年下半年开工，2004 年 4 月完工，因心连心艺术团而得名。广场建成后，政府统一规划将周家坝转盘地区零散的烤鱼摊搬迁到此处。目前，这个广场集聚了近三十家烤鱼店，被称为"万州烤鱼城"。近三十家烤鱼集聚在同一个地区，形成了浓厚的烤鱼之风，再加上这是一个主要由三峡移民组成的地区，各个地方的饮食文化汇聚一处，造成了万州烤鱼的复杂多元。无论是制作技艺，还是菜品特色，都是混合型的。当然，万州烤鱼除了这个广场上的店铺，也有"独一处烤鱼""诸葛烤鱼"等发源于万州地区，分散在万州各处的烤鱼店。这些各有特色的烤鱼店，有的对外统一名称就是万州烤鱼。当然，以诸葛烤鱼为代表的一些烤鱼店，在对外的发展中更多的是使用自己本身的名字，但就广义上的万州烤鱼而言，这些源于万州地区的烤鱼应该都是万州烤鱼。

（二）发展历程

万州烤鱼发展的时间节点主要为两个，而政府始终在其中起着引领规划作用。一是 2004 年，将零散的烤鱼摊集聚在心连心广场，形成浓郁的烤鱼文化，这是万州烤鱼开始形成的重要标志。此前，虽然万州地区零散地出现了许多烤鱼店，但都是没有什么知名度的，且很多都打着巫溪烤鱼的招牌。当然，2004年以后，仍旧有不少打着巫溪烤鱼招牌的店子，这种情况持续到 2008 年左右，也就是第二个发展节点。2008 年，万州烤鱼技术在万州区申遗成功，之后，万州政府利用媒体引导万州地区的烤鱼店放弃巫溪烤鱼的招牌，以万州烤鱼面世。经过几年努力，万州烤鱼迅速崛起。

纵观万州烤鱼的发展过程，我们可以看到其与巫溪烤鱼有着密切联系。就其一开始打着巫溪烤鱼的招牌，后来才更名，可以推测出万州烤鱼极有可能是巫溪烤鱼发展演变而来的。虽然没有充足的证据可以证明，但在此次考察过程中，无论是万州政府还是相关人士，对此大都是认同的。

（三）反思：巫溪烤鱼与万州烤鱼

万州烤鱼最初可能是源于巫溪烤鱼，但发展到今天，已经形成了自己的特色。并且，无论是在制作技艺还是菜品特色上，二者都相去甚远。从制作技艺来说，万州烤鱼的烤制更加现代化，巫溪烤鱼大多使用传统的烤架烤制，万州烤鱼则出现了烤炉、瓦缸等多种烤制手段。烤制工具的创新也使得万州烤鱼的效率优势凸显，并且对烤鱼者关于火候的掌握这一技艺要求相对减弱，因而能够更快上手，这或许在帮助万州烤鱼迅速地走向全国乃至海外起到了不小的作

用。此外，复合型的烹饪手段，也能更好地满足了各种人群的需求。烤后再炖，并加入大量的配菜，使得不同食客都可以在同一道菜里找到喜爱之物。

简言之，万州烤鱼本身注重创新，政府也积极从中引导，加之相对优越的地理位置，很快便发展起来了。其在发展的初期阶段，对于巫溪烤鱼的发展，也有着很重要的宣传作用。或许"万州烤鱼源于巫溪烤鱼，巫溪烤鱼出名源于万州烤鱼"这样一个评价，是比较恰当的。到今天，二者各有市场，各有爱好者，关于谁早谁晚的探讨，更多的应该是出于学术目的。

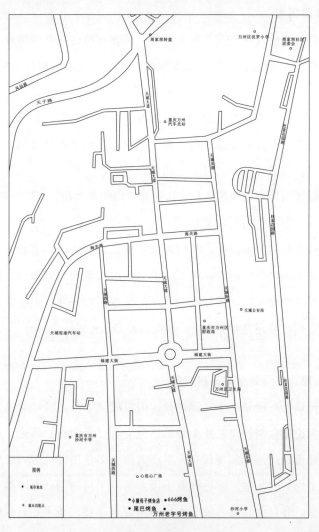

万州烤鱼主要店铺分布图

成都谭鱼头历史调查报告

调 查 者：陈俊宇、屈苗苗、姚建飞、杨彬

调查时间：2017 年 10 月 25 日

调查地点：成都市区

执 笔 人：陈俊宇

谭鱼头是 20 世纪 90 年代末自成都兴起的，以鲜鱼头为主食材的一种特色食材类火锅。谭鱼头作为新派巴蜀江湖菜的代表之一，虽然其产生时间较晚，但它通过经营连锁分店的模式快速发展，在其鼎盛时期一度开设了上百家的分店，遍布大陆并开发了我国港台地区及海外市场，在巴蜀江湖菜中算是比较有名气的。但由于过度的扩张，谭鱼头最终在短暂的辉煌之后迅速走向了衰落。

一、谭鱼头的相关记载与认同

谭鱼头作为特色食材类火锅的一种，在其创立之后飞速发展，曾经盛极一时，在国内外都颇有名气，因此出现了大量的相关论著，提供了丰富的资料可供参考，将谭鱼头的创立与发展都介绍得比较清楚。

谭鱼头创始人为谭长安，男，四川省巴中市平昌县人，1963 年 4 月生。谭长安于 1980 年入伍，参加过对越自卫反击的后期边境战争，1984 年被送到成都电讯工程学院昆明分院学习，两年后返回部队，1991 年又被调往西藏军区驻

川办事处当文书，1996 年才转业①。

　　谭鱼头是在成都火锅大萧条的背景下创立的，1996 年下半年，由于潲水油等卫生问题的曝光，民众对火锅有所疑惧，成都大量火锅店倒闭②。谭长安却从中看到了商机，借了 6 万元，共投资 9 万元，于该年 12 月 23 日在百花潭开设他的第一家鱼头火锅店，名为富源新津鱼头火锅店。之所以选择鱼头为主打食材也是机缘巧合，当时的鱼火锅都是鱼肉火锅，鱼头是没人吃的，谭长安在一次请客的过程中没吃饱，把鱼头也吃了，却发现异常鲜美，因此萌生了做鱼头火锅的想法。谭长安吸取前人教训，以一次性锅底和开放式厨房为卖点，打造特色食材类火锅，因此他的火锅店在萧条的市场中异军突起。百花潭老店当时面积约 400 平方米，只有几个包间和一个院坝，但生意却异常火爆，仅有的二三十张桌子供不应求，客人常要排队拿号。③

　　虽然谭长安的公司在 1998 年 11 月之前都沿用着富源新津鱼头火锅的名字，但从 1997 年 8 月开始，谭长安就已经开始在经营活动和广告宣传中改用谭鱼头的名号，最终确定了谭鱼头的招牌。④ 趁着势头不错，1997 年，他在四川德阳、绵阳开了分店，拥有了几百万的资产。但谭长安抱负颇大，不仅仅满足于此，而致力于将谭鱼头打造成国内外驰名品牌。在此后的发展中，谭长安刻意避开西南本地的激烈竞争，以北京—东北—华北—西北—中原—华东—华南—西南的迂回策略，重点向川渝以外的地区推广。⑤ 1998 年 6 月谭鱼头首先在北京东直门开设了第一家省外分店，此后在全国全面开设连锁店。2001 年，谭鱼头已经排名全国餐饮百强第 15 位，并跻身中国连锁百强企业之列⑥。此后谭鱼头于2002 年开设了台湾的第一家分店，2003 年开设了香港的第一家分店，2004 年开设了在火锅的发源地重庆的第一家分店。到该年底的 12 月 22 日，随着它在

① 赵青竹：《"火"遍大江南北的"谭鱼头"》，《公关世界》2005 年第 1 期，第 26 页。
② 谭长安：《中国餐饮界的"火锅兵变"》，《科学决策》2008 年第 8 期，第 37—38 页。
③ 谭长安：《谭鱼头火锅连锁经营的成功之道》，《财经界》2005 年第 2 期，第 60—61 页。
④ 张璇、立天净泓：《火了的"谭鱼头"与难断的"谭渔头"》，《中国工商报》2001 年 4 月 5 日，第 B01 版。
⑤ 于以亮：《连锁经营的标准化管理》，《商务时报》2008 年 11 月 5 日，第 031 版。
⑥ 林晓明：《一锅红艳谭鱼头，百家连锁火九州》，《现代营销》2003 年第 9 期，第 22 页。

香港的第三家分店的开业，谭鱼头已经在全国（含港台）开设了 122 家分店[①]。在拓展分店的同时，谭鱼头还建设了原材料生产基地、物流配送中心、烹饪学院等一系列配套设施[②]。谭鱼头此后进一步将眼光瞄准国外市场，2008 年在新加坡开设了第一家海外分店[③]，它的发展达到了顶峰。

谭鱼头以头大脑重、肉肥刺少的花鲢鱼头为主打。吃谭鱼头火锅应先喝汤，再吃鱼头。据谭长安的介绍，吃鱼头应按唇、脑、头皮、肉的顺序，讲究一快一慢、一吸一停，即吃皮、肉要细品，吃唇、脑则快速吸入口中。[④] 谭鱼头的总体味道以"辣而不燥、鲜而不腥、入口窜香、回味悠长"为特点，确定了"一锅红艳"的基本味型。谭鱼头的火锅底料由谭长安反复试验，以辣椒制作锅底，辣椒选用香口而不辣心的二荆条辣椒，并有严格的采摘时间，因为过早采摘则香度不够，过晚则皮干籽大，故每年的采摘期仅 7 天。辣椒采摘之后精选装坛，以特殊的方式储存一年以上才用来入锅，再辅以十余种天然中药材调制而成。这样制出的锅底辣香浓郁、辣色鲜艳、辣感柔和，即使常吃也不上火、不伤胃、不长痘痘，故而适应性极强。[⑤] 此后谭鱼头在红汤锅的基础上，为满足多种口味，又开发出三鲜锅、番茄锅、滋补锅、酸萝卜锅等锅底。[⑥] 除汤锅外，谭鱼头又研制出以 18 种佐料调配而成的特色味碟，进一步展现出自身的特色[⑦]。此外，谭鱼头又不断增加配菜种类，提供凉卤、小吃、西点等其他食品类型。在味道的保持上，谭鱼头从自己的生产基地生产火锅底料，制成半成品再运往各地分店按标准二次加工，保证了口味的统一。[⑧]

谭鱼头首先在重庆遭遇了失败，2007 年谭鱼头重庆店倒闭，失败的原因除了选址失误外，主要在于它对自身高档火锅的定位，在火锅的发源地重庆，偏

① 苏利川：《谭鱼头：用数字方式烹饪》，《中华工商时报》2005 年 7 月 15 日，第 001 版。
② 樊思岐：《谭鱼头式餐饮企业网络营销发展对策》，电子科技大学 2007 年硕士学位论文，第 17 页。
③ 王友海：《川味二：与资本的"恋爱"，谭鱼头：游向资本》，《当代经理人》2008 年第 11 期，第 45 页。
④ 《谭鱼头火锅制作方法》，《北京水产》2001 年第 5 期，第 39 页。
⑤ 陈支农：《谭长安的"鱼头"神话》，《经营者》2004 年第 Z2 期，第 122 页。
⑥ 李楠：《"谭鱼头"的火锅人生》，《城乡致富》2007 年第 9 期，第 18 页。
⑦ 陈支农：《"谭鱼头"传奇》，《中外企业文化》2004 年第 2 期，第 19—20 页。
⑧ 陈支农：《"谭鱼头"不走寻常路》，《中国市场》2004 年第 Z1 期，第 64 页。

高的价位难以坚持竞争。2009 年，谭鱼头重新在重庆开张，并将价位下调，但仍只坚持了不到一年半就再次倒闭①。在当时看来这更像谭鱼头发展过程中的小插曲，并没有影响它的总体趋势，谭鱼头其他地区的连锁店多数还是盈利的。但 2013 年以后，发展过快的谭鱼头资金链便出现了问题，欠债等负面消息不断出现，到 2015 年更是出现了严重的债务危机，谭鱼头食品（成都）有限公司、成都谭鱼头投资股份有限公司分别欠债 2 亿多人民币。根据《华西都市报》2016 年的相关报道，谭鱼头多店陆续倒闭，在大本营成都原有的 4 家店面也只剩下了 2 家，谭长安本人也处于联系不上的状态。② 2017 年 3 月，《成都商报》的记者调查发现，谭鱼头投资股份有限公司已经被上锁，门口张贴了多张成都市中级人民法院的法律文书，该公司已被申请破产结算。③

通过对上述资料的梳理后，谭鱼头的历史发展过程已经比较清晰。但仍存留了一些小问题需要我们去确定，而还在运营的谭鱼头剩余店面的生存现状怎样，也需要我们去实地调查。

二、谭鱼头的历史调查过程

10 月 25 日，我们来到成都，地铁桐梓林站 C 出口旁边的海码头海鲜店即是谭鱼头原曼哈顿店。这家店曾经是谭鱼头的精品店，也一度是谭鱼头在成都的总店。但在公司债务危机背景下，曼哈顿店在 2015 年转手卖给了蜀坛鱼头火锅。蜀坛火锅接手后一开始并未更换店名，而是继续打着谭鱼头的招牌，因此一度与谭鱼头公司发生纠纷。然而到 2016 年 12 月，蜀坛的生意也难以为继，又转手卖给了海码头海鲜。

我们接着来到此前报道中提到的仅存的谭鱼头两店之一的合江亭店。然而考察组到了该地之后却并未发现谭鱼头店的影子，询问周边的人才得知，这家谭鱼头也已经倒闭了，如今也成了海鲜店。

① 《降价也难卖　谭鱼头又歇业了》，《重庆商报》2010 年 12 月 22 日，第 046 版。
② 《谭鱼头陷债务纠纷　成都仅剩两店》，《华西都市报》2016 年 6 月 21 日，第 0a10 版。
③ 《谭鱼头接连易主　1 万元办的会员卡怎么办？》，《成都商报》2017 年 3 月 3 日，第 06 版。

于是我们前往谭鱼头琴台路店。这家店面还在，我们大喜过望，总算还剩有一家店面存在。在二楼，我们找到了这家店的店长，但在我们表达了来意之后，店长一开始却拒绝采访。在我们的坚持和交流后，店长最终有选择地回答了我们的部分问题。店长名叫符昌军，男，四川省达州市人，1975 年生。他告知我们谭鱼头在百花潭的老店原址是在今天的百花中心站，这家琴台路店则是开业于 2011 年。而对于谭鱼头如今的经营现状和谭

谭鱼头琴台路店

长安本人的情况，店长避而不谈，也不允许我们去后厨拍摄。

离开琴台路店，考察组先按符店长提供的信息来到百花中心站，这一片是一个大型的公交车车站，北面一条小马路就是百花巷。由于修建公交车站，路南侧原有的建筑已经被拆除，改修筑了一条路与车站之间的围墙，这里就是百花潭老店的原址所在。

天色已晚，我们再次来到琴台路店，在这家成都仅存的谭鱼头店品尝鱼头。总体上还是和前期收集的资料中所记载的有一定出入。吃完结账时，我们发现了问题，小票上写着"鱼之吻火锅店（原谭鱼头店）"，发票上的章也是"青羊区鱼之吻火锅店"。鱼之吻很可能像之前曼哈顿那家蜀坛一样，实际上已完成了转手，只是继续打着谭鱼头招牌。我们后来按照店长名片上提供的网址登录谭鱼头的官网，呈现在眼前的却是满屏博彩信息的垃圾网页。如此看来，如今的谭鱼头真可谓名存实亡。

三、谭鱼头历史调查后的初步认识

（一）其历史过程十分清楚

创始时间是 1996 年 12 月 23 日，创始人是谭长安，创始地在今成都市青羊区百花中心站。此后，谭鱼头通过连锁分店的模式，发展得十分迅速，2008 年前后的几年是其鼎盛时期，一度在海内外都具有相当的名气。2013 年之后，谭鱼头逐渐走向衰落，各地的店面纷纷倒闭，公司处于破产状态，谭鱼头即将消失在历史的长河中。

（二）其快速陨落值得我们深思

谭鱼头从一家小店面到拥有海内外一百多家连锁店，从日收入千元到资产数亿，再到现在的全面倒闭破产，其兴也速，其衰也速。或许正是它过快的发展导致资金难以跟上，最后引发了全面崩溃。从商业利益而言，拥有远大的抱负和积极的进取心本没有错，在当下火锅行业竞争惨烈的背景下，谭鱼头的失败也算是时代的悲剧。改革开放后，人口的流动加剧，不同地区的饮食文化加速碰撞交融。同时随着经济水平的提高和生活状况的改善，人们对饮食有了更高的要求，因此江湖菜也在不断地推陈出新。像谭鱼头这样的特色食材类江湖菜，如何在保住自己既有地位的前提下进一步寻求更好的发展，这确实是个难题。究竟是以少居奇为好，还是全面散播为好，恐怕这还有待更长时间的检验。但无论如何，谭鱼头的辉煌虽然已基本成了过去，它仍不愧为巴蜀江湖菜史乃至川菜史上划过的一颗璀璨的流星。

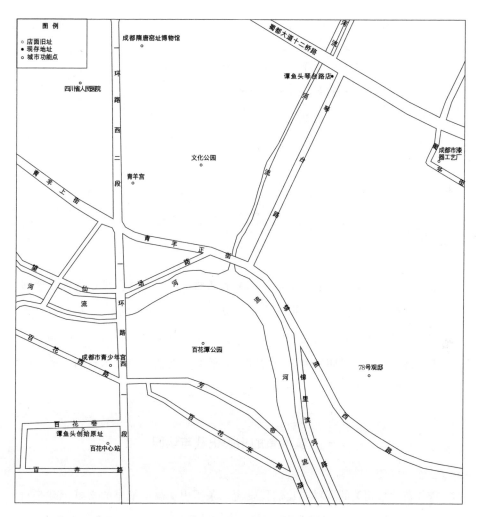

图例
○ 店面旧址
● 现存地址
○ 城市功能点

成都隋唐窑址博物馆

四川省人民医院

谭鱼头琴台路店

成都市漆器工艺厂

文化公园

青羊宫

青羊上街

青羊正街

河流

一环路西二段

一环路西三段

河流

百花潭公园

成都市青少年宫

78号观邸

百花西街

百花巷

谭鱼头创始原址

百花中心站

百花茶舍街

百卉路

成都谭鱼头新旧店址分布图

089

宜宾黄沙鱼历史调查报告

> 调 查 者：蓝勇、陈俊宇、唐敏、陈妹、王倩、张浩
> 宇、张莲卓、张静、谢记虎
> 调查时间：2018 年 1 月 22 日
> 调查地点：宜宾南溪区黄沙镇
> 执 笔 人：唐敏

宜宾，作为万里长江第一城，三江交汇之地，河鲜尤其丰富，各式各样的河鲜菜肴自然在川南美食中占据了重要地位。20 世纪 80 年代末 90 年代初，地处川云中路的黄沙镇有一道特色美食——黄沙鱼，曾经风靡一时。当时高速公路尚未开通，黄沙镇是四川和云南之间必经的交通要道，川流不息的车辆过客会在黄沙镇停留品尝黄沙鱼，黄沙鱼也因此而闻名省内外。

一、黄沙鱼的相关记载与认同

查找黄沙鱼相关的资料，我们仅发现三条历史文献。最早的文献记载来自 1994 年李友的《一人闯市场带富一个村——孙泽云做活"一条鱼"生意》：

> 四川省南溪县黄沙镇双燕村民兵、退伍军人孙泽云，利用地处交通要道的
> 优势开辟了"一条鱼"产业，带动全村人走出了一条致富路。
>
> 1987 年，孙泽云自费到外地学习烹饪技术后，在川云中路 68 公里处挂出

了"68 鱼餐馆"招牌。一条极普通的鲤鱼或草鱼到了他手里能做出一百多道美味佳肴，一时间"黄沙鱼"名声大振，年收入达两万多元。

孙泽云富了后，先后办了五期厨师培训班，带动和帮助村民们在 10 公里长的川云中路旁陆续开了 48 家鱼餐馆，年营业额达六百多万元，为国家创税二十多万元。鱼餐馆的生意兴隆，促进了养鱼业的发展，1992 年，农民利用塘库堰及稻田养鱼产量达 18 万公斤，增加收入近百万元。[①]

2006 年，周宁发表了《黄沙鱼寻根》一文，较为详细地介绍了黄沙鱼的历史：

宜宾城东面有一个黄沙镇，镇旁有一条长江支流叫黄沙河，河两岸竹林茂密，河面开阔，河里盛产各种河鲜。20 世纪 90 年代初，镇政府为了利用当地的自然条件发展经济，于是鼓励当地人活水养鱼……这里产的河鲜不但质量好、品种多，而且产量还很大……那时川滇高速公路还未通车，而黄沙镇又地处四川到云南的重要运输通道——川云中路。这条路，当时是川滇之间货运的重要通道，每天都有成百上千的车辆经过。当时，镇上的最大餐厅——镇政府食堂在川云中路 68 公里路桩旁开起了第一家路边餐馆……看到路边店的商机，一时间，一家家经营河鲜的餐馆也跟着冒出来了。鼎盛时期，从大观到高店 12 公里长的路边，竟然分布着一百多家经营各类黄沙河鲜鱼的餐馆。那时，上千名厨师在这里把黄沙鱼做得盛况空前。所有的过往车辆都会自动在这里停下来，吃了黄沙鱼再往前走。

……黄沙鱼是指黄沙镇那些路边店烹制的一系列特色风味河鲜。

……曹大春在川云中路开店时，几款传统的农家鱼菜很快被顾客吃腻了，于是他便将川菜菜谱拿来反复看，试着将菜谱里的那些猪肉、鸡肉、兔肉都用鱼肉去代替。比如回锅鱼，由于鱼肉嫩，下锅易碎，厨师们便在选鱼、刀工、烹制方法上下功夫，经过一次又一次的试制，才将这款色香味俱佳的回锅鱼创制成功。

① 李友：《一人闯市场带富一个村——孙泽云做活"一条鱼"生意》，《西南民兵》1994 年第 1 期，第 23 页。

那时黄沙镇的路边餐馆杀鱼多，废弃的边角余料也多，于是，厨师便在这些废弃料上下功夫，做到一鱼多吃，形成了"黄沙鱼"的特色。

黄沙鱼以地名命名……只是自从川云高速公路通车后，从前往来于黄沙镇的车辆也跟着消失了，以前人气旺盛、生意火爆的黄沙鱼也仿佛变成了"化石"，逐渐淡出了人们的视线。如今，那些见证过当年川云中路繁荣景象的人，先后在宜宾城用"黄沙鱼"做起了自己酒楼的招牌，而当年许多做鱼菜的厨师，凭着在黄沙河边练就的厨艺功底，奔向了祖国各地，他们有的成了各大酒楼的烹鱼高手，有的则自己开店当起了老板。①

在此也提到了一个重要人物——曹大春，曾在川云中路开鱼馆，创制了回锅鱼、鱼香肉丝、鱼豆花、怪味鱼排、香酥鱼鳞等特色菜肴。

2012 年，吴涛的《南溪黄沙鱼》报道则简单介绍了南溪县的黄沙鱼餐馆：

在南溪县城美食一条街上，满桌的全鱼宴吸引了不少路人的注意。老板说，南溪有条黄沙河，而这条河里盛产优质鱼，而"黄沙鱼"的做工、配料、刀法、制油、火候要求严，特别是汁水须用十几种中药，经不同方法逐味炮制汇合加汤而成，能把鱼的肉、骨、刺、尾、鳞等全部加以利用，做成各种不同风格和不烂、不腥和不失鱼味的全鱼宴。②

综上，黄沙鱼的历史发展脉络较为清晰，但提及的黄沙鱼重要人物有二：孙泽云、曹大春。创始人究竟是谁？带着这样的疑问，我们前往黄沙镇进行实地调查。

二、黄沙鱼的历史调查过程

2018 年 1 月 22 日早上 9 点从重庆出发，下午 3 点左右，我们到达黄沙镇政

---

① 周宁：《黄沙鱼寻根》，《四川烹饪》2006 年第 8 期，第 35—36 页。
② 吴涛：《南溪黄沙鱼》，《宜宾晚报》，2012 年 10 月 26 日，第 17 版。

府党政办公室，获赠他们 2017 年编写的《黄沙镇志》，里面有对黄沙鱼发展历史的专题叙述。《黄沙镇志》对黄沙鱼的发展历史记载较为详细，现归纳如下：

"黄沙鱼"并非某一鱼种，而是指一种以"鱼宴"或"鱼品"为主的独特烹饪技术，因源于黄沙镇而得名。主要有两大特色：一是以鱼为主菜做成全鱼宴。特色鲜明，做法多样，一鱼多吃，菜品丰富……二是主推"火锅鱼"，是一种类似火锅的烧鱼方法。先将各种调料炒制后熬成底料汤，再把经过特制并码味后的鱼肉、鱼头等放入汤内烧制而成，鲜嫩可口、香味扑鼻、味浓醇厚。

黄沙鱼的创始人是退伍战士、二等乙级革命伤残军人孙泽云。1977 年 3 月，28 岁的孙泽云退伍回乡耕种田地，两年后跟随自贡一位张姓厨师学了两天的厨艺，回家后便试做菜肴开了一个小饭店。当时乡政府一位同志帮他从民政部门申请到 500 元救济金，他利用这笔钱新盖店房、添置设备，将房侧荒地挖成水池养鱼，小饭店逐步变成以鱼菜为主的鱼馆。此后几年，他潜心钻研鱼菜烹饪技术，逐渐推出各种鱼盘菜和鱼火锅，生意渐好，还招收徒弟，雇请帮工，薄利多销，生意更加兴隆。

1987 年孙泽云特意选了"八一"这个与解放军有关的日子正式开张，以家乡黄沙乡和店前川云中路上"68"里程碑综合命名——"68 黄沙鱼馆"。这天，他制作了数十种鱼类菜肴，吸引了来往的车辆司机和过路行人，座无虚席。1990 年 9 月，他以承包方式在宜宾市翠屏区大碑巷办起了既对内又对外的职工食堂——"68 黄沙鱼馆"，老店卖给了别人。黄沙鱼的成功引来了不少报社记者的争相报道，也因此引来一些求贤者，20 世纪 90 年代孙泽云还曾被请到上海、成都、北京传授黄沙鱼技术。

黄沙鱼是黄沙镇的独创名菜，1986—2000 年间黄沙人大兴鱼餐馆，1996 年沿川云中路黄沙段的鱼餐馆就多达 54 家。经过二十余年发展，已成为川南名菜。黄沙鱼是利用常见的食用鱼做出的高档菜，对做工、配料、刀法、火候等要求很严，更难得的是鱼刺、鱼鳞也能入菜，做出的鱼肴不烂、不腥、不失鱼味，色分白、黄、金、红杂、咖啡，味有咸、甜、麻、辣、酸、怪，形兼丝、丁、片、排、丸、花、汤，口感酥、脆、细、软、嫩、化渣，色香味形俱佳。

2003 年，黄沙镇"双燕鱼馆"的刘建，在全鱼宴、火锅鱼的基础上增设了干锅鲫鱼，生意十分火爆。目前黄沙镇的黄沙鱼餐饮主要是以双燕鱼馆为代表。[1]

随后政府工作人员陈绍辉陪同我们到川云中路 68 公里附近的鱼馆了解情况。在与陈绍辉的交流中我们了解到，孙泽云已经搬去宜宾市区了。我们前往旧址参观，现在已经是村民住房，房子旁边立了一块界碑，就是以前川云中路的 68 公里界碑。

随后，我们来到黄沙五里香酒家，该店老板张俊是孙泽云的朋友，我们与孙泽云取得联系，邀请其前来制作黄沙鱼全鱼宴。在等待期间我们了解到，21 世纪初，由于宜宾至成都的高速公路开通，经过黄沙镇的车流量大幅减少，黄沙鱼餐馆生意也逐渐下降，很多店都关门了。南溪区、宜宾市的黄沙鱼餐馆逐渐增多。

下午四点左右，孙泽云开车抵达店里，立即在后院开始处理买好的两条草鱼。鱼的全身皆可入菜，孙泽云根据鱼身的不同部位切成不同的形状，可以做出丰富的菜品。带皮的鱼肉可切成肉片做水煮鱼片，切成薄片的鱼肉裹上淀粉炸成金黄色再回锅做成回锅鱼，据孙泽云介绍，回锅鱼有好几种做法，比如粑粑回锅鱼、蒜苗回锅鱼、三鲜回锅鱼（猪肉）；无骨的鱼肉切成小块做成宫保鱼丁；鱼肚肉切成粗丝做成鱼香鱼丝；鱼脊骨切成小块炸至酥脆，再加入白糖、辣椒面成为可口小吃——怪味鱼排；鱼鳞先入沸水中过一遍，然后裹淀粉炸至酥脆可口，加入白糖、辣椒面成为香酥鱼鳞；鱼头和部分鱼骨可熬成鱼头汤；将鱼肉剁碎，加入打发好的蛋清以及姜水、淀粉等拌匀，待猪油加热后倒入锅中，很快就变成雪白细嫩的鱼豆花；将营养丰富的鱼皮和豆腐一起慢煮收汁，做成鱼皮豆腐；将加工过的三色鱼丸在热水中煮熟，然后用猪油将泡山椒、葱末、姜末炒香，加水后倒入莴笋丁、煮熟的丸子慢煮，少量水淀粉收汁，一道鱼香丸就做好了；加工的鱼膏和木耳一起清蒸，营养又清鲜。仅仅两条鱼，孙

---

[1]　宜宾市南溪区黄沙镇人民政府编纂：《黄沙镇志》，2017 年，第 103—105、127—128 页。

泽云在一个半小时就做出了十一道色香味俱全的全鱼宴菜品。

席间听孙泽云介绍，他收了很多徒弟，其中曹大春的黄沙鱼餐馆目前经营得不错。孙泽云退伍回乡后，自谋职业，曾跟随自贡张姓

蓝勇教授（左）与孙泽云（右）

厨师学习了两天的厨艺，就于 1987 年在川云中路 68 公里处开起了"68 黄沙鱼馆"，由于黄沙鱼系列做法多样，菜色丰富，过往货车司机往往选择在此吃午餐，生意红火。1990 年将老店卖给别人，自己前往宜宾市区开设餐馆。目前宜宾打着黄沙鱼招牌的餐馆数量不多，只有几家，但大多不卖黄沙鱼，南溪区有一些餐馆做黄沙鱼，但很多菜做得不地道。黄沙鱼宣传推广尚显不足，政府关注度不够。

听闻双燕村尚有几家分布比较集中的黄沙鱼餐馆，吃完晚饭后，我们前往了解采访。还有五六家鱼馆在营业，其中老字号鱼乡餐馆和双燕鱼馆名气较大，双燕鱼馆是其中开得较早的。由于现在车流量减少，晚上六点正是餐馆营业时间，但这些餐馆几乎都没有顾客前来就餐。

23 日下午，我们去了宜宾市翠屏区党校对面的曹氏黄沙鱼。老板曹大春于 1990 年接手孙泽云的"68 黄沙鱼馆"，1992 年在宜宾市区长江大道开店，现在没有经营了，2007年搬至现址，迄今有十

蓝勇教授（左）与曹大春（右）合影

余年了，西区还开有分店。除了全鱼宴，曹氏黄沙鱼还发展了黄沙鱼系列火锅、干锅、冷锅等吃法，白玉鱼豆花是宜宾市名菜，宜宾黄沙鱼馆目前只有三四家。

三、黄沙鱼历史调查后的初步认识

综上，我们可以得出明确的结论，孙泽云是黄沙鱼的创始人，1987 年最早在川云中路 68 公里处开起了"68 黄沙鱼馆"。黄沙鱼是以鱼为主要原料烹制的全鱼宴，一鱼多吃，菜式多样，黄沙鱼系列菜肴是孙泽云将川菜的烹饪技艺应用于鱼类菜肴中，开创性地烹制出了全鱼宴。孙泽云在当地招收了很多徒弟，曹大春是其中之一，后来也经营起黄沙鱼餐馆，随后在宜宾市区做起了黄沙鱼餐饮，经营得当，在宜宾小有名气。

20 世纪八九十年代黄沙镇的黄沙鱼餐馆生意红火，许多当地人走上了发家致富之路，20 世纪 90 年代中期，川云中路黄沙段鱼馆多达 54 家，这主要得益于黄沙镇便利的交通优势。宜宾通高速公路前，川滇之间的车辆都要经过黄沙镇，因此有稳定的客源，并由这些过路车辆的宣传而名气外传。后来高速公路开通之后，黄沙镇过路车辆减少，黄沙鱼餐馆生意下降，很多鱼馆都关闭了，如今在黄沙镇只有几家鱼馆仍在营业，如双燕鱼馆、老字号鱼乡餐厅、鱼乡鲜鱼府、新生鲜鱼馆、黄沙五里香酒家等，但生意惨淡。

另外，黄沙鱼的品牌推广不够，宜宾的黄沙鱼餐馆数量也不多，黄沙鱼的名气在宜宾境外甚微，如何扩大黄沙鱼的品牌知名度、利用黄沙鱼招牌拉动当地经济发展，是黄沙镇未来将要考虑的重大问题。

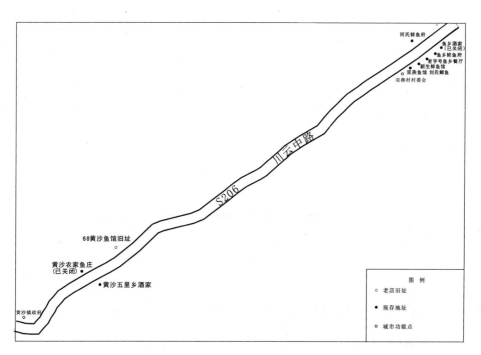

何氏鲜鱼府

鱼乡酒家
（已关闭）
鱼乡乡鲜鱼府
老字号鱼乡餐厅
新生鲜鱼馆
双燕鱼馆 刘氏鲫鱼
双燕村村委会

川云中路

S206

68黄沙鱼馆旧址

黄沙农家鱼庄
（已关闭）
黄沙五里乡酒家

黄沙镇政府

图 例

○ 老店旧址

● 现存地址

◎ 城市功能点

宜宾黄沙鱼原创地地图

新津黄辣丁历史调查报告

调 查 者：蓝勇、陈俊宇、王倩、唐敏、陈姝、张浩
宇、张莲卓、谢记虎、张静

调查时间：2018 年 1 月 24 日

调查地点：彭大姐老店黄辣丁、刘大姐黄辣丁老店、
胖大姐黄辣丁鱼庄

执 笔 人：张静

素有"美食之都"之称的成都市新津县，是西河、金马河、羊马河、杨柳河和南河五河会聚之地，是著名的鱼米之乡。自古以来新津地区河鲜肥美，最为著名的则当属黄辣丁。新津黄辣丁是川菜中的河鲜特色品牌，它体小无鳞、肉质细嫩、味道鲜美，如今已成为享誉全国的美食和地理标志保护产品。

一、新津黄辣丁的相关记载与认同

黄辣丁学名黄颡鱼，是一种生活在湍急清澈溪流中的鱼类，遍布于长江、黄河、珠江、黑龙江等水域，外形有些像泥鳅，但是其肉质鲜美，非泥鳅所能媲美。黄辣丁一般体长约 20 厘米，头大且扁平，口大眼小，鱼体裸露无鱼鳞，主要以食用水生的小昆虫和一些无脊椎动物为生。新津黄辣丁本指常年生长在成都新津一带天然水域内的野生鱼种，但随着黄辣丁消费量的增加，野生黄辣丁已经远远不能满足人们的生活需求，因此现今新津黄辣丁亦多指新津地区人工养殖的黄辣丁鱼种。

　　新津地区食用黄辣丁的历史悠久。在新津境内有许多东汉崖墓，这些崖墓里出土的珍贵殉葬器物中最多的便是长约三四寸的红陶质黄辣丁，说明在两千多年前，黄辣丁就成为四川人民餐桌上的美味和食疗的佳品了。[①] 在新津地区，黄辣丁又名黄果子。一篇名为《哪里还能吃到正宗黄辣丁》的文章讲述了一个相关的凄美故事，当然这只是民间传说，不足为信。该文还将黄辣丁的发展与当地的清末哥老会领袖侯宝斋联系在一起。

　　　　据新津旧县志记载，清末四川保路运动的风云人物、南路同志军总指挥侯宝斋……从资中罗泉井领受相机发动武装暴动的指示回到新津。他巧借60寿筵之名，安排暴动事宜。在盛大的生日宴会上以新津招牌菜——水煮新津黄辣丁招待贵客。从此，水煮新津黄辣丁更加名声远播，逐渐成为风靡全成都、全四川乃至全国的一道名菜，在全国各地都有以"新津黄辣丁"命名的菜品和餐馆。[②]

　　当然这也只是附会之说，《新津县志》虽然有侯宝斋事迹，但并未提及以黄辣丁做宴。

　　在网络上对"黄辣丁老店"进行搜索的过程中，我们发现主要有彭大姐老店黄辣丁和刘大姐黄辣丁老店两家。但是大多数是一些网友对两家店的评价，而没有关于两家店发展历史的介绍。为了解新津黄辣丁整个发展过程，我们展开了此次调查。

二、新津黄辣丁的历史调查过程

（一）彭大姐老店黄辣丁的调查

　　根据之前搜集的资料，我们准备首先对彭大姐老店黄辣丁和刘大姐黄辣丁老店进行采访调查。2018年1月24日下午5点左右，我们一行人到达彭大姐老

---

① 《一条小鱼儿，让新津全国出名》，《成都商报》2016年12月22日，第02版。
② 《哪里还能吃到正宗黄辣丁》，2016年8月6日，https：//www.meipian.cn/4mekijm? from＝timeline。

店黄辣丁（老川藏路新津段蔡湾街 78 号）。其所在街道零散地分散着彭大姐老店黄辣丁、刘大姐黄辣丁老店和宋家黄辣丁三家饭店。

陈四姐饭店旧址

我们首先与彭大姐老店黄辣丁和刘大姐黄辣丁老店内的老板进行了简单的交谈。两家都称自家是黄辣丁老店。但由于考虑到刘大姐黄辣丁老店的老板年纪尚轻，我们最终选择了在彭大姐老店黄辣丁做细致的调查采访。进店后彭书利大姐（58 岁）及其爱人何永建（62 岁）为我们展示了其开店初期的老照片，并向我们叙述了这一条街的黄辣丁饭店的发展概况。

根据他们所说，新津地区卖黄辣丁最早的店是洁净饭店，其创始人是林其良，今年大约 63 岁。洁净饭店的开店时间在 20 世纪 80 年代中期，店址为中国民航飞行学院新津分院大门，位于五津镇上街，属花桥镇管辖。因"洁净饭店"这一店名不便记忆，后来改名为"陈四姐饭店"。但林其良在退休后就没有再做黄辣丁，原来的店址也早已拆除。

何永建说，新津地区除洁净饭店外开店较早的就是彭大姐老店黄辣丁。彭大姐老店黄辣丁于 1987 年搬迁至此，1988 年开始正式营业，且店址没有发生变化。这条街上的黄辣丁老店大约都是在 20 世纪 80 年代开办。刘大姐黄辣丁老店的开店时间大约在 20 世纪 90 年代。网络上名声较大的"胖大姐黄辣丁鱼庄"的老店旧址也在这一条街，但其开店时间也较晚。

在问及新津地区黄辣丁享誉全国的原因时，何永建说，新津地区黄辣丁与其他地区不同，一般地区的黄辣丁要长到一斤半到两斤才上市销售，而新津地区的黄辣丁却只长到一两左右就上市销售，并且个头儿越小越抢手，黄辣丁的烹饪技术也以成都市新津县最为出名，20 世纪 90 年代各地黄辣丁基本都销往新津地区。老川藏路新津段是通往乐山、雅安的必经之路。20 世纪 90 年代，大量的货车司机从此路过，加上当时花桥镇书记肖晓波重视黄辣丁养殖与宣传工作，这极大地推动了新津黄辣丁的知名度。这条街在其生意最为兴隆的时期分布着三十多家黄辣丁饭店。后来由于高速公路的开通，街上来往车辆减少，客流量也随之大规模减少，大多数饭店搬迁至邓双镇，但现在邓双镇许多黄辣丁饭店因为做不出黄辣丁的老味道导致食客流失。近年来随着网络的发展，大量食客慕"黄辣丁老店"之名而来，这条街的生意又稍稍好转，但也只剩下如今的三四家老店。邓双镇也只剩下"胖大姐黄辣丁鱼庄"，他们在20世纪90年代开店，而且生意相对较好。

考虑到新津地区黄辣丁消耗量巨大，我们向何永建询问如今黄辣丁的捕捞与养殖问题。何永建告诉我们，制作黄辣丁这一菜肴所需要的黄辣丁在20世纪90年代初都还是野生黄辣丁，但因为黄辣丁销量过大，野生黄辣丁已经远远不能满足人们的消费需求，因此现在多是由人工饲养。何永建接着介绍说，直到现在还是可以捕捞到黄辣丁，但是量很少，还不够一家饭店的供给量。因此，野生黄辣丁价格比人工饲养价格贵，平时饭店购进的黄辣丁每斤大约140元，而出售价格则达到每斤200元甚至220元。

在观察黄辣丁的制作过程中，我们发现黄辣丁的处理和烹饪过程都很简单。黄辣丁的清理只需要掏出肠腮即可，但必须要保证鱼是活的，这样烧出来的黄辣丁味道才鲜美可口。黄辣丁的制作方法多样，彭大姐老店黄辣丁的特色菜有炝锅黄辣丁、家常味黄辣丁、红汤黄辣丁和酸菜黄辣丁。

（二）胖大姐黄辣丁鱼庄的调查

胖大姐黄辣丁鱼庄（邓双镇岷江大道二段495号）的规模比起彭大姐老店黄辣丁和刘大姐黄辣丁老店的规模更大，店内的布置和装潢也更加亮丽。袁希花总经理接受了我们的采访。

根据袁希花的介绍，胖大姐黄辣丁鱼庄始创于1988年5月，旧店店址为老川藏路中国民航飞行学院新津分院。2003年底搬迁至此地，并于2004年开始正式营业，2017年进行装修升级，使鱼庄能体现更多的渔文化元素。胖大姐张利平女士起初自己钓鱼并进行售卖，后来才开办了"胖大姐黄辣丁老店"，起初只是一家十几平方米的饭店，后逐步研发菜品和扩大生产，现已发展成为一家占地二十余亩、员工超过 120 人的大型餐饮企业。胖大姐黄辣丁鱼庄并无分店，亦无加盟店，至今仍是新津县最大的以黄辣丁为主营的饭店。

胖大姐黄辣丁渔庄

胖大姐黄辣丁鱼庄自创办以来一直采取"派出去、请进来"的方式，请名厨到鱼庄蹲点指导，派厨师到知名餐饮企业学习，不断更新思维开创了以黄辣丁为代表的特色河鲜美食系列菜品，开发出了以黄辣丁为代表的麻辣、香辣、清蒸、黄焖、酸菜、苗家酸汤、奶汤、西红柿炖、野山辣、干烧、炝锅等十余种口味的河鲜佳肴。

三、新津黄辣丁历史调查后的初步认识

（一）主营黄辣丁饭店最初创办者

根据我们的调查走访可知，新津地区最早的黄辣丁饭店是洁净饭店，创办时间大约为 20 世纪 80 年代中期，店址为今中国民航飞行学院新津分院门口。后因洁净饭店一名不便于记忆，遂改名为"陈四姐饭店"。陈四姐饭店现已拆迁，而其创始人林其良也因已经退休，不再从事餐饮行业。

（二）新津黄辣丁的推广

新津黄辣丁因其味道鲜美，且广泛开店于老川藏路一带，而得到了广大司机师傅的喜爱，新津黄辣丁的美名开始传播，但这只是小范围的传播。新津黄辣丁真正成为享誉四川甚至全国的美食是由于政府对黄辣丁的广泛宣传。改革开放以来，新津餐饮市场对黄辣丁的需求，催生了新津黄辣丁人工养殖业的迅

猛发展。县委、县政府根据本县区域优势，于 1998 年把新津黄辣丁人工饲养、繁育作为"一县一品"的重点开发对象，进行新津黄辣丁人工驯化和繁育工作并对其加强了宣传。[①] 在我们调查过程中，何永建老人多次提到当时的党委书记，从中便可看出政府在黄辣丁推广过程中发挥的重要作用。

（三）新津地区黄辣丁名店

随着人们生活品质的提高，人们开始加强对传统味道的追求。胖大姐黄辣丁鱼庄因其为传统老店且规模较大而成为新津地区最大的黄辣丁消费地点。而留在老川藏路边的彭大姐、刘大姐老店尽管生意不比从前，但因为以往的口碑和正宗的味道，仍有许多食客慕名前往。

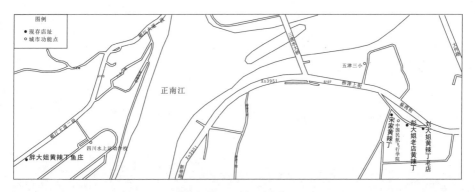

新津黄辣丁鱼庄分布图

---

① 《一条小鱼儿，让新津全国出名》，《成都商报》2016 年 12 月 22 日，第 02 版。

鸡鸭鹅类

南川、璧山烧鸡公历史调查报告

调 查 人：钱璐、吴双、张亮、白军秀
调查时间：2017 年 10 月 22 日、25 日，11 月 20 日
调查地点：南川区、璧山县
执 笔 人：吴双

一、南川、璧山烧鸡公的相关记载与认同

烧鸡公是重庆的名菜，因为重庆方言把公鸡叫作"鸡公"，故名。在实地考察烧鸡公之前，我们对已出版的相关书籍、报刊与网络上的相关资料等进行了整理，初步梳理了烧鸡公的起源与发展过程，发现烧鸡公起源存在南川、璧山之争。

据《华西都市网》上的文章《成都"闷烧"型美味如狼似虎的"烧鸡公"》记载，烧鸡公最早出自璧山县：

> 据说是一帮司机哥们出了一趟长途车，饿得如狼似虎，好不容易看见前不着村，后不着店的地方有一家食馆，上前一问老板都关门了，什么也没有了，说尽好话，老板只好将就把自己养的鸡宰了，又加了大量的辣椒和香料，还有

剩余的火锅底料一起烧，没想到这一烧，就烧出了一道名菜，从此风靡川渝两地。①

但我们通过南川商业局的赵副局长介绍后，得知"烧鸡公"也可能起源于南川，于是查阅资料，找到了以下信息：

南川刘氏烧鸡公前身诞生于19世纪60年代，为刘智润首创。其后人刘勇于1995年在南川城区继承开办了重庆南川一唱雄鸡刘氏烧鸡公。它以南川土鸡为主料，以堂前宰杀的方式，通过精心烹制，其鲜香可口、独特的风味赢得了食客的赞誉……今年9月，"一唱雄鸡刘氏烧鸡公"品牌正式被重庆市相关部门及老字号协会列入重庆第二批"重庆老字号"。②

另外，我们在2006年3月的《南川　一只雄起的烧鸡公》一文中查到佐证烧鸡公出自南川的资料：

本来我和大多数人一样，都以为烧鸡公是重庆五里店的一家叫黄桷树烧鸡公的小店发明的……但当我与"黄桷树烧鸡公"的老板龙兴凤联系时，她却说自己只是重庆第一家引进烧鸡公的，它真正的源头在南川。③

为了弄清烧鸡公的起源，南川、璧山两支调查小组分别前往两地考察。

二、南川、璧山烧鸡公的历史调查过程

（一）南川"刘氏烧鸡公"

10月22日，南川调查小组到达南川后，首先找到了"刘氏烧鸡公"的旗

---

① 《成都"闷烧"型美味如狼似虎的"烧鸡公"》，2011年1月12日，http：//www.huaxi100.com/article—22—1.html。
② 《南川第一家重庆老字号——刘氏烧鸡公》，《南川日报》2013年11月13日，第04版。
③ 《南川　一只雄起的烧鸡公》，2006年，第90页。资料由唐沙波提供。

舰店，位于三环路恺撒皇庭 3 幢 2—1，即金山大道 16 号附 22 号。

工作人员吴女士提供了该店申报"重庆老字号"申报材料的照片。根据申报材料内容，调查组整理出刘氏烧鸡公发展历程如下：

19 世纪 50 年代，太平天国运动席卷中国大地，"翼王"石达开率军西征，大军由万盛山城硯进军到南川，在南川水乡停军驻扎，准备犒劳将士，于是命人清点粮饷，发现粮饷不足，当地的村民送来自己饲养的土鸡，于是命厨师烹饪后与众将士同欢……抬来鼎锅，以地为灶，木炭生火，把美食放置于火上，边煮边吃，煮过一段时间味道更佳，众将士赞不绝口，石达开大悦。厨师刘智润想着这菜可以一边在火上烤烧一边吃，主料还是公鸡，便把此菜命名为"烧鸡公"，并作为私人待客之用。

创制此菜的主厨刘智润，一直觉得此菜不够完美，在离开军营后又回到南川，收集当地的各种香料和土特产，并不断地试验，历时一年终于把"烧鸡公"这道菜完善。于是就想在南川城里开店，苦于店名不知该怎么取。某日清晨，刘智润站在祖屋的龙脉大石之上，看到东方的旭日缓缓升起，耳畔传来雄鸡的打鸣声，于是给店铺取名叫"一唱雄鸡刘氏烧鸡公"，并很快成为当地著名酒楼，由于当地人把公鸡叫作"鸡公"，刘智润索性就把店名和菜名都改为"一唱雄鸡刘氏烧鸡公"。

刘智润及其儿子刘登凤一直经营着一唱雄鸡刘氏烧鸡公，并继续完善着烧鸡公这道菜。直到更大的战乱到来，刘家人不得不含泪关门，刘智润的孙子刘高灿把秘方分成三份，自己带一份外出寻找生计，祖屋放置一份，儿子刘达海保存一份留守南川。

刘高灿的儿子后来成了民国时期南川水江的保长，由于生活富足，一直没有再重操旧业，但是一旦有亲戚朋友来访或节日，刘某都会在家烹饪自家的招牌菜"刘氏烧鸡公"。当地很多达官显贵为了一尝刘氏烧鸡公的美味，找尽各种借口到刘家做客。

中华人民共和国成立后，相当长的一段时间不允许私人经济，刘家为了不让这一传统美食成为绝唱，他们只能在家偷偷专研完善烧鸡公的配方。

当代刘氏烧鸡公的传承人刘勇，原名刘远涌，1961 年出生。为了让更多人吃到并认可自家烧鸡公，1983 年，刘勇在重庆弹子石开了第一家刘氏烧鸡公，经营两年后关门。1985 年，在万盛开了第二家刘氏烧鸡公。为了更好地把家族手艺发扬光大，于是刘勇放弃万盛的生意，在妻子刘小波的支持下，回老家南川追根溯源。

1995 年，刘氏烧鸡公在南川开业，位于现今南川二环路金佛大道 141 号附 6—8 号。回到南川后的刘勇想到在烧鸡公里加入南川特产——方竹笋，反复尝试和调整配方，终于烹制出特有的方竹笋烧鸡，这也成为刘氏烧鸡公菜系扩展突破的第一步。接下来，刘勇和妻子李小波不断尝试推出新的菜色，改良配方的口味，以满足越来越挑剔的现代人的口味。2001 年，"一唱雄鸡"在国家工商部成功注册。2002 年，刘勇携招牌菜"刘氏烧鸡公"参加中国国家烹饪协会举办的中国第十二届厨师节，一举夺得"金厨奖"，名气渐渐散播开去。2003 年，获得中国美食节目组委员会颁发的"中国名宴"荣誉称号。①

刘氏烧鸡公是"一鸡三吃"型的：鸡肉用作烧鸡公主料；冷却凝固后的鸡血辅以当季小菜，煮成清淡的小菜鸡血汤；鸡内脏则加上泡椒、泡姜、酸萝卜等炒成鸡杂，酸爽开胃。在客人食用了部分鸡肉以后，服务人员会在锅内加入高汤，这时客人就可以在锅里烫豆芽、白菜、木耳、魔芋等小菜，荤素搭配下，能满足更多人的口味需求。

烹饪中的厨师刘泉

---

① 《一唱雄鸡南川刘氏烧鸡公申报材料》，第 6—12 页。

根据刘氏烧鸡公申报材料中的起源说，调查小组查阅了《南川县志》，书中记载：

> 清咸丰十一年（1861）七月，太平天国翼王石达开所属部队一支，从贵州经綦江，于二十五日入南川县境。
>
> 清同治元年（1862）三月，太平军取道由涪陵去綦江，经过南川县城与守城官兵激战于城外的花坟山。[①]

虽证实了石达开军队确实曾途经南川，但并没有关于刘智润及菜品的介绍。同样，在《石达开日记》中，"为戚杨董赵四人饯行"篇章也仅有关于兵力部署的记载：

> 戚朝栋向涪陵南川，各以兵三百人为卫。[②]

因此刘智润是否在石达开军队经过南川时做过他们的厨师？菜品是否当时所创？并未找到相关证明材料。

（二）采访刘勇

由于第一次前往南川，并未采访到"刘氏烧鸡公"传承人刘勇，所以我们于 11 月 20 日再度前往南川，采访了刘勇。

问：这道菜发明时的事情您知道多少？

刘：太平天国运动时期，石达开率领部队曾从涪陵、贵州方向两度抵达南川。在南川驻军时，召集当地"土厨师"来给将士烹饪，刘氏祖先刘智润就是当时召集的"土厨师"之一，并且发明了烧鸡公这道菜。当时的"土厨师"，就是在办席的时候，自带锅碗瓢盆去给人家"帮席"；没有酒席的时候就把菜做好放担子里，担

---

① 四川省南川县志编纂委员会编纂：《南川县志》，成都：四川人民出版社，1991 年，大事记第 3—4 页。
② 许指严编：《石达开日记》，上海：世界书局，1928 年，第 83 页。

着担子在赶集的时候去走家串户地卖。军队离开后，刘智润回到了之前的"土厨师"的生活轨道，担子里多了一样菜：烧鸡公。最早的做法就是一锅炖，以辣味为主。

问：您能不能提供相关文字或图片证明？

刘：由于时代久远，并

采访刘勇（右一）

不能提供文字或图片材料作印证，故事是一代又一代口口相传的。《族谱》也只记载了刘智润的名字，并没有相关事件延伸。

问：这道菜以前的做法和味型是怎样的？

刘：以前家家户户都有"鼎罐"（谐音），还有就是"火塘"，里面的炭火常年不熄，用于家庭取暖、烧水、做饭等。"烧鸡公"一定意义上就是"鼎罐菜"，把菜放在鼎罐上煮，一家人围着鼎罐烤火聊天，边煮边吃。那时候的"烧鸡公"接近于"一锅炖"，锅内除了鸡肉以外，还会加入很多自家种的蔬菜。几代传承下来，口味和做法变化都不大。仍旧是辣味为主，偏向家常味型。

问：您是如何将这道菜发扬光大的？

刘：1983年，在重庆弹子石开了第一家"刘氏烧鸡公"，大致位置在洋人街附近，但记不起来具体位置了。按老一辈的烧鸡公制作方法，弹子石那边的市场并不是很能接受，两年后就关门了。1985年又到万盛开店，盈利不多，也只经营了三年。最终，决定回南川溯源。

随着时代的变化、顾客口味的需求多元化，我意识到需要对烧鸡公做出改进。那时成都鸡火锅已经比较流行了，于是借鉴了成都鸡火锅现杀现做的方法，先吃后烫，让顾客吃得安心。而烧鸡公的"魂"，在于配料里的豆瓣酱。为了迎合市场需求，在配菜里加入了南川特色方竹笋以及芋头。同时选用精美的陶罐做盛鸡的器皿。

1995年，在南川二环路开店，改良后的烧鸡公特别受欢迎，生意很好。为了让刘氏烧鸡公走向更大的舞台，川菜泰斗吴万里帮忙做了很多基础性的指导与工作，国际烹饪大师张正雄也给予了很多菜品改进上的肯定与帮助。老店里还挂着张正雄的题词。2005年，将烧鸡公申请为注册商标，商标中文名称为"一唱雄鸡"。2014年，在恺撒皇庭开了第一家分店。

问：店里用的公鸡都来自哪里？

刘：我们的鸡都是选用自家高山养鸡场的土鸡。山上森林相当茂盛，空气也好，漫山都种满了栀子树和板栗树。公鸡跑得累了饿了就吃点中药黄栀子和板栗叶，不仅抵饿，还清热解毒。毕竟大面积地集中饲养，难免可能发生传染和病毒，而黄栀子可以很好地提高鸡的体质，肉质更鲜美和健康。

问：是否有加盟店？

刘：没有。前来想要加盟的人很多，之前也接纳过，但都没做成功，加盟店只学到了形式上的做法，会投机取巧，找不到它的魂。所以，刘氏烧鸡公现在并没有加盟店，也不打算搞加盟店。

问：您对烧鸡公将来的发展有什么打算？

刘：现在，烧鸡公仍然主打家常麻辣味型，是南川行政、商务接待的首选。而今后的菜品走向，可能会向西方菜靠拢。老店是精髓所在，我不舍得关，但是由于租金问题没协商好，只好年底再看情况。

结合店内悬挂奖牌以及申报材料内容，调查小组整理了"烧鸡公"所获奖项：

2002年，招牌菜"刘氏烧鸡公"获得中国烹饪协会授予的"中国名菜"殊荣；

2003年，获得中国美食节组委会颁发的"中国名宴"荣誉称号；

2007年，招牌菜"刘氏方竹鸡"获得重庆名菜称号；

2010年，获得重庆市南川人民政府及重庆市工商行政管理局南川分局联合授予的"知名商标"称号；

2012年，获得金佛山国际旅游文化节授予的"群众喜爱的特色名菜"；

2013年，刘氏烧鸡公被评为"重庆老字号"。[1]

---

[1] 《一唱雄鸡南川刘氏烧鸡公申报材料》，第25页。

（三）璧山花市烧鸡公

璧山调查小组于 10 月 25 日前往璧山展开调查。目前璧山历史最久的烧鸡公店就是花市烧鸡公，在璧山县建设区建设路 39 号附 53 至 56 号，现老板是黄灿、他告诉调查小组，花市烧鸡公已经有十几年的历史了，但是以前的老板是他的师兄巫大春，他是在 2012 年接手的。

"花市烧鸡公"是汤锅类型，鸡杂是另外用盘子装的，味道很温和，不辣。吃之前还有很多豆腐干之类的小菜。

于是调查小组就采访了黄老板的师兄巫大春，他说在 2000 年的时候璧山很多人都在卖烧鸡公，他就跟着一起做烧鸡公，并且一直做了下去，其间很多店都不干了，他也不知道烧鸡公是最先从哪里开始的，他的师傅也只是做家常菜的。

然后调查小组又联系了璧山文史委退休的邓老师。他讲述道，烧鸡公在改革开放前，也就是他小的时候就已经有了，改革开放之后逐渐走向餐桌，2000年前后在璧山最为盛行。这也印证了巫大春师傅的话，但现在烧鸡公已经"萎靡"。

三、南川、璧山烧鸡公历史调查后的初步认识

两支调查小组在对烧鸡公的起源做了实地考察以后，结合相关书刊、报道记载，形成了关于烧鸡公的初步认识。

（一）关于起源

南川"刘氏烧鸡公"确切可考的历史可以追溯到 1983 年[①]，刘勇在重庆弹子石开的第一家门市。不过，店址在洋人街附近存疑，因 1983 年洋人街一带仍是荒山田地。璧山烧鸡公现存历史最悠久的，是 2000 年开始经营的"花市烧鸡

[①] 但之前刘勇在接受其他采访时说过，自己 1987 年开始卖家常菜，1995 年其师兄罗玉华在万盛卖火锅鸡，先把鸡杀好煮好，可是一旦生意不好，就会浪费，刘勇提出可以现杀现卖。见《南川 一只雄起的烧鸡公》一文。

公"，店铺由巫大春传到了黄灿手中。由此可见，南川刘氏烧鸡公在开业时间上早于璧山花市烧鸡公。

（二）关于流变

20世纪90年代，市面上的烧鸡公都是大麻大辣，油多、味精重，刘勇觉得味型与火锅鸡差不多，于是，根据学厨所得川菜技术予以改正，并请到老师喻洪扬指点。从此，刘氏烧鸡公从大麻大辣变成微麻微辣，更讲究五味调和。刘勇还结合南川实际，在烧鸡公中加入了方竹笋。

花市烧鸡公目前也是微麻微辣味型，但做法上是否曾有变化，需要进一步了解。

（三）关于发展现状

虽然，在近30年，烧鸡公曾一度在巴蜀地区及以外个别地区较为流行，但从经营现状上来说，两地烧鸡公的地理地名标识度均不大，且多局限于本土，并未走出去。南川刘氏烧鸡公就南川范围来说，很受大众欢迎。但由于没有加盟店，受众集中在南川境内。璧山做烧鸡公的地理标识度更低，经营者更是越来越少，不少店铺都已经关门。

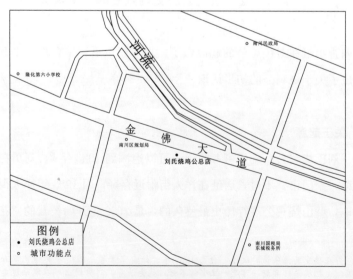

南川烧鸡公原创地地图

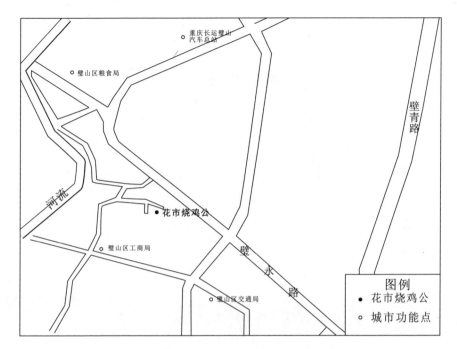

璧山烧鸡公原创地地图

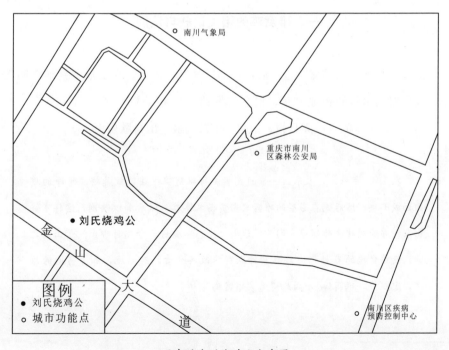

现在的南川烧鸡公分布图

115

万盛碓窝鸡历史调查报告

> 调 查 人：钱璐、吴双
>
> 调查时间：2017 年 10 月 22 日、28 日，11 月 4 日
>
> 调查地点：南川区、江北区
>
> 执 笔 人：吴双

一、碓窝鸡的相关记载与认同

碓窝鸡是把鸡用碓窝春过以后，再加以烹饪，故名。在实地考察碓窝鸡之前，我们对已出版的相关书籍、报刊与网络上的相关资料等进行了整理。据 2013 年 8 月 27 日的《武隆日报》记载，碓窝鸡最早出自歌乐山：

> 在 1949 年以前，歌乐山一带的民间流行碓窝鸡吃法，就是将洗干净的鸡肉切成小块，然后倒在石磨的碓窝里用黄杨木棒春，然后加以熬制，这样烹饪出来的香辣鸡就是碓窝鸡。因为歌乐山上生态环境好，野鸡时常出没于山林之间，没粮食吃的百姓们，只有靠打点野味改善伙食。渐渐地，加上当地的碓窝，配以杵（碓窝棒），因此得名"碓窝鸡"。①

---

① 代君君：《碓窝鸡——春出来的美味》，《武隆日报》2013 年 8 月 27 日，第 03 版。

但此外未见到关于歌乐山碓窝鸡起源的相关记载。另外，我们在调查南川刘氏烧鸡公的时候，发现刘氏烧鸡公创始人刘勇曾在《南川　一只雄起的烧鸡公》[①] 一文中谈到碓窝鸡：

> 老家万盛有一个叫罗三的江湖厨师，特别能想，一举发明了三种江湖菜：口袋鸭、碓窝鸡和肚子鸡，但都是风靡一时却不能长久。如今肚子鸡与口袋鸭零星有一些，碓窝鸡则正由其兄弟力推加盟，但效果似乎没想象中那么好。

二、碓窝鸡的历史调查过程

10月22日下午四时，我们找到了位于南川金佛大道28号二环路烟草公司对面的久久碓窝鸡。

我们见到老板，一位四十出头的女士，名叫周敏。当我们询问其碓窝鸡的相关情况时，老板闪烁其词，不愿回答。在我们一再追问下，老板才简单介绍了情况：早年与丈夫离异后，因为碓窝鸡的版权问题与前夫家庭产生过纠纷，所以不方便多说。2004年这家店开业时位于隆化第六小学对面，后搬迁至现在位置。

根据周敏提供的信息，我们在10月28日前往江北，终于找到了海关附近的碓窝鸡。

交谈中，我们了解到店主名

用碓窝舂鸡肉

---

① 《南川　一只雄起的烧鸡公》，2006年。资料由唐沙波提供。

叫罗昭智，四十多岁，儿子叫罗玉杰。据罗昭智口述：

> 这家店是 2003 年开业的，但不是最早的一家碓窝鸡，碓窝鸡创始人是我的大哥罗昭庆。罗昭庆自创碓窝鸡，90 年代在万盛关坝开店做生意，自家三个亲兄弟就帮忙一起做，后来几个兄弟成家后就各自到外地单干，万盛那家就没做了。2002 年，罗昭庆将碓窝鸡注册为商标，申请了专利保护。2010 年前，罗昭庆在重庆回龙湾开店。2010 年至今，在贵州桐梓开店。

店主警惕性较高，说碓窝鸡的做法是不外传的，拒绝调查小组进入厨房。

我们通过罗昭智提供的电话联系罗昭庆，但罗昭庆较为反感，拒绝回答我们的问题。我们还想了解罗昭庆具体是什么时间在万盛哪里开的第一家碓窝鸡店，并委托罗玉杰询问罗昭庆，经过二人沟通，罗昭庆不但不愿回答这些问题，还坚持认为碓窝鸡是他自己的注册商标，不是一道菜，不能载入川菜史。

三、碓窝鸡历史调查后的初步认识

调查得知，碓窝鸡作为一种吃法，应是民间早已有之。罗昭庆 20 世纪 90 年代在万盛关坝开始碓窝鸡的商业经营，2002 年将碓窝鸡申请为注册商标，2010 年到贵州桐梓开店。现有几家加盟店散布在江北、綦江、南川北碚各地。就碓窝鸡菜品本身来说，具有麻辣鲜香、皮糯肉嫩的特点，但碓窝鸡从发明到广泛流传这一过程中，做法是否有所变化，刘勇提到的罗三与罗昭庆是何关系，我们目前还不得而知。

江北碓窝鸡店铺分布图

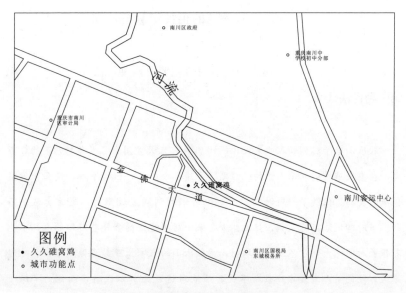

南川碓窝鸡店铺分布图

歌乐山辣子鸡历史调查报告

调 查 者：邬君、陈姝

调查时间：2017 年 10 月 16 号

调查地点：歌乐山辣子鸡一条街

执 笔 人：邬君

在巴蜀江湖菜之中，歌乐山辣子鸡是典型代表之一，起源于重庆歌乐山。辣子鸡是重庆极负盛名的江湖菜，但在其起源地目前却呈现衰落的态势。

一、歌乐山辣子鸡的相关记载与认同

有关歌乐山辣子鸡的创始人与起源故事主要有两种说法。

第一种说法认为：

> 歌乐山辣子鸡创始人叫朱天才。1986 年，朱天才用自己多年积蓄下的 2 万元，在重庆市区到歌乐山镇的必经之路旁建了个小屋，出售茶水、馒头等价格低廉的食品。但做了一段时间以后，他意识到利润太过微薄，光靠卖这个不行。当时四川流行吃火锅，但他想平常来小店里吃饭的多是些赶路的人，不能花很长时间吃火锅，不如就地取材，用歌乐山的农家土鸡炒点做起来快、吃起来又方便的菜。朱天才一家人不厌其烦地对这道菜加以改善，而他的"辣子鸡"终于形成了自己独特的口味。就是这红彤彤、油汪汪，辣得让人又怕又爱

的"辣子鸡",让朱天才一家人忙碌了起来。为了让更多的人知道自己的创新菜,朱天才让来吃饭的客人把剩下的辣椒打包拿走,原本人人嫌多、吃菜前都要预先去掉的辣椒成了人们趋之若鹜的宝贝。就这样,靠着人们之间的口碑传播和免费的实物展示,歌乐山辣子鸡在重庆流行了起来,引来了诸多餐馆的竞相模仿,并成为重庆最为著名的风味菜肴之一。①

第二种说法认为:

> 祝才是重庆歌乐山辣子鸡的创始人,他用了3年时间琢磨出辣子鸡的最佳做法,从而使这道名菜闻名遐迩。川菜有24种味型,其中有9种是麻辣口味的,没有名师指导,顾客是他们唯一的老师。开始时加入大蒜、泡椒、花椒一起炒,但客人都说不如全部用干辣椒和花椒,让口味单一,反而让人容易接受。祝才一家人在客人们反复地指点下,不厌其烦地对这道菜加以改善,经过3年的努力,他的辣子鸡终于形成了自己独特的口味。②

我们通过这两则资料的对比可以看到,二者所说的历史起源大同小异,"祝才"和"朱天才"有可能是发音问题导致的不同,或许他们所指的是同一个人。两种说法的不统一表明以往对歌乐山辣子鸡的历史起源的调查存在纰漏,需要进一步调查清楚。

二、歌乐山辣子鸡的历史调查过程

歌乐山地处重庆市沙坪坝中部,距重庆市中心16公里。2017年10月16日下午,我们前往歌乐山进行调查。

歌乐山"辣子鸡一条街"位于歌乐山半山腰。我们到后发现附近的店面很

---

① 新编家常川菜编委会编著:《新编家常川菜》,长春:吉林科学技术出版社,2009年,第159页。
② 刘喜江、谷华英、吕志明:《小本创业也赚大钱》,北京:民主与建设出版社,2005年,第7页。

少，主要是林中乐和春山居两家在经营，也就是此前了解到的比较有名的两家。现在的一条街辣子鸡经营呈现没落的状态。

1. 林中乐

根据流传的普遍说法，林中乐的朱天才就是辣子鸡的创始人，林中乐辣子鸡的名气也相对比较高。我们进入店中找到了现在的林中乐辣子鸡的老板朱健雄（54岁，歌乐山人），他是朱天才的儿子。朱健雄告诉我们，在其父亲朱天才的时候，他们房子前面的那条街上还没有通汽车。那时从璧山、铜梁那边贩鸡的人挑着鸡必须从他们前面的街上经过，他们就从其中挑选一些好的活鸡作为食材开始做菜，当时采用的方法是客人来了之后现场选鸡进行制作，最开始做的是红烧鸡，但那个时候的生意不是很好。当时的店面在现今店面的对面，现在已经作为专门杀鸡的地方，没有了往昔的样子。朱健雄说辣子鸡的诞生是在1986年，最早是他们家研制的。朱健雄强调当时他和他的父亲一起经营，创制这道菜的主要不是他的父亲，而是他掌握一些有机化学的知识，通过反复试验才产生了辣子鸡这一独特的菜品。他说制作辣子鸡的过程主要是酯化反应，经过精心的食材选择和合理佐料搭配炒出来的辣子鸡又香又脆，口味很好。

一直以来，辣子鸡的食材和配料都没有发生变化，主要是用优质的干辣椒、花椒炒仔鸡肉，仔鸡的肉经过爆炒才会香，由此得名"辣子鸡"。在1992—1993年左右，这条街上辣子鸡流行起来并成为一股浪潮。辣子鸡在歌乐山兴起之后传播到其他地方，但是具体怎么传播的他们也不清楚。

2. 春山居

春山居位于林中乐辣子鸡沿街的上方，两家的距离不是很远。老板蔡春慧（歌乐山人）接受了我们的采访。

在采访过程中，蔡老板向我们详细讲

朱健雄

述了与她的人生紧密相关的辣子鸡。在1987年她修建了现在的店面开始做餐饮。当时只修建了一间屋子，然后挂牌做"活鸡活鱼"的餐饮生意。当时用"活鸡活鱼"的方式制作的人比较少，这样新颖的方式也让她的店面吸引了更多顾客，生意不错，收益较多。

有一天来了一位叫毛顺福（现已过世）的人，他恰好看到蔡老板在制作贵州鸡。贵州鸡是当时蔡老板制作的一道特色菜，它需要首先制作糍粑海椒，然后将糍粑海椒包到鸡肉里面，最后进行烧制。毛顺福就建议蔡老板可以直接把干辣椒夹成小节而不用制成糍粑海椒，然后用"爆炒"的方式来做菜。这样制作的方式有很多好处，一是把干辣椒夹成小节直接使用比制作糍粑海椒容易，二是整道菜操作起来比较便捷，三是符合重庆人喜好"麻辣"的口味。于是蔡老板沿着毛顺福建议的方向开始了"辣子鸡"的探索。经过反复的研究实验，她发现要用"炒"这种方式来把鸡给弄熟就对鸡的大小有很高的要求，只有用1斤到2斤半的仔鸡才可以，这样大小的鸡炒起来不费时间而且很入味。当时因为附近还没有发展起来，周围的房子也很少，所以她就在自己那间屋子的周围空地喂养小鸡作为"辣子鸡"的原材料。后来由于买不到原来制作辣子鸡的那种小鸡，自己就没有喂养了，对鸡的大小限制逐步就没有那么严格了。

蔡春慧

当时歌乐山很凉快，附近和其他地方的人避暑就会来品尝这道菜。大家吃了这道菜之后觉得她制作的辣子鸡味道很好，而且可以吃很久，连骨头都很脆。在新老顾客的宣传下，这道菜逐步有了名气，"辣子鸡"就这样诞生了。

她做了几年之后，附近的人也开始制作辣子鸡，20世纪90年代辣子鸡就在当地火热起来。1999年重庆市饮食公司举行了一次比赛，让当地做辣子鸡的几十家餐馆都制作辣子鸡来进行参赛评选，最后春山居的"辣子鸡"入选沙坪坝风味菜。

蔡老板说每家制作的方法都有不一样。她没有拜师学艺，在调料、配比等方面也进行了反复摸索，最开始她在炒的时候还加姜、蒜，后来发现加了这些调料之后菜容易变糊同时也会变辣，所以最后就没有加这些调料了。制作辣子鸡的调料、火候等都是关键，经过反复实践最终形成了现今她制作的辣子鸡。

三、歌乐山辣子鸡历史调查后的初步认识

从两位被调查者对辣子鸡的讲述中，我们可以看到两家讲述的有关辣子鸡的发明时间基本一致——1986 年到 1987 年左右，发展的高潮期也基本一致——20 世纪 90 年代初期，不同的店家制作方法有一定差异。朱天才是朱健雄的父亲，网络上流行的有关朱天才始创辣子鸡的说法得到证实。确有朱天才其人，祝才和朱天才基本确定为同一人，因发音问题而出现写作错误。对于具体是哪家最先创作的，各有各的说法。但是对于辣子鸡，他们都有各自的创新和发展，这是毋庸置疑的。

现在的歌乐山辣子鸡经营呈现一幅衰败的场景，其名声流传在外，但其起源地却发展堪忧。造成这样的原因是多样的，一篇名叫《辣子鸡兵败泉水鸡》[1]的文章中说到，一是因为交通问题，歌乐山辣子鸡一条街在歌乐山半山腰，到那里的公共交通不多，打车去费用也不便宜。同时当地没有足够大的停车场，开车前去的客人也没有办法停车。二是设施条件悬殊，歌乐山辣子鸡一条街的用餐环境不好，与普通的街边饭店没有什么差异，与南山泉水鸡相比就是一个极大的劣势。三是经营手法不同，歌乐山辣子鸡的价格是很贵的，辣子鸡是按斤计算用整只鸡来进行制作，鸡杂和鸡汤、鸡血都是另外算钱的，顾客觉得很不划算。南山泉水鸡则是一体化，相对便宜划算。四是规模化问题，南山泉水鸡不再是简单的饮食，它还蕴含了一种休闲的饮食文化，是有规模有规划的设

---

[1] 林小兮：《辣子鸡兵败泉水鸡》，《城乡致富》2009 年第 11 期，第 30—31 页。

置。我们经过实地调查后也发现歌乐山辣子鸡一条街的衰落确实是多种因素作用的结果。

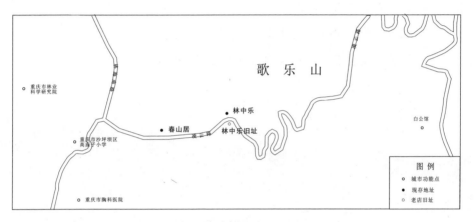

歌乐山辣子鸡店铺分布图

南山泉水鸡历史调查报告

调 查 者：曾敏嘉、蒋瑾暄

调查时间：2017 年 10 月 19 日

调查地点：南岸区南山街道办、南岸区南山街道"木
　　　　　楼泉水鸡"店面

执 笔 人：曾敏嘉、蒋瑾暄

南山泉水鸡是一道色香味俱全的中国名菜，自 1993 年起就风靡一时，受到各方食客的喜爱，经久不衰。南山泉水鸡这道菜产生之后，在政府积极引导下，逐渐发展形成南山泉水鸡一条街，给南山街道带来了巨大的经济效益。2001年，泉水鸡被原国家内贸部评为"中国名菜"；2003 年又被评为"全国绿色餐饮菜品"。泉水鸡一条街被重庆市命名为"重庆市地方风味特色饮食一条街"，2009 年还被中华烹饪委员会命名为"中国泉水鸡之乡"。

一、南山泉水鸡的相关记载与认同

在调查南山泉水鸡之前，我们先行对已出版的相关书籍、报刊与网络上的相关资料等进行了整理，初步梳理了南山泉水鸡的起源与发展过程。

（一）南山泉水鸡的起源

《泉水鸡生了金蛋》中报道了南山泉水鸡的发展，但对于其起源仅寥寥几笔，认为20世纪80年代市民李仁和首创南山泉水鸡：

> 南山泉水鸡诞生在上有南山公园及众多陪都遗迹，下俯南岸区经济、商业、政权中心南坪、上新街的南山之腰。20世纪80年代末，市民李仁和在这里取南山优质泉水，用农家土鸡烧炖出香气漫山的泉水鸡时，上山下山的游客闻香而至，泉水鸡的名声由此慢慢传开。①

而《辣子鸡兵败泉水鸡》中记载南山泉水鸡为20世纪90年代所创：

> 泉水鸡，乃是用南山山泉水烹调土鸡而得名。已经是20世纪90年代初的故事了，木楼泉水鸡的老板李人和用竹竿接了泉水，引到厨房，将仔鸡洗净了，剁成小块，放进瓦罐，掺进泉水，就在火上煨着，少不了红辣椒、紫花椒、青皮蒜、黄老姜，再丢一把发好的黑香菇，就做成了泉水鸡。②

此外网上还有不同的说法，《南山泉水鸡》认为泉水鸡由村民李仁和于1993年在南山上的"泉水食店"制作问世：

> 20世纪80年代中期，南山人大多以种花为主，一位叫李仁和的村民除了种花、蔬菜之外，还开了个"幺店子"，以供南来北往的旅客随意吃点家常菜填饱肚子。因食店后院有一口深井，水源自山泉，遂取名"泉水食店"。店开到1993年，一天与朋友闲聊鸡的吃法，于是他试着从笼里抓出一只土鸡公，宰杀洗净后切成小块，撒上盐、姜末，和着八成热的一斤菜籽油酥炸，几分钟后，倒出部分菜籽油，加入一定比例的泉水和事先已酥制好的花椒、干辣椒、大蒜、豆豉、冰糖等十数种佐料继续炒、煨约20分钟起锅完成。为了确认菜名和店址，李仁和干脆取其店名，就此，一道具有"麻、辣、烫、鲜、香、嫩"特色的菜品——"泉水鸡"问世了。③

---

① 姚天强、白勇：《泉水鸡生了金蛋》，《中华工商时报》2002年5月27日。
② 林小夕：《辣子鸡兵败泉水鸡》，《城乡致富》2009年第11期，第30页。
③ 《南山泉水鸡》，2005年3月3日，http：//www.xici.net/d25839358.htm。

综上，关于南山泉水鸡的起源时间众说纷纭，那么，它到底起源于何时呢？另外，我们关注到对于首创者姓名有"李人和"和"李仁和"两种说法，到底哪种说法正确呢？

（二）南山泉水鸡的发展

《泉水鸡王李人和》中详细报道了泉水鸡的"走红"使李人和名利双收：

> 李人和发了！他现有员工二十多人，占地四百多平方米，高大、华丽的楼房依山而建……李人和出名了，采访的、参观的、学习的络绎不绝。五十多岁的他即被戏称为"祖师爷""泉水鸡王"。①

另外在《泉水鸡生了金蛋》中，介绍泉水鸡由一家店逐渐发展为泉水鸡一条街，带来了巨大的经济与社会效益：

> 近年来，泉水鸡一条街年营业收入均超过 1 亿元，每年纳税三百多万元，安置就业人两千多人，而且带动了当地养鸡、养鱼、养兔、养牛、酿酒和农业的发展，特别是无饲料添加剂、无公害农业的健康发展，社会效益尤为显著。②

相关书籍、报刊与网络报道中，记载了泉水鸡的发展过程，对其所产生的经济效益有诸多报道，那么这么多年来，泉水鸡自身有什么变化呢？

（三）南山泉水鸡现状

2009 年，《重庆日报》一篇名为《重庆"三鸡"何时齐鸣?》的报道提到南山的泉水鸡现状不如以往：

> 泉水鸡的发展犹如王小二过年——一年不如一年，现在还剩老幺、竹楼、

---

① 汪玉刚：《泉水鸡王李人和》，《经营者》2001 年第 1 期，第 44 页。
② 姚天强、白勇：《泉水鸡生了金蛋》，《中华工商时报》2002 年 5 月 27 日。

塔宝、安禄等三十余家泉水鸡店。①

总的来看，前期搜集到的相关书籍、报刊与网络报道中，主要的疑惑集中在泉水鸡起源的具体时间以及首创人，菜品本身是否有发展，以及泉水鸡现状到底如何。

二、南山泉水鸡的历史调查过程

（一）南山街道办采访涂金文先生

2017年10月19日上午11点，我们来到了南山街道办（重庆市南岸区黄桷垭崇文路138号）进行实地调研。文化旅游中心涂金文主任热情地接待了我们，并向我们说起南山泉水鸡起源和发展的情况，临走时送给我们一本他们自编的《南山文化典故集萃》。根据对涂金文主任的访谈以及《南山文化典故集萃》，关于泉水鸡的起源发展资料整理如下：

修建过的泉水流出口

---

① 秦勇、罗芸：《重庆"三鸡"何时齐鸣？》，《重庆日报》2009年8月6日，第010版。

　　20 世纪 90 年代，一个土生土长在南山边上的村民李人和先生在重庆市南岸区南山黄角垭镇联合镇的公路旁边，开了一间路边小店，经营小面小菜等以供南来北往的旅客随意吃点家常菜填饱肚子。其店靠山处有一眼深井，泉水源自山泉，终年不竭，他就用此水井的水来煮饭弄菜，便将小店取名"泉水食店"。

　　20 世纪 90 年代的一天，有朋友来家做客，恰逢家里无其他菜，李人和先生顺手便从笼里抓出一只自家养的土鸡公，宰杀洗净后切成小块，从泡菜坛中抓出些泡姜泡辣椒与土鸡肉同煮，再撒上花椒丢入大把的葱。又把鸡的内脏洗净爆炒了一盘鸡杂，用鸡血、鲜白菜煮汤，一只鸡做了三个菜，也就是后来所称的"一鸡三吃"。三菜上桌，鸡嫩味美，麻辣鲜香，外酥内嫩。朋友吃得正高兴，电话响起，对方问其在何处、做什么，答曰："在南岸南山上吃'泉水鸡'。"朋友不假思索地随口而说，却为李人和自创的菜品安了个好名字。

　　之后，由于 20 世纪 90 年代的南山上有许多驾校，驾校老师、学员常常到路边的食店吃饭，来到泉水食店吃过泉水鸡后都赞不绝口。此后，这道菜随着驾校师生传开，知名度越来越高，而随后媒体的报道更是让这道菜火得无以复加。1993 年，重庆电视台来南山调查采访后，泉水鸡的名气在重庆打开，并逐渐被外省所知。1995 年，央视《乡村大世界》听闻泉水鸡的良好口碑，赴渝采访，该节目播出后，南山泉水鸡的名头享誉全国。因店面为木结构，来吃饭的顾客称为"木楼泉水鸡"。随着来品尝泉水鸡的食客越来越多，"木楼"的店名被叫响了。李人和先生便更店名为"木楼泉水鸡"。

　　随后，附近村民看着李人和赚得钵满缸满，也竞相效仿，经营泉水鸡的店如雨后春笋般大量出现。泉水鸡的红火，引起了区、镇两级领导对发展南山地方特色文化经济的思考。政府积极引导附近村民，利用自家庭院，大力发展"泉水鸡"这一庭院经济，开辟农民致富道路，带动南山农村旅游经济快速发展。在政府的支持下，鼎盛时期的南山泉水鸡经营户多达百家，绵延两公里长，形成了车水马龙、宾客盈门的泉水鸡一条街。

　　随着城市化进程的推进，泉水鸡市场遇到了发展瓶颈，一部分小店被淘汰，而部分店铺则仍在。现今，南山泉水鸡精减为"第一家泉水鸡""老幺泉水鸡""竹楼泉水鸡"和"宝塔泉水鸡"等十余家经典老店，他们大都已做大做强，接待能力较大。此外，近年来，在南山植物园附近几条街发展出了农家乐一条街，多达一百余家，这些农家乐纷纷打起泉水鸡的老招牌，招揽了不少游客。这道菜在南山落地生根，成为一道传统菜肴，造福着南山的家家户户。

从涂主任提供的资料来看，南山泉水鸡源于李人和，对于其产生、发展、现状都有详细的介绍。按这份资料，前述疑问仿佛都能得到解决，但南山泉水鸡的起源时间具体是什么时候真的无法确定吗？菜品本身又是如何发展的呢？现在木楼泉水鸡店的生意到底怎么样呢？基于孤证不立以及全面了解事实的考虑，我们决定前往"泉水食店"旧址，即南山街道的木楼泉水鸡店。

（二）木楼泉水鸡店采访李人和先生

中午 12 点，在街道办文化旅游中心职员唐真元的带领下，我们来到了木楼泉水鸡店，见到了泉水鸡的创始人——李人和老先生，并展开了交谈。

厨师制作南山泉水鸡

问：李老师，我们收集资料过程中，见您名字的写法有两种，分别是"李人和"和"李仁和"，哪一种写法是对的呢？

李："仁"是字辈，户口本上是李人和。

问：李老师，泉水鸡这道菜是什么时候做出来的？

李：1985年在南山开店，开始生意萧条，中间关门一段时间，去城里朝天门做百货。1993年，朋友来店里意外聊到歌乐山辣子鸡生意很好，我也喜欢做鸡，我就用自己的方式做了一个鸡，朋友吃后表示满意，经过多次改制之后形成泉水鸡。

问：李老师，请问泉水鸡这道菜这么多年有没有什么变化？

李：20多年南山泉水鸡所用的调料、烹饪做法、味型、吃法基本上没有变化。调料上，为了鸡肉更加入味也为了提高做菜效率，不同于20年前的做法，现今的调料制作更为精细，需先炒制一遍，再放入盛满菜油的坛子中腌制二十余天，做泉水鸡时可随时取用。

（在服务员的引领下，我们来到后厨，看到大大小小的坛子放置在房子屋檐下的阴凉处。据李先生介绍，烹饪过程中，除调料制作过程略微不同外，基本都是沿袭当年的做法。因此味型上也基本与当年一样，均以麻辣味为主，偶尔碰上来自外地的食客，厨师会加少量白糖，而对于不能吃辣的食客，店里新推出了泉水香菇鸡。至于吃法，李先生笑着说，一直都是一鸡三吃，以前要收点菜钱，现在直接送。）

问：您认为泉水鸡特别在哪里，为什么它好吃？

李：是因为鸡肉、调料还有山泉水。为了保证鸡好吃，鸡一定要是活鸡，还要是土鸡，现在通过预定的方式，每隔一段时间山下送活的土鸡到店里。云南的花椒更好，店里的调料都是精挑细选的，调料的制作也是全手工，机器打的就不好吃。南山泉水鸡一定要用泉水才会好吃，扩建后，店里用的全是山上的泉水，自然未受污染，对身体好。

问：您现在是自己打点生意吗？

李：手艺传给了我的二儿子——李勇，他还给这个店另取了一个名字叫"第一家泉水鸡"。

问：跟以前比，现在生意怎样？

李：赶不上当年了，现在人工费太高了，以前请个厨师每月四五百块钱，现在至少要五千块钱；以前鸡买成两块一斤，现在二十多块钱一斤；以前花椒只要两块多一斤，现在五千多块钱一斤；现在对公款吃喝也管得严了，利润比不上以前了。

三、南山泉水鸡历史调查后的初步认识

在对南山泉水鸡历史发展做了实地调查后，结合相关书籍、报刊及网络报道里面的信息，我们形成了对南山泉水鸡历史发展的初步认识。

（一）南山泉水鸡的起源

南山泉水鸡为 1993 年李人和在重庆市南岸区南山黄角垭镇联合镇的公路开的自家食店——"泉水食店"（现为木楼泉水鸡）首创，该店此后一直在原有基础上不断修建扩大，地址并未变动。

（二）南山泉水鸡的发展

泉水鸡自产生以来，历经二十多年风风雨雨，泉水鸡菜品本身变化并不大。它问世之后不仅使李人和本人名利双收，而且在政府的支持与引导下，泉水鸡也带动了南山当地经济发展。

（三）南山泉水鸡的现状

伴随着城镇化进程的推进以及市场竞争更加激烈，泉水鸡出现了慢慢衰落的迹象。泉水鸡起源店"泉水食店"更名为"木楼泉水鸡"，又名"第一家泉水鸡店"，手艺传承者为首创者李人和先生的二儿子李勇。另外，一些经典老店经历市场洗礼后已做大做强，接待能力较大，例如老幺泉水鸡、竹楼泉水鸡、宝塔泉水鸡等食店。

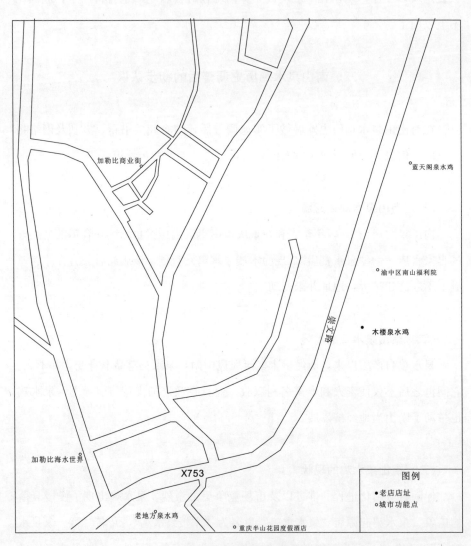

南山泉水鸡店铺分布图

渝中李子坝梁山鸡历史调查报告

调查者：蒋瑾暄、曾敏嘉

调查时间：2017 年 10 月 19—20 日

调查地点：重庆市渝中区重庆李子坝餐饮有限公司

执笔人：蒋瑾暄

李子坝梁山鸡是巴蜀江湖名菜之一，由中梁山的老师傅原创，发展至今遍布重庆各区乃至全国各地，它集数十年焖制经验，吸收中国传统饮食养生绝技，采用中药调味实现阴阳调和，并结合火锅长盛不衰的经营精华，是重庆火锅行业里一个不可或缺的细分品类。

一、李子坝梁山鸡的相关记载与认同

（一）有关文字记载

由于梁山鸡于 20 世纪 80 年代才初步发展起来，所以并未查见更多的文献记载，只有近些年来的一些新闻报道。

在一篇题为《盘点重庆最"拽"的九家餐馆》的报道中，排名第一的便是李子坝梁山鸡，从文中可以窥探出其生意的火爆：

李子坝梁山鸡就在渝中区李子坝正街，走看守所的那个小巷巷里……李子坝梁山鸡是一个老门面，8 张半桌子，不到 6 点，就人满为患，外面站着的，

坐着的，都是等着吃鸡的……李子坝梁山鸡的味道，就如同它的老板，又麻又
辣，又不麻又不辣！①

而另一篇题为《这只爆款梁山鸡，开创了重庆美食的第三张名片》的报道，
主要介绍到李子坝梁山鸡具有极强的产品区别度，并且严把质量关，加之现今
的管理者一直致力于品牌的升级和改变，使得李子坝梁山鸡能够特立独行，分
店遍布，在美食重镇实现一味风行：

> 除了小面、火锅，梁山鸡是重庆美食的第三张名片。不同于各地参鸡汤的
> 做法，它以独特的药膳味道，再加上焖制工艺，具备极强的产品区别度，给来
> 渝食客以别样的回忆……李子坝团队之所以选中梁山鸡作为品类，是因为可以
> 往里面涮菜，某种意义上讲梁山鸡就是鸡火锅，一方面很能接上重庆本地的地
> 气，另一方面鸡本身具备很强的广谱性，利于全国扩张……到了 2013 年末，
> 老店的营业额翻了四五倍。②

这篇新闻报道还提到，李子坝梁山鸡的创始人雁棠哥在创办李子坝梁山鸡
之前有超过十年的互联网领域创业和投资的经历。

（二）美食家的评价

前文所述的两篇新闻报道共同提到李子坝梁山鸡生意的火爆及其市场的持
续扩大，而互联网上对于李子坝梁山鸡的诸多美誉也可以与此相印证，比如
"美国有肯德基，中国有梁山鸡""没有吃过梁山鸡等于没有到过重庆"等赞誉。

著名美食创制者梁子庚曾在其微博中如此评价李子坝梁山鸡：

> 李子坝附近的一家小店，只有单一产品，一锅焖炖得香喷喷的梁山鸡。粗

---

① 《盘点重庆最"搜"的九家餐馆》，2014 年 3 月 4 日，http：// cq. qq. com/a/20140304/013321. htm。
② 《这只爆款梁山鸡，开创了重庆美食的第三张名片》，2017 年 1 月 23 日，http：// www. jiemian. com/
  article/1085205. html。

壮的沙参，药材的香加上了麻辣。七斤多的一只鸡被快速消灭。门口人们边打着牌边排着队，里头大声猜拳的，更大声尖叫式聊天的，和专心致志吃着梁山鸡的交织成了一曲奇幻的重庆大排档交响乐。最后，发觉那剩下的鸡头真的很像漫画里画的！①

美食家董克平品尝李子坝梁山鸡后发博文介绍道：

满满的红红的一个铁锅上来了，汤汁上浮着细长的沙参和圆圆的芋艿，鸡肉带骨斩块藏在汤汁里。吃一块，微微有药香，但还没有盖住鸡肉的香气。鸡肉炖得入味，药香伴着肉香还算适口，回味时麻辣的感觉并不强烈，倒是淡淡的药香很是持久。这样味道的吃食在重庆还是第一次吃到，不明白讲究追求重口味的重庆人怎么开始喜欢养生滋补的汤锅了呢？②

以上两位美食家都对李子坝梁山鸡给予了高度肯定，特别是董克平强调了李子坝梁山鸡药膳的滋补与辣的调和的特点，这也是我们开展此次调研的重点内容之一。

二、李子坝梁山鸡的历史调查过程

10月20日下午3点，我们到达重庆李子坝餐饮有限公司办公楼，公司安排研发总厨钱小虎给我们讲解。

（一）李子坝梁山鸡的发明源流
1. 原创人：中梁山老师傅
钱小虎介绍道：1981年，位于重庆市主城西部的中梁山上一家作坊式的小

---

① 梁子庚新浪微博，2013年12月2日，https：//weibo.com/jeremeleung88？profile_ftype＝1&is_all＝1&is_search＝1&key_word＝%E6%A2%81%E5%B1%B1#_0。
② 董克平：《李子坝梁山鸡》，2014年11月11日，http：//blog.sina.com.cn/s/blog_43e6e0b00102v6tg.html。

店正式开张，小店专营鸡肉。店主为一位老先生（老先生不愿透露姓名），老师傅独创了鸡肉的焖制方式，在麻、辣的基础上添加了药香以调和燥辣，这是一种新颖的鸡肉烹饪方式。到中梁山吃过这种独创鸡肉的人都赞不绝口，随即一传十，十传百，可见梁山鸡在三十多年前就火爆一时。

与研发总厨钱小虎（中）访谈

老师傅独创的鸡肉在这个时候还没有正式的名字，因店址位于中梁山，而中梁山这一地名常与"梁山好汉"联系在一起，具有江湖文化色彩。吃过的人常给亲朋好友介绍说"中梁山上有只鸡"，因此这个菜才慢慢开始有了正式的名字——梁山鸡。

按照钱小虎的说法，"雁棠哥是李子坝梁山鸡创始人"的说法是不正确的，"雁棠哥"只是重庆李子坝餐饮有限公司的创始人之一，而李子坝梁山鸡菜品的真正创始人是中梁山的老师傅。

2. 传承人：老师傅的关门弟子——舒冠尘

在访谈中，我们了解到原创者现已退休养老，继而，我们询问李子坝梁山鸡的现任传承人情况。钱小虎介绍道：李子坝梁山鸡的继承者舒冠尘于1981年出生于重庆酉阳一个深山里的村落。大山里有漫山遍野奔跑的鸡以及各种上乘的香料，这成为当地农民烹制美味的不二选择。舒冠尘的父母早前以卖鸡为生，又因好美味，并且勤于动手，开始传承父辈的土方炒制鸡肉，焖制出的鸡肉亦是远近闻名。

舒冠尘受父母烹鸡的影响，且从小与鸡打交道，对烹制鸡肉也是兴趣盎然。逢三五好友时，会亲自下厨为大家焖制鸡肉，凡听说哪里有好吃的鸡肉，都会不顾一切去品尝。有一年，舒冠尘在上班的路上，听说李子坝附近（1985年，老师傅将中梁山的老店搬迁至李子坝正街113号附1号4—1、4—2号）一位老师傅的鸡做得很不错，于是急忙赶往这家鸡店。这一顿鸡吃下来，舒冠尘的命运彻底改变，他不顾旁人异样的看法，为全心焖鸡，辞去单位职务。随之应聘到老师傅的店里做杂工，凭借多年的学习与磨炼，舒冠尘获得了老师傅的认可，并且成为老师傅的关门弟子。

在2013年，年事已高的老师傅决定退休养老，并且无偿将梁山鸡店传承给了关门弟子舒冠尘，此外舒冠尘也答应了老师傅至少经营100年的要求。有MBA学历以及用心烹鸡态度的继承者舒冠尘，传承着师傅的李子坝梁山鸡店，现在老师傅偶尔还是会来关注一下梁山鸡的品质。舒冠尘运用管理学知识，完成了产品、技术、管理的标准化，凭借"精选上等食材、遵循独创焖制方式、采用祖传独家秘方"，使得李子坝梁山鸡成为重庆火锅行业里一个不可或缺的细分品类。随后李子坝梁山鸡打开招商加盟的闸门，李子坝梁山鸡声名远扬。

（二）李子坝梁山鸡的烹制

1. 烹制用料

钱小虎介绍道，李子坝梁山鸡对食材的选择严苛，在主材鸡的选择上，李子坝梁山鸡就制定了鸡选择的严格标准：生性好斗的贵州六盘水跑山鸡；生长期10—12个月，5—8斤，鸡冠血红；以大山绿色植物和昆虫为主食。

在烹制佐料上，采用大蒜、老姜、泡椒、泡姜、胡椒粉、海椒面等几十种上乘香料，再配以枸杞、沙参、昆布、百合、山药、龙眼、黄花、大枣、桑葚、当归、黄荆子、黄芪等上等中药材，对佐料和中药材的选择亦是非常严苛。

2. 烹制过程

钱小虎介绍，创始人老师傅本不是科班出身的厨师，而是一个江湖厨师，在梁山鸡的烹制技法上借鉴了很多传统方式，比如，土家族的药膳做法，川菜

的爆炒，粤菜讲究的入味、成形等。

在烹制方法上大致分为腌制、爆炒、焖制三步。

（三）李子坝梁山鸡的鲜明特色

在谈到李子坝梁山鸡的独特之处时，钱小虎向我们介绍了李子坝梁山鸡具有药膳的滋补与辣的调和、皮糯肉嫩和爽滑芋头口感碰撞的两种特色。

1. 药膳的滋补与辣的调和

李子坝梁山鸡在烹制过程中，加入了十余种滋养食材，具有很强的滋补性，是一道相对比较健康的菜品。药膳的滋补与辣的调和是李子坝梁山鸡最特别的地方。重庆其他比较知名的江湖菜辣子田螺、辣子鸡、酸菜鱼等，特点都是口味重，有香、辣或者麻、辣的特色，佐料足、火候大，很容易被烹调复制出来，所以保鲜期只有三五年。而李子坝梁山鸡集数十年焖制经验，采用中药调味实现阴阳调和，打破了江湖菜保鲜期短的定律。

2. 皮糯肉嫩和爽滑芋头不同口感的碰撞

钱小虎在介绍李子坝梁山鸡的口感时，对比其他品种的鸡肉说道："其他的一些鸡肉吃起来会给人嚼不烂、很柴的感觉，但李子坝梁山鸡经过独特的焖制，给人的感觉会是皮糯肉嫩，香而不柴，还有阴阳调和的药膳飘香。因为放了枸杞和大枣的缘故，回味起来是带一点甜的。"此外，他还介绍道，李子坝梁山鸡最独特的吃法就是必须配上芋头。因为鸡肉相对来说有嚼劲，吃芋头的时候就会给人"爽滑"的感觉，这是一个口感上的补充。

（四）李子坝梁山鸡的变化

1. 口味的变化：药膳比例由浓厚到淡雅

钱小虎介绍道："李子坝梁山鸡总的烹制方式从三十多年前的老师傅一直传承到现在，在'坚持传统味道、永不创新'的基础上，传统制作方式中使用的佐料、配菜80％以上没有改变，只是传承的过程中，对食材的使用要求更高更规范。"

相对来说变化最大的是中药材的使用比例。李子坝梁山鸡从一开始便加入中药材，直至现在只是药材的比例上有所变化。以前的药膳味道更浓厚一些，因为那时的整个产业链没有像现在这样规范，对药材的用量没有特定的标准，只是凭着老师傅的感觉添加。现在药膳的用量更加规范，有精准的定量要求，药味被整合，更讲究综合味道，总体来说药膳味更淡一些。

2. 食用方式的变化：从普通直接吃的食用方法到"鸡火锅"

李子坝梁山鸡作为一个巴蜀江湖菜，其实万变不离其宗，总是紧扣"麻辣鲜香"外加一个"烫"字。钱小虎先生介绍道，梁山鸡最初是煮好上桌、直接食用的吃法。后来，食客们认为这锅鲜香的汤直接倒掉很浪费，便根据顾客的要求，将剩余的汤汁加入配菜烫着继续吃，便演变成了"鸡火锅"的吃法。再加上重庆人"尚滋味，好辛香"的饮食习俗，一些顾客还蘸着油碟吃，所以现在的梁山鸡总的来说是火锅细分的一个品类。

（五）遍布各地的分店

谈到李子坝梁山鸡如今的发展现状，钱小虎说道："我们对配方进行料包化改造，使得生产过程流程化，仅需简单操作，即可保证口味完全统一，从而打开招商加盟的闸门，依靠好味道从老店最初的 8 张桌子，发展到遍布重庆各区，以及成都、武汉、邢台、邯郸、白银等外省地区。"

李子坝梁山鸡重庆主城各店店址表

开店时间	店名	具体店址
1985 年	李子坝梁山鸡（老店）	渝中区李子坝正街 113 号（即将拆迁，将搬至下行 300 米处）
2014 年 6 月	李子坝梁山鸡（公园店）	渝中区李子坝正街 60 号
2015 年 1 月	李子坝梁山鸡（渝北店）	渝北区民安大道 1000 号
2016 年 9 月	李子坝梁山鸡（长嘉汇店）	南岸区泰昌路长嘉汇购物公园 L4 楼一8 号
2017 年 8 月	李子坝梁山鸡（北碚万达店）	北碚区冯时行路 300 号万达广场 2F2015 号
2017 年 9 月	李子坝梁山鸡（九龙滨江店）	九龙坡区九龙滨江商业广场 8 号楼 1 层
2017 年 9 月	李子坝梁山鸡（洋河邦兴店）	江北区洋河中路 56 号

李子坝梁山鸡（老店）旧址

三、李子坝梁山鸡历史调查后的初步认识

经过调研与访谈，我们对李子坝梁山鸡这道菜有了一些初步认识：

1981 年，创始人老师傅于重庆市主城西部的中梁山上，独创了鸡肉的焖制方式，自此慢慢开始有了正式的名字——梁山鸡。1985 年，老师傅将中梁山的小店搬迁至渝中区李子坝正街 113 号，即为现所称的李子坝梁山鸡老店。2013年，年事已高的老师傅退休养老后，将梁山鸡店传承给了关门弟子舒冠尘，继而发展壮大至今。

李子坝梁山鸡就菜品本身而言，在其三十多年的发展过程中，总体变化并不大。在烹饪方式上，主要是中药材的使用比例更加规范化，药膳味更淡。而在食用方式上，主要是借鉴了火锅的吃法，在将鸡肉煮好食用之后还可以接着涮烫其他食材，所以现在李子坝梁山鸡也可以算作火锅的一个品类。

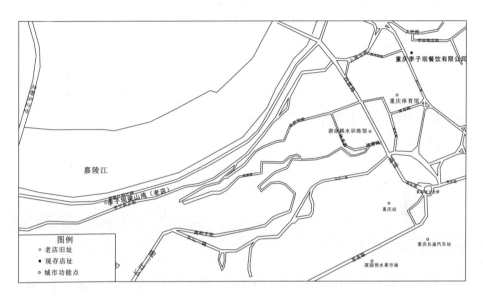

李子坝梁山鸡店铺分布图

古蔺麻辣鸡历史调查报告

调查者：王倩、詹庆敏

调查时间：2017 年 10 月 26—27 日

调查地点：四川省古蔺县

执笔人：王倩

　　古蔺麻辣鸡是四川省泸州市古蔺县的一种卤制小吃，以其"麻、辣、鲜、香"的独特风味深受人民群众的喜爱。随着 2014 年 5 月古蔺麻辣鸡登上央视纪录片《舌尖上的中国 2》，其知名度得到了更大的提升。然而这道菜源于何时？又经过了怎样的传承和发展？这些问题是值得我们关注和研究的。

一、古蔺麻辣鸡的相关记载与认同

　　近年来，为了使麻辣鸡走出古蔺，走向世界，古蔺县政府各部门都做了很大的努力，因此无论在网络还是图书期刊上都能见到大量有关麻辣鸡的新闻报道及宣传资料。如：

　　　　麻辣鸡。用本地产的公鸡，以特制卤料煮制而成，佐料用精选的朝天椒，土榨麻油、上等花椒、芝麻、冰糖、味精、胡椒、口磨豆油配制，食用时，以鸡肉蘸佐料即可品食。实乃佐酒佳肴。它的特点是：皮脆、肉嫩、味香、腥甜，食时渐觉麻而舒、辣而鲜，颐部回味悠长，十分可口。它已成为我县接待中外嘉宾的迎风菜。打入西昌市场著名的赵瑜麻辣鸡，就获得四川省名优小吃的称号。①

又如古蔺县人民政府网站所撰：

> 以公鸡为料，卤成后拌麻辣香料，用以佐食，尤宜佐酒。味奇麻、奇辣，韵味悠长，为蔺人珍尚辛辣小食，以骨脱、肉脆、腔壁利索不杂水、味奇鲜而名冠第一。②

除此以外，在一些文学随笔中对古蔺麻辣鸡也有介绍：

> 制作麻辣鸡必须选用这种野生放养的黑脚土鸡，重量以 2—2.5 公斤为宜。麻辣鸡的经营者都有一锅岁月悠久的卤水。这卤水由多种中草药和其他佐料配制而成……
>
> 洗净的土鸡放进卤水里煮至骨肉分离，……之后，出锅斩成小块，淋上特制的以麻、辣为主的蘸料，浸上一两个小时，一盘麻辣鸡就算大功告成。
>
> 古蔺麻辣鸡以肉质细嫩、麻辣相宜而著称……在古蔺，到处都能看到这种写有古蔺麻辣鸡的招牌。大小酒楼里，古蔺麻辣鸡也是食客们的最爱。③

也可以找到关于其创始人的记载：

> 在说到古蔺麻辣鸡的时候，人们总会提到它的创始人聂墩墩。……在以农业为主的古蔺，体力劳动者众多，而体力劳动者相对口味较重。聂墩墩便顺其自然地以重麻重辣创造了麻辣鸡。④

---

① 许文榜：《别具特色的风味小吃》，古蔺县政协文史编辑委员会、古蔺县旅游局编：《古蔺县文史资料第九辑（旅游专辑）》，2001 年，第 93 页。
② 《古蔺麻辣鸡》，2008 年 1 月 10 日，http：// www.gulin.gov.cn/mlgl/zjgl/mhgl/c/content_142。
③ 聂作平：《古蔺纪：一山·一水·一古镇》，成都：四川科学技术出版社，2013 年，第 75 页。
④ 聂作平：《古蔺纪：一山·一水·一古镇》，成都：四川科学技术出版社，2013 年，第 74 页。

类似的说法还见于《四川画报》：

> 麻辣鸡是古蔺人发明的一种美食，由古蔺县城人聂墩墩创始于解放初期。①

然而在 2017 年 6 月举办的第六届成都国际非物质文化遗产节上，作为代表展示的却是另一家——姬三三麻辣鸡，在《古蔺姬三三麻辣鸡国际非遗节展示片》中，姬三三麻辣鸡将古蔺麻辣鸡的历史追溯到了清光绪年间，认为其创始人是古蔺县马斯乡一对杨姓兄弟。② 这种关于创始人的说法显然与"聂墩墩说"相左。那么古蔺麻辣鸡到底由谁创立？又起源于何时？可能只有通过实地走访才能得知了。

二、古蔺麻辣鸡的历史调查过程

（一）初至古蔺

2017 年 10 月 26 日，我们到达古蔺档案馆，一番查阅后，我们在一本名为《蔺州风情》的图书上看到了有关古蔺麻辣鸡的记载：

> 麻辣鸡……始于蔺城大巷子聂向全（诨名聂蹬蹬）。以骨脱、肉脆、腔壁利索不杂水，味奇鲜而名冠第一。后仿其艺制作出售者达数十家。③

这和之前在资料中所提及的古蔺麻辣鸡创始人为聂墩墩是一致的。

这时档案馆的一位老师告诉我们聂墩墩麻辣鸡门店离这不远，他可以带我们去，这可以说是意外之喜了！在前往聂墩墩店铺途中，我们得知这位老师名叫穆兴华，并不是档案馆的工作人员，而是古蔺县一所高中的语文老师，最近

---

① 《美丽古蔺郎酒奢香》，《四川画报》2014 年第 7 期，第 46 页。
② 《古蔺姬三三麻辣鸡国际非遗节展示片》，2016 年 5 月 27 日，https：// v. qq. com/x/page/o01655krhyr. html。
③ 何世红编著：《蔺州风情》，古蔺县文化局，1996 年，第 257 页。

大足邮亭鲫鱼

璧山来凤鱼

球溪鲇鱼酸菜味

潼南太安鱼

江津酸菜鱼

綦江北渡鱼

翠云水煮鱼

三溪口豆腐鱼

万州烤鱼泡椒味

巫溪烤鱼泡椒味

成都谭鱼头鸳鸯锅

宜宾黄沙鱼

新津黄辣丁

南川烧鸡公

万盛碓窝鸡

歌乐山辣子鸡

李子坝梁山鸡

南山泉水鸡一鸡三吃

古蔺麻辣鸡

黔江李氏鸡杂

彭州九尺鹅肠火锅

梁平张鸭子

乐山甜皮鸭

荣昌卤鹅

乐山苏稽跷脚牛肉

自贡鲜锅兔

自贡冷吃兔

双流老妈兔头

黔江青菜牛肉

磁器口毛血旺

白市驿辣子田螺

成都老妈蹄花

荣昌羊肉汤

简阳羊肉汤

石柱武陵山珍

西坝豆腐宴

河舒豆腐宴

叙永江门荤豆花

剑门豆腐宴

沙河豆腐宴

为了编写校史而在档案馆查资料，而且他和聂墩墩家还有亲戚关系。

（二）走访调查

1. 聂墩墩麻辣鸡

聂墩墩麻辣鸡的门店装修和一般卖卤制品的店铺无异，但位置非常好，正好位于十字路口的一角，人流量非常大。穆老师帮我们联系了老板聂二妹的父亲——古蔺麻辣鸡协会的名誉会长聂润芳老板。

据聂老板回忆，古蔺麻辣鸡的创始人是其已经去世的父亲聂相全（有资料写作"聂向全"，但询问聂润芳知应为"相"），当时人称聂幺爷，绰号聂墩墩。聂相全曾经为了躲避抓壮丁而离开家，在外的时间里曾为了生计而在烧腊组工作过，回到古蔺后，见到古蔺没有人卖麻辣鸡于是开始自己制作麻辣鸡贩卖。

据聂老板讲，他是 1952 年生人，父亲卖麻辣鸡时他还尚未出生，而他七八岁时，父亲已经做这个生意十几年了，所以我们推

聂润芳

测聂相全最早在古蔺贩卖麻辣鸡应该是 20 世纪 40 年代末期，这和已有的资料记载是一致的。

接着，聂老板又向我们讲述了他所知道的父亲最初卖古蔺麻辣鸡的情形。起初，由于条件的限制，并没有专门的锅灶供聂相全使用，于是聂相全用石头支起一口农村常见的砂锅卤制了第一只古蔺麻辣鸡，然后用竹篮挑到大巷子（古蔺一条老街）走街贩卖，其顾客多为茶楼酒楼中的宾客。由于消费水平的限制，很少有人买一整只鸡，因此这个阶段的麻辣鸡是论坨卖。这个时期本地和

外地人对麻辣鸡的叫法也有不同，外地人叫椒麻鸡而本地人叫麻辣鸡。

20世纪70年代售卖麻辣鸡时仍然要用木棍比着，用刀背将整鸡均匀地分割成块，然后按坨出售，当时的具体价格聂老板已经记不清了，但他记得20世纪80年代初期是卖7分钱一坨。到了80年代后期开始论斤出售，售价为1元7角5分一斤。而现在的聂墩墩麻辣鸡已经卖到了65元一斤。

1988年，聂墩墩麻辣鸡的摊位搬到了水北门（原财政局门口，现建设桥头）。2001年初，为了扩大经营，聂老板又在距水北门30米的自己家里（现圣杰药店）开了麻辣鸡全鸡系列餐馆。10个月后，由于家庭原因，全鸡系列餐馆没有继续维持。目前，聂墩墩麻辣鸡的店铺仍位于建设桥头。

据聂老板讲，聂墩墩麻辣鸡所用的卤料都是中草药，其古配方有18味，从20世纪沿用至今，一直没有变化。麻辣鸡的蘸水主要由海椒、芝麻、花椒、味精、豆油等调配而成，这么多年也没有什么变化。

除了卤料和蘸水，选鸡也是麻辣鸡制作中至关重要的一步。为了保证麻辣鸡的口感，从20世纪开始，聂墩墩麻辣鸡所用的鸡就从农村收购，因为农村散养的土鸡肉质紧实，卤制后肉不会脱落。目前，聂墩墩麻辣鸡主要从周围贵州农村收购土鸡，一般10个月大小的土鸡最佳。为了保持口感，收购回来的鸡要先散放一天，使其充分活动，血脉畅通后第二天再宰杀。为了使卖相更好，下锅时要注意保持鸡的形状，这需要用抓子固立其头颈。在卤制的过程中，要根据鸡的老嫩来掌握火候，一般情况下，需要40到50分钟。卤好的鸡收汗（自然晾干）后就可以出售了。

我们向聂老板询问了有关聂墩墩麻辣鸡的推广问题。据他讲述，从20世纪80年代起，聂墩墩麻辣鸡就已经小有名气，开始接受许多媒体的采访，于是就有人上门学艺，因为人数众多，所以这些人的籍贯他已经记不清了，只记得收过山西太原以及云贵川地区的徒弟。

聂老板带我们参观了加工麻辣鸡的工房，我们看到灶前一口大缸，聂老板告诉我们里面就是聂家秘制的卤水，这缸卤水从他父亲卖麻辣鸡时就开始使用，一直没有换过，已经有好几十年的历史了。

下午3点，我们和穆老师一同前往工商局，找到了之前负责收集资料的韩股长。韩股长向我们提供了《古蔺麻辣鸡地标申请自查报告》。在其所附的佐证资料中，我们看到了一条之前没有找到的县志记载：

> 古蔺麻辣鸡是 20 世纪 40 年代古蔺县城聂墩墩首先制作的食品，名为"聂墩墩麻辣鸡"。新中国成立后，多家仿效制作，但县城食客仍选中聂墩墩麻辣鸡。由于多家制作，后改名为"古蔺麻辣鸡"而成为传统名食。①

这条记载再次印证了我们关于聂墩墩首创麻辣鸡时间的推测。

离开工商局后，我们来到旅游局，旅游局的宣传资料中有这样一条记载："蔺州人聂向全（外号：聂墩墩）、黄少华等好闲者将奢王府宴中的椒麻鸡，经创新调制，用适应顾客需求的方式，加以多样性改制，形成了如今古蔺麻辣鸡的雏形。"

我们又沿路采访了几位老人，据老人们讲，最早在古蔺卖麻辣鸡的应该是聂墩墩，姬三三是后来才开始做这个生意的，而旅游局资料中提到的黄少华则几乎没人知道。

2. 姬三三麻辣鸡

10 月 27 日上午，我们走访之前联系好的古蔺麻辣鸡协会负责人即姬三三麻辣鸡经理人郝强先生。

姬三三麻辣鸡门店

---

① 四川省古蔺县县志编纂委员会：《古蔺县志》，成都：四川科学技术出版社，2008 年，第 267 页。

据郝强讲述，古蔺麻辣鸡是劳动人民的智慧结晶，属于劳动人民所创造，所以不应该说是某一个人发明创造的，但之前古蔺麻辣鸡在申请泸州市非物质文化遗产时，非遗的专家组曾调查过古蔺姬三三麻辣鸡的起源，根据专家组的调查，姬三三麻辣鸡的最早出现是在清嘉庆年间。这种说法与《古蔺姬三三麻辣鸡国际非遗节展示片》中提到的光绪年间显然有出入，然而无论是哪种说法我们都没有在其他地方找到资料印证。但是根据姬三三麻辣鸡的第二代传人中年纪最大的一位现在九十多岁来推算，可能光绪年间的说法更可信一点。郝强还告诉我们，姬三三麻辣鸡最初的创始人是杨氏，这道菜其实根源于东北，是从东北传入的酱菜与川菜中的辣椒结合而成，清嘉庆年间，这种结合的趋势就已经显现。约 70 年前，姬三三麻辣鸡的第二代传人对麻辣鸡的配方做了改进，继承了古配方中的二十多种调料，同时调整了蘸水中辣椒的比例，使其更接近古蔺川菜的口感；30 年前，经营者开始对姬三三麻辣鸡做了第二次改进，将卤料中的药材增加到了 28 种，同时蘸水中也增加了几味中药；5 年前，姬三三麻辣鸡做了第三次改进，将卤料配方中的药材增加到了 42 种，并且不再使用味精、鸡精等调料而全部以中药材替代，同时将辣椒油中的中药增加到了 22 种，制作蘸水的工艺也做了改变，以前蘸水调配好可以直接使用，现在为了使中药配料充分融合，味道更香，制作好的蘸水需要经过 72 个小时的发酵再投入使用。目前，姬三三麻辣鸡仍然在不断摸索，试图做进一步改进。

说到古蔺的第一家麻辣鸡，郝强告诉我们，这段历史已经说不清了，但姬三三麻辣鸡在古蔺贩售是始于其第二代传人。20 世纪 60 年代，姬三三麻辣鸡主要在古蔺县马蹄乡走街贩卖；1970 年始搬到古蔺县城。据郝强说，最早在古蔺卖麻辣鸡的有三家，一家姓王，即王麻辣鸡，这家人现在已经不做麻辣鸡生意，手艺也已经失传；第二个是杨家，即姬三三麻辣鸡；第三个就是聂家，即聂墩墩麻辣鸡。在古蔺，一种公正的看法是麻辣鸡不是某一个人发明的，之所以有聂墩墩发明了古蔺麻辣鸡的说法是因为 20 世纪 70 年代政府为了编写县志，需要从"三只麻辣鸡"（王、杨、聂）中评出是谁发明的，聂墩墩最早响应，所以就评出了聂家。1978 年，姬三三麻辣鸡的摊位搬到了水北门（原财政局门口，现建设桥头），1984 年，又搬到了卫生局门口，2006 年才搬到现在门店所在的位置。据郝强讲，姬三三的非遗传承谱系中，创始人是杨氏，第二代法定传承人是杨永珍，第三代传承人是姬岳群，目前已经传到第四代杨驹伟。

关于食用方式，郝强告诉我们，最早食用麻辣鸡时，是直接用蘸水拌食，七八年前其食用方式有了改变，一些外地人开始将麻辣鸡与蘸水分开，然后蘸食，这样的改变更能适合一些不吃辣的人的口味，同时也推进了姬三三麻辣鸡蘸水的改革，现在的姬三三在原有辣椒油蘸水的基础上又推出了豆豉味的蘸水。

目前，姬三三麻辣鸡在全国各地都打出了名气，虽然每天都有人慕名来拜师学艺，但是姬三三的手艺只传给自家人，所以并不收徒弟。同时姬三三麻辣鸡在其他地区的几十家分店也都是由自家人在打理。

郝强带我们参观了姬三三麻辣鸡的后厨，与聂墩墩麻辣鸡的产销分离不同，姬三三麻辣鸡的厨房就在门店隔壁的小屋，我们进去时，几位师傅正在卤制。郝强告诉我们，一般他们都是现卤现卖，这些卤制的师傅是他们请的工人，这些师傅只掌握 5％的技术。姬三三麻辣鸡的菜品特色为麻辣鲜香、脆皮脱骨，其主要调料包含四十余味中药材，卤制所用的老汤目前已经有九十多年的历史。

3. 老牌坊李老八麻辣鸡

此后，我们又去了老牌坊李老八麻辣鸡的门店，据李老板回忆，他正式在古蔺开店是 2007 年，与古蔺其他的麻辣鸡不同，李老八麻辣鸡在 2016 年率先投入了工厂化无菌生产。从 2013 年开始，李老板开始考虑做保鲜方式上的改进，正式在 2016 年推出了无菌包装，2017 年上半年又增加了氮气锁鲜，将大肠杆菌的数量降到国家标准以下，更加延长了麻辣鸡的保鲜时长。

据李老板讲，他最初是从事糕点制作行业。1997 年，曾经在泸州李氏麻辣鸡做过帮厨，从而学习了麻辣鸡制作的技术。之后，他曾在古蔺周边做过生意，2007 年回到古蔺后，才开始做麻辣鸡。到 2008 年，他所创立的老牌坊李老八麻辣鸡已经在古蔺小有名气。与其他麻辣鸡的蘸水不同，李老八麻辣鸡将蘸水中所用的芝麻做成了芝麻酱，调成了酱香口味。针对外地客源，李老八麻辣鸡的蘸水还推出了中麻中辣，更加符合不太吃辣人群的要求。

提到创始人，李老板及其店中其他朋友都说是聂墩墩。据李老板回忆，新中国成立前古蔺卖麻辣鸡的，聂墩墩是第一家，王幺公是第二家，但王家现在

已经没有做了，后来还有黄老头，我们推测黄老头应该就是旅游局资料中提到的黄少华。后来才有杨永珍，也就是现在的姬三三，但是现在古蔺麻辣鸡名气大的确实要数姬三三。我们又就郝强所说姬三三麻辣鸡始于嘉庆年间的说法采访了李老板，李老板认为这种说法是不可信的，嘉庆年间，古蔺还是蛮夷之地，人烟稀少，而且杨永珍搬到古蔺才几十年，所以最早发明古蔺麻辣鸡的肯定是聂墩墩。但是古蔺麻辣鸡最早是源于怪味鸡，杨氏祖上是厨师，制作怪味鸡的手艺也确实是杨氏的。

三、古蔺麻辣鸡历史调查后的初步认识

（一）可以确定，20 世纪 40 年代，聂墩墩首创古蔺麻辣鸡的说法是无误的。在此之后，古蔺县涌起了贩售麻辣鸡的热潮，1970 年，马斯乡杨氏兄弟的后人也将摊位搬至古蔺县城，在传统怪味鸡基础上创立了姬三三麻辣鸡。

（二）郝强所说的姬三三麻辣鸡可以追溯的清嘉庆年间的说法不可为信，因辣椒在巴蜀流行是在清中叶后，而《古蔺姬三三麻辣鸡国际非遗节展示片》所提到的清光绪年间，杨氏兄弟制作了第一份古蔺麻辣鸡的说法也有待进一步考证。因为古蔺麻辣鸡是一道卤制的菜品，从制作工艺上说，并没有难度，其精髓应该是所用的卤料及蘸水，杨氏兄弟虽然制作了类似麻辣鸡的怪味鸡，但其所用配方和古蔺麻辣鸡显然是有区别的。但不能否认的是，杨氏兄弟所做的怪味鸡确实对今天的古蔺麻辣鸡影响重大，也确实可以看作是今天古蔺麻辣鸡的雏形。所以，杨氏、聂氏都对古蔺麻辣鸡的形成和发展做出重要贡献。

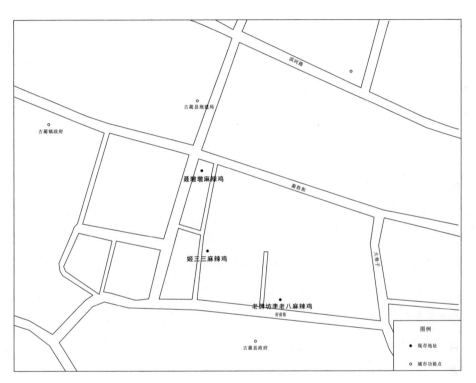

古蔺县麻辣鸡主要店铺分布图

黔江李氏鸡杂历史调查报告

调 查 者：张静、吴立华

调查时间：2017 年 10 月 19—20 日

调查地点：黔江区商务局、黔江鸡杂协会、长明鸡杂店

执 笔 人：张静

黔江鸡杂是一道以鸡杂为主料的特色江湖菜。顾名思义，鸡杂即鸡肠、鸡心、鸡胗、鸡肝等鸡内脏。黔江鸡杂因当地特殊的自然地理条件而产生，其作为一道菜的历史久远，但以如今的煨锅形式出现却源于 20 世纪 90 年代的一次偶然机会。这些看似并不起眼的边角余料如今已经成为黔江的地理名片。

一、黔江李氏鸡杂的相关记载与认同

人们对黔江鸡杂关注的增多是随着黔江近三十年来大力发展旅游业开始的。因此，在搜集黔江鸡杂的起源问题时，我们只找到了一些近年来的资料。

一篇名为《黔江寻食记》的文章提到，黔江鸡杂的历史并不长，最早是由一个叫李长明的厨师于 20 世纪 90 年代初创制出来，简单地说，黔江鸡杂就是泡萝卜炒鸡杂。[①]

据《重庆晚报》报道，黔江区解放路 969 号，长明鸡杂餐馆仅有不到 100

---

① 九吃：《黔江寻食记》，《四川烹饪》2009 年第 12 期，第 64 页。

平方米。老板李长明14岁进入饮食业，这家店也是黔江餐饮业的元老之一。从1992年起，该店开始卖鸡杂。"当时流行吃歌乐山辣子鸡，剩下大量内脏没人吃，只有煮来自己吃。"老板娘陈秋平回忆，当时，常有朋友来聚会，大家就在烤火的盆里支起三块石头，用瓷盆装鸡血、鸡杂、泡菜，混在一起炒。由于酸辣鲜美，吃鸡杂就在黔江流传开了。这是黔江能找到的最早卖鸡杂的店。①

据《中国石油报》报道，黔江鸡杂是20世纪90年代在重庆流行起来的风味特色菜，它是继风靡全国的酸菜鱼、水煮鱼、啤酒鸭、辣子鸡之后又一道重庆人比较喜欢的佳肴。2016年6月30日，被列为重庆市第五批非物质文化遗产。②

根据搜集到的资料，对于黔江鸡杂出现的时间和创始人问题，人们有一个较为统一的说法——黔江鸡杂于20世纪90年代初由李长明发明并逐步传播。为了验证这一说法，同时也为了能更好地梳理黔江鸡杂的发展脉络，我们展开了此次调查。

二、黔江李氏鸡杂的历史调查过程

（一）黔江区商务局的调查

我们于10月19日下午到达黔江区商务局，并见到了刘昌勇科长。

据刘科长介绍，黔江地区较大的鸡杂店有五家，分别为长明鸡杂、天龙鸡杂、国庆鸡杂、阿蓬记和苏锅锅鸡杂。而这几家鸡杂店在配料的选择、制作的工艺和吃法上相差不大，因此他们在一定程度上维护了黔江鸡杂的行业标准。根据他的调查，最早的鸡杂店为长明鸡杂，20世纪90年代初出现。此后以长明鸡杂为标准，国庆鸡杂和天龙鸡杂店也以鸡杂为名开店，才将鸡杂从普通菜中独立出来。

---

① 陈再、钱波：《正宗的加油不加水只放泡菜和鸡杂》，《重庆晚报》2011年5月28日，第022版。
② 张建兵：《黔江鸡杂》，《中国石油报》2017年4月21日，第07版。

1. 关于黔江鸡杂的历史演变过程

因黔江鸡杂作为一道菜的历史较长，如今已不可考，所以只能对其产生的原因进行推测。最初从事贩盐的商人杀完鸡后做一些较为高档的菜，而将剩下的鸡杂留给长工，长工在路上简单加热后食用，因此造就了鸡杂的最初的形态，鸡杂也就在盐道上得到传播。新中国成立前，黔江地区较为落后，地主杀鸡后将鸡杂给自己的长工，由长工炒来吃。新中国成立后到改革开放前，鸡杂只是老百姓逢年过节时杀鸡后因舍不得将鸡杂丢弃而制成的普通菜，或者只是政府食堂的少量供应。改革开放后，很少有人来黔江开店，最初就是这几家在开餐饮店。起初虽有鸡杂这道菜，但直到20世纪90年代才有以鸡杂为名的店，鸡杂也因此从其他菜中独立出来。

2. 鸡杂的配菜

根据刘科长的研究，鸡杂的配菜主要有一份回锅肉、一份毛血旺、一份土豆片、一份咸菜再加一份土酒。这属于吃鸡杂的标配。

3. 吃黔江鸡杂的环境

鸡杂并不是一份登大雅之堂的菜，只是江湖人用大火迅速爆炒出来食用的菜，所以吃鸡杂的环境只能是街边或者苍蝇小店，环境都比较乱。黔江鸡杂满足了小市民的低层次需求，也因此它才能发展起来。

4. 黔江鸡杂的独特之处

因为土鸡数量远不能满足如今的消费数量，所以鸡杂大多是去集市进行大量采购。但在材料的选择上，鸡杂最好为土鸡的内脏，而且内脏的搭配上最好是一只鸡的所有的内脏都要有，只有这样才能避免食客在享受美食过程中的单调，还能获得最好的口感。另外酸萝卜原料的选用需要是当地的高山萝卜。菜油和市场上的油也有所不同，炒制黔江鸡杂所需的菜油为当地的土菜油，都是乡村订制。

另外，刘科长告诉我们，如今黔江鸡杂的创新点是将鸡杂制作成鸡杂粉，类似于杂酱，从而使鸡杂拥有更为广阔的市场。

最后，刘科长还送给我们一本关于黔江美食的书，名为《濯水味道》，并为我们提供了鸡杂协会会长苏康先生的联系方式。

（二）鸡杂协会的调查

约下午四点我们到达黔江鸡杂协会，又名巴蜀印象餐饮文化（集团）有限公司（重庆市黔江区文体路51号）。黔江鸡杂协会会长苏康先生是"苏锅锅鸡杂"的创办者，同时也是将黔江鸡杂申请"重庆市非物质文化遗产"和"重庆老字号"的推动者。

1. 黔江鸡杂的创始者及其发展过程

根据苏康的介绍，黔江鸡杂作为一道菜的历史较长，川菜史上便有泡椒鸡杂这道菜。黔江鸡杂的发展过程中，可以确定的是李长明是黔江鸡杂煨锅形式的创始者。李长明在整个鸡杂的发展过程中是第五代传人，而自己则是黔江鸡杂整个发展过程的第六代传人。再往前的人物为配合申请"重庆市非物质文化遗产"，需要将其历史向前追溯至约一百年，因内容已不可考，因此有猜测的成分。

第一代：将鸡杂简单处理后由盐道的工人用旺火炒制。以濯水镇盐客谢氏人家为代表人物，时间大概为1860年至1935年。

第二代：将鸡杂简单改进以后作为一道菜进入小店中。以濯水古镇中的小店李宜客栈为代表。随着公路的开通，公路运输逐渐代替了人力，盐客逐渐消失，餐馆和宾馆开始出现。李宜客栈就是当时濯水镇最大的客栈，外来的客人都在此吃饭、居住。鸡杂作为一道菜向过往的客商提供。该店经营当地的特色食品，其客人主要是路过濯水古镇和濯水码头的外地客人。

第三代：鸡杂开始进入国营饭店。作为政府招待外来客人的

鸡杂协会会长苏康

一道菜品，其做法进一步秘制，刀工更细，配料上也逐步讲究。红旗旅舍推出黔江鸡杂作为其重要菜品。

第四代：黔江鸡杂回到民间。改革开放后，随着国营饭店退出历史舞台，黔江城里的个体餐馆涌现。各小店用自家手艺进行专业化的制作。黔江鸡杂开始推出个性化制作，每家都有其特色。

第五代：黔江鸡杂以专卖店为主。鸡杂开启煨锅形式并开始受到前所未有的重视。黔江城市专营门店，作为店铺的招牌菜推出。此时的代表店铺即长明鸡杂店。

第六代：黔江鸡杂的产业化发展阶段。重庆市巴蜀印象餐饮文化有限公司除传承前辈的传统技艺外，不断地对黔江鸡杂进行创新改进，是黔江鸡杂产业化的倡导者。[①]

2. 黔江鸡杂配料的发展演变

黔江鸡杂作为一道菜时的配料只能推测。作为主料的鸡杂只是普通家庭杀完鸡后根据自己情况选择鸡心、鸡肝等。其配料也不如现在丰富，苏康推测原来的配料主要有泡姜、泡海椒、泡萝卜。因为只是家庭中的普通菜，其主料和配料的选择都相当随意。

而黔江鸡杂的煨锅形式自李长明创始以来就没有变化。主料是鸡的内脏，配料主要有泡姜、泡海椒、泡萝卜、花椒粉、胡椒粉、味精和盐。锅底为洋芋。

3. 黔江鸡杂的独特之处

根据苏康的介绍，黔江鸡杂的正宗与否主要看两点：一是锅里只能加油不能加水；二是锅里只能有泡菜和鸡杂，不能有土豆和芋头等配菜，以免冲淡味道。

黔江鸡杂之所以好吃，是因为用的泡菜都是泡在用了几十年的"老母子水"里。泡菜坛里的"老母子水"每年要打捞沉积物，但不能换水，这样才能保证酸萝卜的清香与爽口，里面加了十余种植物根系的香料，另外为了使泡菜更脆，

---

① 此据苏康 2017 年 10 月 19 日提供文件"重庆老字号认定申请书"。

还在水里加入了麻糖。[①]

经过调查走访，我们对黔江鸡杂产生和传播的过程进行总结：一方面，黔江区地理地貌环境独特，山高林密、水土丰沛，这些条件为土鸡的生长提供了便利。另一方面，濯水镇位于重庆东南部，是我国东西交通的重要通道。这条通道自古商业贸易繁荣，贩盐业较为发达。在这样的情况下，贩盐的长工将舍不得丢弃的鸡内脏爆炒后食用，从而形成了最初的黔江鸡杂。

（三）长明鸡杂店的调查

第二天早上我们来到长明鸡杂店（重庆市黔江区南海鑫城 969 号）。这家店从外表看起来面积过小，而且店内装潢极为简单，其名气之大与眼前之状况不符。我们见到了李长明的妻子，也就是现在长明鸡杂店的老板陈秋平女士。

根据陈秋平提供的资料，李长明祖籍重庆江北菜市街，1957 年腊月二十九出生于四川省黔江大十字工农兵旅舍旁。因其 14 岁开始从事厨师行业，长期处于油烟的环境中，患了气管炎、肺癌等多种疾病，于 2017 年六月初三去世。

李长明 14 岁便跟随其母亲在商业局一食堂打杂。凭着对餐饮的热爱，其间拜胡建强为师。在黔江原灯光球场处举办的第一届初始技能大赛中李长明一举夺魁，当时仅 15 岁

长明鸡杂

---

①　此据苏康 2017 年 10 月 19 日提供"重庆市非物质文化遗产生产性保护示范基地推荐表"。

陈秋平

的李长明，从杀鸡到将鸡肉烹制成菜品只需要五分钟的时间。此后，李长明转入石会饭店，正式成为一名厨师。其凭借自己一身精湛的厨艺后转入黔江红旗饭店工作。随着个体经济的发展，李长明也开始了自己的创业之路。由于资金短缺，早期主要经营白案包子、馒头，后来逐步发展到面条。李长明的辣子鸡面和鸡肉面在当时即家喻户晓。20 世纪 80 年代，黔江人民缺衣少食，生活十分艰苦。一次，有十几个兄弟来到长明的面馆喝酒，他

灵机一动把房子一旁的一堆鸡杂想用煨锅的形式做成美食。李长明的师傅只是向其介绍过鸡杂的盘装做法，但是其经思考在保留师傅传承的基础上，给予创新。由于当时条件艰苦，煨锅做出来后，连火炉都没有，这时几个朋友找来三个大石头，生上火后架上锅，当时朋友吃后都拍手叫绝。当时在场的有李义培、陈宗义、蒲辉煌、赵建明、陈德华、陈本才、田光明、田发祥等人。此后李长明把它做成美食，黔江鸡杂也作为一张美食名片就此诞生。

经陈秋平回忆，她开店之初卖过包子、油粑粑等，但开始卖鸡杂的时间大概在 20 世纪 80 年代末 90 年代初。自开始卖鸡杂至今，店铺位置并没有改动过。

三、黔江李氏鸡杂历史调查后的初步认识

（一）黔江鸡杂的创始人和创始时间

鸡杂作为一道盘菜的历史较为久远，但因缺少相关的文字记载，关于其最初的创始地点、创始人和创始时间有很大的猜测成分，无法进行考证。可以确定的是，李长明在 20 世纪 90 年代初于今长明鸡杂店内开创了黔江鸡杂的煨锅形式，并最早将黔江鸡杂的煨锅形式向大众推广，在黔江鸡杂发展过程中起了决定性作用。

（二）黔江鸡杂的推广

苏康作为黔江鸡杂协会的会长正在全力推进黔江鸡杂的进一步宣传和改进工作。比如，苏康已经积极推动黔江鸡杂申请了"重庆市非物质文化遗产"和"重庆老字号"等荣誉，并和学校进行合作，以培育优秀的黔江鸡杂传统工艺的传承者，从而让黔江鸡杂的传统技艺得以继承和发扬。

（三）黔江地区鸡杂名店

黔江地区鸡杂店较多，除长明鸡杂是黔江鸡杂的创始店外，名气较大的还有：国庆鸡杂店（重庆市黔江区丹兴路创业街）开店时间较早，且店内青菜牛肉（黔江鸡杂的姊妹菜）销量为黔江地区之首；阿蓬记鸡杂（重庆市黔江区城西街道新华大道 7 号）已开创鸡杂作为熟食袋装产品的先例；苏锅锅·黔江鸡杂总店（重庆市黔江区文体路 51 号）为黔江地区规模最大的鸡杂店，其董事长苏康先生正在进行黔江鸡杂的改进工作，以使黔江鸡杂的受众能够更加广泛。

黔江鸡杂位列黔江地区美食之首。随着黔江地区旅游业的发展，更多的人慕名而来，也将黔江鸡杂的美名带到了全国各地。如今，黔江鸡杂作为黔江的地理标识，正在走向全国。

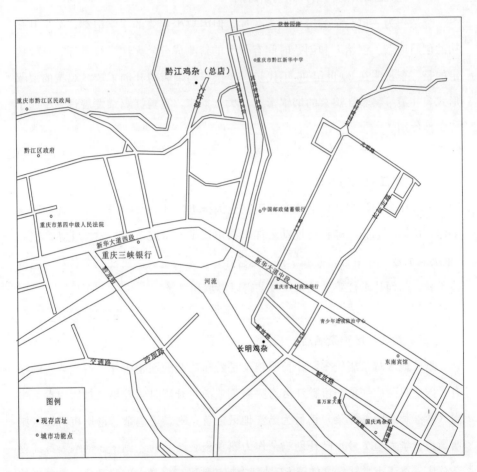

黔江鸡杂主要店铺分布图

彭州九尺鹅肠火锅历史调查报告

调 查 者：屈苗苗、陈俊宇、杨彬、姚建飞

调查时间：2017 年 10 月 26 日

调查地点：四川省成都市彭州市九尺镇

执 笔 人：屈苗苗

九尺鹅肠并不是指鹅肠的长度是九尺，而是指出产鹅肠的地方位于四川省成都市彭州市九尺镇，那里有近百处涌泉和堰塘，当地人有多年养殖家禽的经验。所喂养的鹅宰杀后，其肠用火锅烫食，格外爽脆鲜美，且能保持久烫不绵的口感，因此九尺鹅肠得以远近闻名，九尺镇也就成了鹅肠火锅的发源地。

一、彭州九尺鹅肠火锅的相关记载与认同

九尺鹅肠的兴起时间并不长，资料很少：

> 此火锅是四川新出现的风味火锅。来自成都市彭县九尺镇，故名。这里的鹅宰杀后，其肠用泉水洗涤，用火锅烫食，鲜美爽脆，口感一新，比起一些火锅店用碱发、冰冻的鹅肠来，味道较好，所以风行起来。①

---

① 《九尺鹅肠火锅》，2011 年 2 月 26 日，http：// www. meishic. com/2011/0226/20494. html。

考虑网络上的资料有两大缺陷：一是可靠性不高，二是对于本道江湖菜的历史记载过于语焉不详，我们决定前往四川彭州九尺镇，开展更为详细的历史调查。

二、彭州九尺鹅肠火锅的历史调查过程

通过彭州市农村发展局办公室工作人员和九尺镇政府干部杨书记的帮助，我们获得了一份关于九尺鲜鹅肠火锅的资料，得知当地最正宗的是赵老四鹅肠火锅店，并去到该店的发源地发发火锅店和现址火锅店进行实地调查，对知情人花姐（赵老四鲜鹅肠火锅店老板娘，彭州九尺镇人）进行了访谈。

根据花姐的叙述，九尺鹅肠火锅的原创人为本地人赵吉祥，创店时间为

赵老四鲜鹅肠火锅店现址

1995 年，店名为"赵老四鹅肠火锅"，创店地点为彭州九尺，当时是赵老四与本家兄弟赵老二合伙开办，赵老四负责提供核心技术支持，待生意步入正轨后，1999 年赵老四又加入原赵老三已经步入正轨的鹅肠火锅店，也就是现在的地址，随后赵老三又另立门户，并且后来赵家其他兄弟又陆续分别在附近另立门户，都受到过赵老四为他们提供的技术帮助，于是镇上出现了另外几家赵

氏鹅肠火锅店、如赵老大鹅肠火锅店、赵老二鹅肠火锅店、赵老三鹅肠火锅店、赵老五鹅肠火锅店。我们问从镇政府过来的路上看到门面写着"九尺鲜鹅肠火锅发源地"的发发火锅总店又是什么情况,花姐说,那确实是发源地,那就是赵老四创始的地方,只不过赵老四搬到现址之后,原址的房东就继承了老店继续营业,改名为发发火锅。

据花姐介绍,九尺鹅肠火锅的最大特色就是鹅肠的爽脆和纯天然无化学加工,至于菜品本身,从前到现在倒并没有太大的变化,由赵吉祥本人亲自炒制火锅底料,一次炒制可备用一月。以鹅肠为主打的火锅也是赵吉祥的创意。鹅肠火锅的汤底使用了熬制的猪大骨汤,分清汤和红汤两种。清汤里有葱段、红枣、枸杞,养生清淡;红汤上面漂浮一层花椒和红辣椒,口味偏辣。按照"七上八下"的烫法,只需几秒钟就能烫熟,再放入味碟中一涮,入口爽脆鲜美且耐烫,即使在火锅里面放置过久也依然入口脆香,这也是九尺镇上的鹅肠独有的特性。除了鹅肠,火锅还辅以九尺板鸭、鹅舌、鹅肝、鹅肫、鳝鱼、肉片、时令蔬菜等,荤素搭配,且配菜不会喧宾夺主,久吃而汤不浑,备受当地人和外来旅游者顾客的喜爱。

花姐透露曾有将赵老四九尺鹅肠火锅这一特色品牌打出去的想法。早在2005年,赵氏兄弟几人在成都双楠合伙开过一家鹅肠火锅分店,因各种原因最终倒闭,亏损达百万以上。如今赵老四专注于打造现在的门店。九尺镇当地政府也十分重视赵老四鹅肠火锅店这一老字号金字招牌,向其提供了诸多帮助,如在每年3月左右举办九尺鹅肠美食节、为其设计未来扩店规划图等。

鲜鹅肠火锅麻、辣、鲜,它在继承和发扬传统的川味火锅基础上,独创单锅炒料,使锅底的麻辣鲜香浑然一体。配料特别考究,制作精细,在操作技艺上始终保持鹅肠细嫩、脆、色泽鲜美、入口化渣、香味诱人、营养丰富等特点。九尺鹅肠火锅不是以越辣越好,而是包容百味,博采众长。九尺的鹅取自周边养殖的白鹅,因其饲养环境,被食客们赞誉为家禽中的绿色食品。九尺鹅肠火锅自身发展的同时还带动了九尺镇、周边镇乃至彭州市相关行业的发展,形成了以鹅、鸭为主题的养殖、宰杀、加工、营销的产业链,被誉为"鹅肠经济"。

三、彭州九尺鹅肠火锅历史调查后的初步认识

九尺鹅肠火锅发源于四川省成都市彭州市九尺镇,在 1995 年由当地人赵吉祥在当地开设赵老四鲜鹅肠火锅店为标志,1999 年赵老四将火锅店搬迁到现址。以鹅肠为火锅主打是赵吉祥本人的创意,且火锅底料炒制方法也由他开创。

经调查我们发现,相比川渝地区的其他火锅,九尺鹅肠火锅在味道上并没有多大秘方可言,其重点并不在味道的独特性而在于九尺当地鹅肠的鲜脆口感上,这可能也是九尺鹅肠火锅虽然是当地的标志性美食却很难走出去的原因。

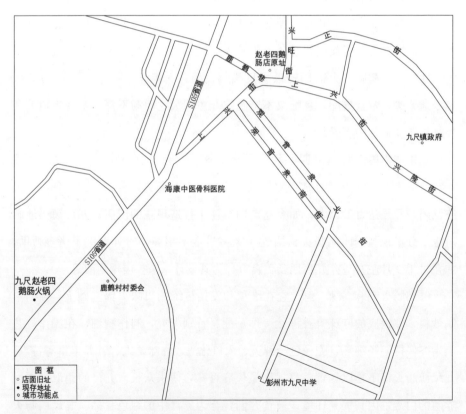

彭州九尺鹅肠火锅店铺分布图

荣昌卤鹅历史调查报告

调　查　者：张莲卓、张静

调查时间：2018 年 3 月 6—7 日

调查地点：重庆市荣昌区陈老五卤鹅滨河中路 228 号
　　　　　店，荣昌区商业局，三惠鹅府东益当街 19
　　　　　号店、体院馆店，小罗卤鹅广场路 85 号
　　　　　店，灵方大道小罗食品科技开发有限公司，
　　　　　小薛卤鹅东大街 204 号店、桂花园店

执　笔　人：张莲卓

　　荣昌卤鹅是重庆市荣昌区的一张特色名片。作为非物质文化遗产的荣昌卤鹅在荣昌是一种非常普遍的卤制食品，然而荣昌卤鹅以确定的商标和品牌在专门的店铺内出售的时间并不长。荣昌人有吃卤鹅的习惯，但是卤制技艺和卤料上的细微差别导致了荣昌各家店铺出售的卤鹅在口味上有所差异。

一、荣昌卤鹅的相关资料与认同

　　《重庆晨报》的一篇报道指出荣昌卤鹅企业中有 8 家获"中国名菜"奖，2 家获"中华名小吃"奖，2 家获"中华名优食品"，2 家获"中国餐饮名店"

奖①。由此可知荣昌卤鹅的知名度较高且经营者众多。

关于店面，我们根据搜集到的文字资料初步统计如下：

企业名称	提及次数	备注	企业名称	提及次数	备注
小罗	8		伴之鹅	1	
小薛	7		小蒋	1	
陈老五	4		肉香根	1	最早
蔡八娃	3		琼妹	1	
刘记	3		胡老六	1	
广顺姜板鸭	2		瑞记	1	万灵镇
三惠鹅府	2		伴之鹅	1	
张三	1		刘老幺	1	
黄二姐	1				

此外，所有关于卤鹅制作的内容都会提到"老卤水"，且都会指出老卤水对卤鹅的成色、口感等都有很大的影响，同时一些在重庆等地以"荣昌卤鹅"为招牌的企业在采访中会提到他们最初的"老卤水"是荣昌的师傅送的。所以找到会制作"老卤水"的店铺可能会有助于我们了解荣昌卤鹅最早的传承人。

而所有关于荣昌卤鹅的资料中，对荣昌卤鹅历史的表述却十分有限。其一是《棠城的晚春》第三章中描述：

> 路孔镇……街上有湖广会馆、明清老街、赵氏宗祠、花房大院、小姐绣楼、大荣寨、肉根香酒楼等……"肉根香"酒楼也有了不得的名气。因为这个酒楼制作出了一道远近闻名的中国名菜——荣昌卤鹅。
>
> 据说，这道菜之所以远近闻名，是因为有了一百多年的历史又极具大众化。这道菜的原料，取材于道地的当地白鹅。
>
> 卤鹅选肉质上好的荣昌白鹅，去毛取出内脏洗净，再将陈年老卤水烧开放入鹅儿肚内，经过祖传的秘方技术加工后，加入老姜、胡椒等几种香料。

① 刘波：《到荣昌吃卤鹅拍美食赢千元奖励》，《重庆晨报》2017年10月1日，第007版。

一只白鹅除毛之外，全身上下皆可卤，比如卤鹅肉、卤鹅头、卤鹅翅、卤鹅肝、卤鹅肠等等，每一样都有特别的味道。

　　卤熟后的鹅肉，色泽金黄发亮、五香味浓……还可根据自己的口味添加调料，比如适口的微辣、姜葱味、原始鲜香等。①

　　另有《荣昌卤鹅的历史起源、产业现状及发展趋势》中对荣昌卤鹅的历史的表述：

　　由于荣昌地处川渝交界，位置特殊，成了"填四川"道上的必经之路，再加上荣昌地域平坦，雨水丰沛，气候宜人，非常适于居住。于是便有大量从潮汕地区迁移来的客家人在此定居。经过一百多年的历史沉积，荣昌成了远近闻名的客家人聚集区。客家人的传统卤味与川卤的融合，逐渐形成了荣昌地区独具特点的卤味。

　　此外，大量的湖广地区移民在迁移过程中将养鹅、吃鹅的习惯也带到了荣昌，再加上荣昌地区雨水丰沛、历来有养鹅的习惯，而四川白鹅品种优良，非常适于卤制。因此，好卤和好鹅的结合，促成了荣昌卤鹅的诞生。②

　　然而这两篇文章虽然从整体上追溯了荣昌卤鹅的发展历史，但却没有具体的人物、时间与地点，所以关于荣昌卤鹅的历史还需要进一步补充资料。同时，前面我们统计的所有荣昌卤鹅的店铺是以目前网络上能搜到的所有资料为基础进行的，但没有了解网络资源发布的时间与现实情况之间的关系，所以实地走访调查十分必要。

---

① 朱益发、雷平：《棠城的晚春》，重庆：重庆出版社，2011年，第21—22页。
② 解华东等：《荣昌卤鹅的历史起源、产业现状及发展趋势》，《中国禽业导刊》2017年第18期，第27—28页。

二、荣昌卤鹅历史的调查过程

（一）陈老五店铺调查

陈老五卤鹅店店员郭建英（女，47 岁）告诉我们，店主陈时根今年 54 岁，他 14 岁就开始打工卖卤鹅，20 岁自己在桥上老房子搭着小桌子卖卤鹅。当时也是将鹅肉、鹅肝等分开售卖。他家目前在荣昌有 6 家分店，卤鹅是陈时根在他的工厂内卤制好后运送到各个店铺售卖的。目前桥头的店铺开了已有二十多年，荣昌区内其他店铺都是晚于此处开的。

（二）拜访荣昌区商务局

荣昌区商务局流通科刘祖权（男，38 岁）说，荣昌发展较好的几家卤鹅店是小罗、小薛、黄二姐、三惠鹅府等。最早在荣昌开店经营的是小罗，目前销量最好的也是小罗。目前，小罗在铜梁、成都、重庆都有加盟店。小罗也是荣昌卤鹅作为世界非物质文化遗产的代表之一。

同时，他告诉我们，卤鹅本身是一种很普通的菜，也是一道客家菜，湖广填四川的时候带到了荣昌，经过几百年的发展，吃卤鹅已经成了荣昌人的一种生活习惯。目前来说，发展卤鹅产业受到了荣昌区各方面的重视，政府也鼓励荣昌县内的商家去荣昌以外的地方开店经营，从而扩大荣昌卤鹅的影响力。

在卤鹅的制作工艺上，他告诉我们每家的制作工艺大体上差不多，但具体卤水材料可能有所差别，但是卤水成分涉及各个店铺的保密配方。他给了我们关于荣昌卤鹅的两份文件，一份是《荣昌卤白鹅》，另一份是关于荣昌卤鹅的新闻报道。

通过《荣昌卤白鹅》的文件我们知道，荣昌卤鹅的制作关键点在于熬卤汤和炒糖色。熬卤汤的方法是"将土鸡骨架和捶断的猪筒子骨用冷水氽煮至开，去其血沫，用清水清洗干净；重新加水，放入拍破的老姜和留根的大葱，烧开后，用小火慢慢熬，这样才能成为需要的清汤，熬成卤汤待用，忌用大火熬成浓汤"。而炒糖色的方法则是"在锅中放少许油，加入处理成细粉状的冰糖粉，用中火慢炒，待糖由白变黄时，改用小火，糖油呈黄色起大泡时，快速端离火口继续炒，由黄变深褐色，由大泡变小泡时，再上火，加少许冷水，再用小火炒至去煳味，即为糖色，要求糖色不甜不苦，色泽金黄"。

（三）专访小罗卤鹅

小罗食品科技开发有限公司办公室行政助理胡文文给了我们三份他们的宣传文件，分别是《罗德建个人简介》《小罗卤鹅的历史传承》和《公司简介》。通过《罗德建个人简介》我们了解到罗德建（男，1970 年出生，重庆市荣昌区人）1994 年 5 月开始跟随"谢氏卤鹅"传承人谢福禄学习卤鹅的生产经营，由此进入卤鹅行业，并在"谢氏卤鹅"的基础上创立了"小罗卤鹅"品牌。1994年至今，罗德建先后将卤鹅配方进行了多次融合完善，使之更适应消费者对卤制品的消费需求。2014 年，罗建德先生注册成立了"重庆市荣昌区小罗食品科技开发有限公司"。

小罗企业外景

胡文文告诉我们，罗德建 1994 年开的第一家店在荣昌区富吉汽车站附近交通局那里，具体位置是荣昌区昌元街道昌州中段 375 号。目前在昌州中段的店铺是第二次换的店铺。现在小罗卤鹅在荣昌区内有 10 家店，在大足等地也有，在一些服务区、高铁站都有店铺分布，目前总共有二十多家店铺。

而《小罗卤鹅品牌故事》表明：

> "小罗卤鹅"卤制工艺起源于清末民初的乱世。创始人谢邦友（约 1873—
> 1936）老先生幼年随父从医，从小对各种中草药及其药理药效十分了解。适逢

乱世，因通医理，被招从军，在军中从事后勤工作。恰遇军中一位钱姓大厨师（其生平已无从考证）是其同乡，大厨的川卤手艺传自清朝宫廷，乃是军中一绝。虽然生活条件艰苦，但是川军将领当时却很重视食补。因此，深知"药食同源"医理的谢邦友为大厨提供了的很多具有滋补作用的中草药作为香辛料，二人共同努力，于1910年前后创出了一个非常特别的具有滋补作用的卤料配方，即今天的"小罗卤鹅"配方的雏形。

后谢邦友的儿子谢家德（1910—1990）老先生在1930年左右从父亲处得到该配方，并将其发扬光大，即今天的"小罗卤鹅"。凭借其手中的卤料配方，新中国成立后谢家德一直在荣昌县国营食堂工作，其制作卤菜的手艺一直被公认为荣昌县一绝。

谢家德老先生后将卤料的制作配方传于其第五子谢福禄（1952—2012）先生，谢福禄又将其传给侄女谢祥敏女士和侄女婿罗德建（1970—）先生。

罗德建先生于1994年正式将该传承技艺命名为"小罗卤鹅"。时至今日，小罗卤鹅的卤制技艺传承已超80年（1930年至今）。

胡文文也提到了以上说法，但是却没有更多的证据来支持他们的这一说法。正如胡文文说的"小罗卤鹅"的品牌就是罗德建树立起来的，并没有传承多少代。

（四）寻访小薛卤鹅

我们随后前往昌源街道办事处了解荣昌卤鹅的整体发展状态。办事处周洪宇先生告诉我们荣昌卤鹅的历史已经很久了，20世纪七八十年代就有摆摊卖卤鹅的，后来形成规模后，小罗、小薛等才开始开店专门卖卤鹅。

随后我们对小薛卤鹅老板薛永贵进行了电话采访。我们了解到，小薛卤鹅目前有三家店铺，其店内售卖的卤鹅也都是店主薛永贵在自己的加工坊内卤制好送到各个店内售卖的。薛永贵告诉我们，他是在1987年开始做卤鹅的，地点在原来的荣昌师范学校（即现在的荣昌区进修学校）对门。当时都没人用店铺，都是摆着小摊卖卤鹅，也没有自己的牌子。他在1999年开了第一家有自己的招牌的店铺，地点就是东大街新世纪公交站现在的总店位置。他做卤鹅的手艺是自己家传的，卤料也是在不断变化，逐步改良的。他家的卤料多是中药材及香料熬制的。

小薛卤鹅桂花园店

（五）拜访三惠鹅府邹朝文

三惠鹅府店主邹朝文告诉我们，他是在1989年开始做卤鹅的，当时是在荣昌西街开的餐厅，位置在西街中医院斜对面。1993年，他在荣昌西街距第一家店几百米远的地方也就是西街中医院的右手边开了第二家店，这两个店虽然都是餐厅，但也卖卤鹅。2007年在体院馆开店经营三惠鹅府，开始做全鹅宴，重新做起了卤鹅。

同时，他告诉我们，他是在2000年的时候就开始做卤鹅加工厂，他家的鹅不仅有真空包装的卤鹅，还有酱鹅、板鹅等几十个品种。而三惠鹅府的全鹅宴也已经研创了上百种菜品，目前全鹅宴正在做全国的加盟连锁。三惠鹅府的卤鹅在2009年被评为重庆市非物质文化遗产。

邹朝文说，荣昌有做卤鹅的传统，他做卤鹅的技艺也是从他的父亲那里学习的。他的父亲叫邹海清，是一名厨师，现年75岁，原来是重钢招待所的主任，也是厨师。而在 20 世纪 80 年代，邹朝文自己开店经营，也做一些凉菜，其中就包括卤鹅。他在继承父辈的技术、实践的过程中，逐渐地改良卤鹅的卤制方法和卤料的配方。他说，传统的卤鹅都是用的老锅老灶，卤料的成分也比较简单。而他是最先用夹层锅的，现在用的蒸汽夹层锅，可以使卤鹅的卤水温度达到 120 度。

他说，三惠鹅府目前有三十多家直营店。现在的经营售卖模式是每天晚上开始在荣昌他的加工厂内卤制卤鹅，凌晨两三点的时候，由专门的配送员开着冷冻车将新鲜卤制的卤鹅送到各个店内进行当天的售卖。

目前，他的企业正在研发生产固态卤鹅卤料。等固态卤料生产好，能控制好卤鹅的味道味型后，他准备做全国的加盟连锁。他告诉我们，因为卤鹅所用卤料的所有的香料都是中草药，有些可能会有轻微毒素，发往全国的时候，要在保证口味的情况下确保其安全性。而他目前他正在向政府申请支持，希望能在工业园区内扩大卤鹅生产规模，做到养殖、屠宰、加工一体化。

三、荣昌卤鹅历史调查后的初步认识

通过调查，首先我们可以知道虽然现在荣昌有卤鹅的习惯，但在历史上巴蜀地区很少食用鹅肉，荣昌卤鹅可能源于湖广填四川带来的潮汕卤鹅。具体是否又与路孔镇（现名万灵镇）的肉根香酒楼相关，并不清楚。

其次，我们可以知道，荣昌最早打出自己的品牌做卤鹅的是罗德建的小罗卤鹅，他于 1994 年开始以自己的招牌开店经营。而在此之前，小罗卤鹅、小薛卤鹅，甚至是陈老五卤鹅都有在荣昌区内以街边摊形式售卖卤鹅，此后这些店也都相继打出自己的招牌开店进行卤鹅售卖。

荣昌卤鹅的卤制工艺流程大体一样，不一样的是卤料的配方，而各家在卤料配方上的不同造就了各家口味的不同。无论是小罗、小薛还是陈老五、三惠鹅府，他们都在继承传统的基础上根据消费者的喜好，对卤料进行了一定的改进和创新。但出于商业机密，其卤料的具体成分和改进内容我们不得而知。

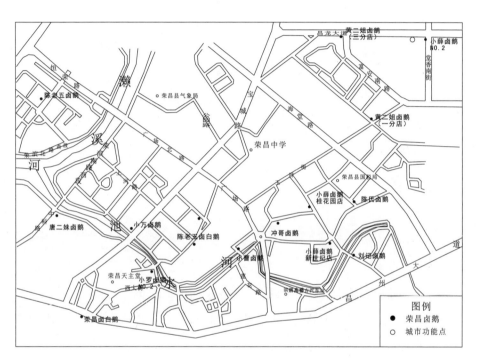

荣昌卤鹅重要店铺分布图

图例
● 荣昌卤鹅
○ 城市功能点

乐山甜皮鸭历史调查报告

调 查 者：蓝勇、陈俊宇、王倩、陈姝、唐敏、张浩
宇、张莲卓、谢记虎、张静

调查时间：2018 年 1 月 23 日、24 日

调查地点：乐山市区

执 笔 人：陈俊宇

乐山甜皮鸭，乐山人称"卤鸭子"，是四川乐山地区的著名美食，沿用的是清朝御膳工艺。由民间发掘、改进，其卤水别具特色，具有色泽棕红、皮酥略甜、肉质细嫩、香气宜人的特点。①

一、乐山甜皮鸭的相关记载与认同

从做法上讲，甜皮鸭是一种卤制品，卤鸭子的口味有很多种，但乐山人却唯独喜欢吃甜皮鸭，CCTV4 频道《远方的家》栏目 2014 年的《江河万里行》第 106 期就提到："乐山人爱吃甜皮鸭，胜于北京人爱吃烤鸭，仅三十多万人的乐山中心城区，就分布着一百多家甜皮鸭店。"在关于乐山甜皮鸭的资料中，对制作方法的介绍较多，"甜皮鸭的品种较多，有的是卤制后抹上糖汁炸制，也有

---

① 一凡：《背包中国 2013 年》，北京：同心出版社，2012 年，第 55 页。

炸制后再上一层光亮的糖汁，两种制作方法，都各具风味"①。《江河万里行》里拍摄了其中较早一家刘鸭子的甜皮鸭制作过程：将鸭子从卤水锅里煮好捞出后，放置一个小时晾凉，等鸭子身上的胶状物慢慢渗出时，往上面刷一层由冰糖等原料熬制出的金酱以上色，然后再放到油锅里煎炸，最后刷上一层糖浆后上糖，卤鸭子变得色泽通红、鲜香透亮。相对而言，关于乐山甜皮鸭的历史资料则比较少。

乐山甜皮鸭往往又与彭山甜皮鸭并提，二者的简介都极其相似："彭山甜皮鸭又称'贡鸭'，沿用的是清朝御膳工艺。由民间发掘、改进，其卤水别具特色。卤鸭色泽红亮，入口咸甜，回味悠长。"② 与乐山甜皮鸭历史资料的缺失不同，彭山甜皮鸭的历史则有明确记载，《彭山县志》称其创始人为杨万寿，男，彭山西街人，"民国初年出生，16 岁从师卤鸭，自主营业后技胜于师，所卤鸭子皮甜、色鲜、味美，人称'甜皮鸭'。新中国成立后为食品公司工人，1985年病殁。甜皮鸭成为彭山名小吃之一"。③ 有说法认为，乐山甜皮鸭是在 20 世纪 70 年代，由眉山市彭山县传入乐山④。

综上，我们需要实地考察乐山甜皮鸭现有店面，了解其历史发展状况，进一步探寻乐山甜皮鸭与彭山甜皮鸭的关系。

二、乐山甜皮鸭的历史调查过程

1 月 23 日傍晚，我们来到乐山市，吃晚饭的时候路过赵鸭子甜皮鸭东大街分店，在东大街 96 号。其门面上号称："'赵鸭子'创始于 1939 年，创始人为赵金山先生（时称赵鸭子），籍贯乐山五通，至今已有 80 年历史。"老板不在，店员并不清楚这家店的发展历史。我们回头查看网上资料，发现赵鸭子虽然历史悠久，但之前都是做传统的油烫鸭，"乐山人最早做的是卤鸭子，是先将鸭子

---

① 冉雨编：《四川风味食品大全》，成都：四川科学技术出版社，2012 年，第 41—42 页。
② 李麟主编：《游遍中国·四川卷下》，西宁：青海人民出版社，2003 年，第 510 页。
③ 四川彭山县志编纂委员会编纂：《彭山县志》，成都：巴蜀书社，1991 年，第 668 页。
④ 四川在线：《"网民公投"最想吃的乐山"十大菜品百道美食"》，2016 年 11 月 21 日，http：//leshan. scol. com. cn/rdxw/201611/55735964. html。

除去毛和内脏，放到卤水中卤煮，当时没有味精、鸡精这些调料，只能在卤煮时，在肚子里塞进芽菜，煮好后在油锅里将外皮炸至酥脆，起锅就能食用，吃起来是咸香味"①，"1976年，杨富琼（赵金山儿媳）开始在乐山中心城区兑阳湾附近摆摊销售油烫鸭，出乎意料的是在五通桥销售不错的油烫鸭在乐山城区却行不通了。原来，一种新做法甜皮鸭已经在乐山流行。为了走出困境，杨富琼开始尝试着改良油烫鸭的口味……终于取得技术性突破，堪称油烫甜皮鸭的开创之作"②。文中提到的乐山流行起改吃甜皮鸭的情况从一个侧面印证了甜皮鸭是20世纪70年代由彭山传入乐山的说法。

（一）采访王浩儿纪六孃总店

24日下午，我们来到乐山市市中区致江路69号的王浩儿纪六孃总店。在店里我们见到了纪六孃的女儿、今年36岁的宋丽女士，据宋女士介绍，纪六孃名叫纪淑群，今年57岁，现在基本是宋女士在打理店面。

纪六孃总店

---

① 《赵鸭子：一个被"抢"了73年的传奇》，《三江都市报》2012年7月19日，第26版。
② 乐山新闻网：《赵鸭子：传承78年的美味》，2017年3月24日，http://www.leshan.cn/html/view/view_2C2B7E05CF2F0281.html。

问：您的店开于何时何地？

宋：最早是1985年在路边摆一个摊，就在这个致江路王浩儿路口，（指着右侧）前面那个路口，十字口那边。

问：具体有店面是什么时候？

宋：应该是在2005年，我大学毕业的时候。

问：第一家店就是在这儿是吗？

宋：我们进入门市就是这儿第一家店，这是总店。

问：那分店的情况是怎样？

宋：分店是2007年开了第一家，在嘉州宾馆那里的白塔街分店，挨着卫校。现在有13家分店，加总店是14家，都在乐山。

（二）采访章鸭儿

采访完纪六嬢总店，我们又来到旁边致江路45号的老字号正宗王浩儿章鸭儿店，见到了63岁的老板娘鄢素知，她向我们介绍她丈夫名叫章西荣，她是和丈夫一起创业的。

问：您的店开于何时何地？

鄢：1979年，我们老房在这儿，这儿生意做不起，就挑到张公桥摆摊，有时一天才卖几只鸭儿，两三只、三四只，不是很流行吃，那个时候你想嘛，好穷哦。

问：那回到这里开这个门面是什么时候？

鄢：门面是十几年了，摊子还要久点，二十几年了，开始回来还是摆摊，以前都没有兴摆门市。

问：现在有分店没有？

鄢：有4个店。

问：除了你们章鸭儿，乐山还有有名的甜皮鸭吗？

鄢：还是有，我们以前的老摊子，老的这一批还有刘鸭子，刘鸭子去世了，是他女婿在做。赵鸭子还要迟一点。我们是最早之一。

章鸭儿总店

三、乐山甜皮鸭历史调查后的初步认识

一、甜皮鸭源于今眉山市的彭山区，20 世纪 70 年代从彭山传入乐山市区，但 20 世纪 80 年代中叶乐山还是以油烫卤鸭为特色，后来乐山人结合自身传统卤鸭子（油烫鸭）的工艺基础，将甜皮鸭名声进一步发扬。因为 1953 年至 1996 年眉山都属于乐山管辖，因此乐山甜皮鸭的名义范围较大。1997 年眉山自乐山分出后，乐山甜皮鸭与彭山甜皮鸭在地域归属上完成了分离。

二、如今的乐山甜皮鸭店基本都是改革开放后，20 世纪七八十年代陆续开起来的，早期以摆摊为主，后来才逐渐开成店面。创业较早的甜皮鸭店现存的主要有刘鸭子、章鸭儿、纪六孃、赵鸭子等几家，其各自的总店分别在兴发街103 号、致江路 45 号、致江路 69 号、新村街 169 号。

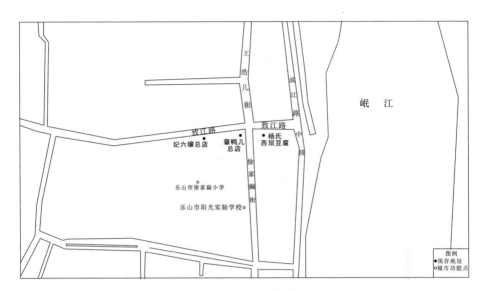

乐山甜皮鸭主要店铺分布图 1

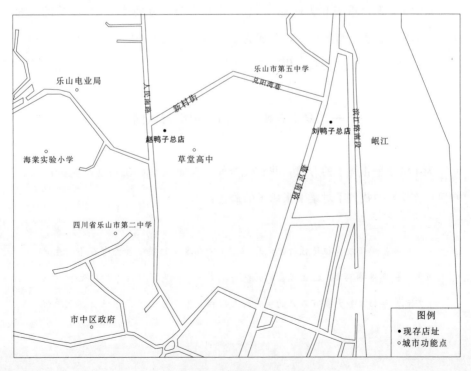

乐山甜皮鸭主要店铺分布图 2

梁平张鸭子历史调查报告

> 调 查 者：钱璐
>
> 调查时间：2018 年 2 月 24 日
>
> 调查地点：重庆市梁平区
>
> 执 笔 人：钱璐

张鸭子，源自重庆市梁平区，以老麻鸭和中药材为原料，采用独特的卤烤工艺，形成干、香、瘦的特点，已成为重庆著名的地方小吃，曾荣获"中华老字号"和"重庆市级非物质文化遗产"等称号。

一、梁平张鸭子的相关记载与认同

为了解梁平张鸭子的源流，我首先查阅了文献资料，在余远国主编的《三峡民俗文化》中找到了对梁平张鸭子的概述：

> 梁平张鸭子以其祖传独特配方和精湛工艺在重庆的梁平县已有百年的生产历史，一直盛誉不衰，已由过去的传统作坊式生产，发展到现在的固定资产逾千万元，年加工能力逾百万只的生产经营规模。梁平张鸭子风味独特，色泽鲜美，味香不腻。①

---

① 余远国主编：《三峡民俗文化》，武汉：中国地质大学出版社，2015 年，第 114 页。

另有唐沙波对梁平张鸭子的起源和传承做了介绍：

> "张鸭子"系梁平当地三大名产之一（另外两大名产是"梁平柚子""梁山
> 竹帘"），由张恒群的祖父于1939年抗战时期创制，在万县制作供应。其父张
> 修海于1970年在梁平大河坝恢复出售。1982年起由张恒群继承。"张鸭子"的
> 特点是：选土老鸭，经码味、入卤、烘烤而成，成品琥珀色泽，干香咸鲜，特
> 别受当地人的酷爱。[①]

就目前来看，关于梁平张鸭子的文献材料较少，为了进一步弄清梁平张鸭
子的源流，确定文献资料的准确性，我决定开展实地调研。

二、梁平张鸭子的历史调查过程

根据我一位来自重庆梁平的同事何炬（西南大学教师，30岁）提供的情
况，20世纪90年代中期，张鸭子的创始人张兴海就在当时梁平县的大河坝开
店卖张鸭子。2月24日中午，我驱车到达梁平。

（一）走访梁平大河坝张鸭子酒楼和张鸭子卤烤鸭店

我直奔位于大河坝附近西城路422号的张鸭子酒楼，当地老人说，张兴海
最早是在大河坝转盘，现在的西城路285号附近摆摊卖张鸭子，当时没有店铺，
但是因为在318国道旁，客流量大，生意不错。开始摆摊的具体时间他记不清
了，印象中，20世纪80年代中期就在卖了。随着生意的发展，1992年，张兴
海在小摊旁边的西城路353号附近有了店铺，除了开张鸭子卤烤鸭店外，在这
里还开了张鸭子酒楼。

我又进入张鸭子酒楼隔壁的张鸭子卤烤鸭店，这家店只售卖张鸭子以及一
些卤菜。据店员介绍，目前店里已不能制作鸭子，所有的产品都由厂房统一制

---

① 唐沙波主编：《巴渝特色菜》，成都：四川科学技术出版社，2007年，第72页。

作后配送，厂房位于梁平新城工业园区内，其他地方的加盟店也是由厂里统一配送的，所以标准一样。

张鸭子厂房

（二）走访制作张鸭子的厂房

根据店员介绍，我驱车来到梁平新城工业园区内的张鸭子厂房。厂房门口写着"重庆市梁平张鸭子食品有限公司"字样。门口有严格的门禁，还有保安看守。保安告诉我，厂区是 2006 年左右修建，厂区里有生产车间和综合办公大楼，外面卖的卤烤鸭产品都是从这里统一生产后，运输到各大门店的，但是厂里有严格的规定，不能随便进入。

（三）查阅张鸭子申报重庆市市级非物质文化遗传名录的申报书

在梁平的调研结束后，我试图联系刘昌仁，未果。于是，通过重庆市商委找到了张鸭子申报重庆市市级非物质文化遗传名录的申报书。申报书资料对张鸭子的源起做了如下说明：

张兴海，1921 年腊月出生，万州五桥区人，新中国成立前随其义父张良俊在万州太白岩开设"烧腊"店铺，卤制"烧腊"，在当时卤制的"烧腊"品种只限动物肉类，无禽系列。由于解放战争而致中断本行。新中国成立以后，张兴海迁居来到梁平县，原梁山县定居西中街"三关殿"处，他继承其义父的基本卤制技术，开始了秘密研究"卤鸭"料方及技术。在保持传统"烧腊"卤制的基础上，着手研究以鸭子为主的禽类卤制，他精心调制方剂，反复试制。终于在 1953 年 7 月成功研制出具有当代特色的"卤烤鸭"，即"张鸭子烧腊"，从此以主人姓氏得名的"张鸭子"在梁平慕名而起，闻名梁平周边各区县。

梁平当地人只知道张鸭子源于张兴海，并不知其义父张良俊。我认为，张兴海从其父亲处学会卤烤鸭的基本技术是很有可能的，只是在其义父在开设店铺时影响力不大，不被太多人所知。正如申报材料中"张鸭子"因主人姓氏得名是因为张兴海的调制，所以"张鸭子"真正的创始人应该是张兴海。

而张兴海创立张鸭子的时间，除申报材料中提到是 1953 年外，未见到其他关于 1953 年成功研制出张鸭子的文献记载，采访的梁平当地居民，也不能给出准确答案。前文中据唐沙波记载 20 世纪 70 年代在大河坝出售，而申报材料中也提到，1976 年张兴海在大河坝开设小作坊，后逐步扩大经营规模，所以张鸭子在梁平当地逐渐具有影响力应该从 1976 年算起。

另据申报资料：20 世纪 90 年代张兴海将卤制手艺传给养女（大女张德秀，二女张德琼）、孙女（是其亲哥的孙女）张恒琼及孙女婿刘昌仁。

张恒琼应该就是前文中唐沙波提到的张恒群（四川方言"群"和"琼"同音），她是张兴海的孙女，并非女儿，而且是在 20 世纪 90 年代才和丈夫刘昌仁接管张鸭子的，这与我采访梁平当地人后得到的信息具有一致性，所以唐文在关于张鸭子的传承信息上，存在错误。

在梁平开展调研的过程中，我了解到目前公司法人是刘昌仁，他也是张鸭子现在最主要的管理者。

张恒琼，张兴海亲哥的孙女。1971 年出生，家族传承，15 岁在梁平张鸭子食店跟随爷爷张兴海学习卤制技艺，三年后在梁平张鸭子食店做师傅，熟知家传配方，熟练掌握全套生产工艺流程及卤制技艺。刘昌仁，张兴海的孙女婿。1972 年出生，梁平县城北乡新桥村人，由于擅长厨艺，1992 到梁平张鸭子食店

当厨师，跟随师傅张兴海学习卤制技艺。

三、梁平张鸭子历史调查后的初步认识

（一）关于梁平张鸭子的起源

早年间，张兴海跟随其义父学习卤制技术，后经自己不断改良创建"张鸭子"。1976 年左右张兴海开始在梁平大河坝摆摊售卖以鸭子为主的卤菜，因为张鸭子最大的特点是卤制后还要烘烤，所以具有干、香、瘦的特点，又由于小摊位于 318 国道线要道处，很多路过的司机都去购买，张鸭子知名度逐渐扩大。

（二）关于梁平张鸭子的发展

20 世纪 90 年代末，张恒琼、刘昌仁夫妇接管张鸭子后，在产品口味、产品种类、售卖方式、管理模式等方面都进行了改良，对张鸭子的发展产生了积极影响，目前张鸭子已成为在全国范围内有一定影响力的品牌。

刘昌仁夫妇与西南大学食品科学学院合作，将卤料中的中药增加到了 48 味，对其调味料也进行了改良，形成了现在市面上售卖的张鸭子的味道。

在包装上，开发出系列真空包装的张鸭子产品，经过卤制、烘烤、杀菌等过程，真空封装，打破了张鸭子因保存时间问题而遇到的销售瓶颈，提升了张鸭子在全国的影响力。

为了迎合消费者的需求，现在张鸭子除了销售卤烤鸭、卤鸭头、卤鸭脖、卤鸭掌、卤鸭翅外，还销售卤鸭胗、卤鸭舌、卤鸭肝等，此外，还增加了莲藕、腐竹等卤制素菜的销售，产品的种类逐步增多。

刘昌仁夫妇接管张鸭子后，在经营方式上，逐渐改变传统的家庭作坊氏经营，引入现代企业管理制度，建立食品加工厂，设加盟店，开酒楼；营销上，使用"一年卖出百万只，三代祖传更好吃"的广告语，使张鸭子成为家喻户晓的品牌，张鸭子的发展获得质的飞跃。

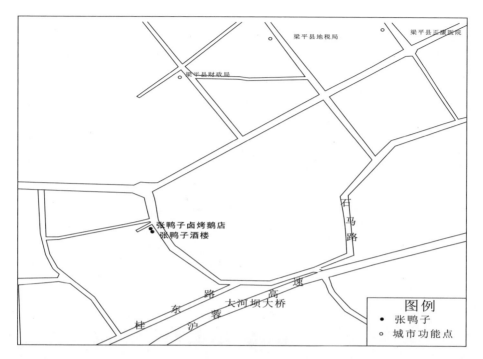

张鸭子酒楼位置图

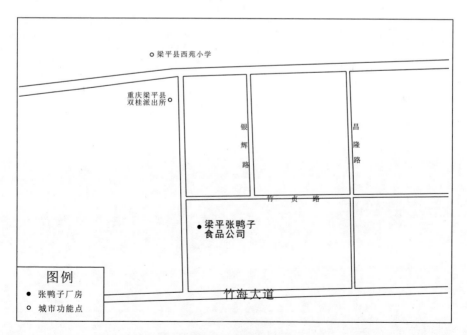

张鸭子食品公司位置图

牛羊兔等杂类

乐山苏稽跷脚牛肉历史调查报告

调 查 者：王倩、詹庆敏

调查时间：2017 年 10 月 19—21 日

调查地点：四川省乐山市

执 笔 人：王倩

跷脚牛肉是四川省乐山市一道有名的菜品，它不仅是乐山市家喻户晓的美食，也是乐山市非物质文化遗产。因其在制作中加入了不少同时具有去腥调味与驱寒养生功能的中草药，故不但味美鲜香，而且有益健康。2010 年，乐山市市中区专门成立了苏稽跷脚牛肉协会，致力于将其打造成乐山市的旅游名片。

一、乐山苏稽跷脚牛肉的相关记载与认同

（一）罗姓老中医说

关于苏稽跷脚牛肉的起源，一直没有定论。从已有资料中，我们看到主要有两种说法，一是说创始人是一位罗姓老中医：

据传，在 20 世纪 30 年代初，四川乐山的老百姓贫病交加。当时有一位擅长用草药治病的罗老中医，在乐山苏稽镇河边悬锅烹药，救济过往行人。他看见一些大户人家把牛肠、牛骨、牛肚之类的东西扔到河里，觉得很可惜，于是将其捡回家中，洗净后放在中草药的汤锅中炖煮，哪知炖出的牛杂味道特别鲜

香，很多百姓都跑来吃他做的牛杂，由于座椅有限，来客只好有的站、有的蹲，还有的干脆就直接坐在门口台阶上跷着二郎腿吃牛杂。久而久之，人们就给这道菜起了个"跷脚牛肉"的名称。[1]

跷脚牛肉的料包中，包含数十味中草药，因而这种说法从逻辑上是成立的，但因为没有更多证据，也仅是一家之言。

（二）周天顺说

另一种流行的说法是跷脚牛肉的创始人是一名叫周天顺的屠夫。在2012年央视《走遍中国》栏目组拍摄的《苏稽跷脚牛肉》[2]纪录片中，曾详细介绍过这种说法。片中提到，苏稽古镇吃牛肉的传统源于镇上有个周村，这个村子被称为"杀牛村"。虽然牛在农耕社会是主要劳动力，但川南地区盐场众多，劳作的牛有数万头，由于强负荷劳作，每头牛工作2到3年后就会被淘汰，周村位于五通盐场附近，所以淘汰的牛都被送到这里。牛肉、牛骨、牛皮都很好处理，销售起来也很容易，而牛内脏清洗困难，所以常被丢弃。清代早期，满河道都是牛内脏，这时，一个叫周天顺的人开始在路边支起炉灶煮食牛内脏，他将牛内脏经过简单消毒后，放些许花椒及盐，形成了最初的跷脚牛肉。当时的主要食客是干苦力的挑夫，后来苏稽石桥的修建使得苏稽镇一度繁华起来，跷脚牛肉的食客也扩展到往来的客商以及富贵人家院中。

苏稽古镇确实有一个杀牛周村，而且这种说法是从对当地人的采访得出的，因此颇为可信。那么到底哪种说法才是真实的历史？我们决定实地走访调查。

---

[1] 任庆、杨曦编著：《新编正宗川菜大全》，北京：华夏出版社，2011年，第68页。
[2] 《中国古镇（17）苏稽：跷脚牛肉》，2012年9月6日，http：//tv.cctv.com/2012/12/10/VIDE1355101858670934.shtml。

二、乐山苏稽跷脚牛肉的历史调查过程

（一）周村古食

10月20日早上8点，我们从乐山市中区出发前往苏稽周村，来到跷脚牛肉的非遗传承人陈志强先生所经营的周村古食，厨师帅延军开始制作汤锅。他首先向我们展示了料包中所用的调料，包括草果、香果、丁香、香草、白蔻、脑蔻、砂仁、白芷、桂皮、山柰、木香、荜拨、茴香、八角、甘松等一共16味中药，这些中药大部分的功效都是去腥提香。据帅师傅讲，苏稽镇的跷脚牛肉商家们所用的药包里中草药可能比这多两样或少两样，但种类基本大同小异，其主要差别在于分量，各家的秘方都是不外传的。由于已经做了很多年厨师，所以帅师傅自己配制料包时取量全凭经验和手感。

调料和食材

接着帅师傅开始熬汤，首先倒入一盆老汤，老汤的作用类似药引，是从前一天的汤底中留下的，一般晚上收工时，厨师都会从煮开的汤锅中舀出一盆，留待第二天使用。帅师傅告诉我们，煮开的汤只要不搅动就不会变味。周村古食的老汤从陈老板开始做生意时就有了。之后锅里加满冷水，然后放入牛骨和牛尾，帅师傅说，汤里面所用牛骨和牛尾的数量没有要求，一般放得越多熬出来的汤味道越好。随后往锅中放入牛杂包括大肠、小肠等，之后加入生姜和带皮的大蒜。帅师傅说，熬汤的蒜不用剥皮，这样蒜不容易烂，汤的味道更好。之后帅师傅又放入了新鲜小坨牛肺，然后才放入配好的药包。药包使用的天数根据生意的好坏决定，一般一包料可以使用三天，当然，也要根据汤的味道随时取放药包。各种食材煮熟所需的时间都不一样，在煮的时候，帅师傅需要根据牛的老嫩估算时长，为了防止牛杂

浮在面上，帅师傅需要用一个筲箕盖住下锅的牛杂。烫好的牛杂出锅时，要在碗底放上提味用的芹菜，面上放上去腥用的香菜，然后淋上一勺热汤。跷脚牛肉的汤锅中烫素菜只能选包菜，因为包菜对汤的颜色及口味影响较小。

据帅师傅讲，跷脚牛肉的蘸碟一般用本地干辣椒面和味精、盐、花椒面等调配而成。从跷脚牛肉出现，就一直有蘸碟，但是现在的蘸碟品种更多，主要根据各地人口味不同而有所不同。除了蘸碟，现在的跷脚牛肉和以前相比，在其他地方也做了很多改进。不仅增加了药包中调料的种类，也改变了传统的刀工。比如毛肚、黄喉、牛舌等现在既可以切片也可以切丝，而以前则没有太多讲究，随便一切就可以下锅了。另一个比较明显的变化是在传统的小碗分类食用的基础上增加了拼盘。至于跷脚牛肉的起源，帅师傅说他也不清楚，只是记得小时候牛杂没有人要，所以周村的村民们就把内脏放在一口锅里，煮好后大家围着吃。之后我们又向帅师傅询问了陈老板的师父，帅师傅说，只知道是一位姓宋的老人，具体的情况他也不清楚。随后，店员蓉蓉姐告诉我们周村有一位叫周汝沅的老师傅应该了解跷脚牛肉的起源，并安排了店员带我们去拜访周老。

（二）周村村民周汝沅

周老今年 77 岁，是地地道道的周村人，据他讲，湖广填四川时，周氏祖先作为军队家属移民到了这里。定居后，按照当时的人数区域面积分成了五支（岩支、东支、湾支、河支、三支），其中东支人祖辈以宰牛为业，被称为杀牛周村，自那时起，周村人就用牛下水做成汤锅销售。说到周天顺，周老说确实有这个人，因为在周氏族谱上有"天"字辈，但周天顺只是跷脚牛肉的一个传承者，真正的创始人是周氏先祖。制作跷脚牛肉的手艺，周村人从迁过来就会了。以前的周村家家户户都能宰牛，家家户户也都会做跷脚汤锅，苏稽镇的街头巷尾都是跷脚汤锅。

（三）古市香

随后，我们前往苏稽镇另一家比较有名的跷脚牛肉店——古市香。古市香的老板张谦告诉我们，跷脚牛肉的精髓主要在两部分，一是百年药膳老汤，二是蘸碟。古市香的蘸碟和其他的跷脚牛肉店不一样，里面有四种辣椒，有主香的，也有主辣的，其中主辣的辣椒产于贵州，主香的则是四川本土辣椒二荆条。以前的辣椒是从市面上买进，但现在古市香开辟了自己的辣椒种植基地，所用辣椒均为自己生产。干辣椒面配合适当的四川小厂菜籽油，再加以适当的火候，炒过之后，味道极好。而所谓老汤就是指原汤，原汤是由二十多味中草药，再加上牛杂、牛肚、牛骨、牛心肺等，熬制七八个小时而成，熬好后不能再掺水。

张老板告诉我们，古市香源于其外婆在儒公桥头支起的跷脚牛肉摊，但小摊最初是没有名字的，直到2002年搬到现在的地址才取名为"古市香"，刚开始店里只卖跷脚牛肉，但经营半年后开始想做差异化，于是才逐渐改良。古市香在现在的菜品中融入了全牛宴的文化，将牛与川菜名菜相结合，比如推出了回锅牛肉，以及在麻婆豆腐中加入牛的脑花和骨髓等。张老板说，现在的菜品已经实现了配方标准化，所有的配方配料都掌握在自己的亲信手中，由亲信将制作好的综合配料交给厨师，厨师只掌握最基本的烹饪方式。不仅跷脚牛肉，连回锅牛肉等菜品也是这样加工制作。苏稽镇每家跷脚牛肉的味道不同，则是因为调料中每种草药用的克数、比例不一样。

关于跷脚牛肉的起源，张老板说在自己整理的古市香非遗传承谱系中有记载，随后，她向我们提供了这一谱系，从张老板所提供的自己整理的资料中，我们看出，她比较认同跷脚牛肉的创始人是清光绪年间周村村民周天顺，关于创始人是罗老中医的说法，张老板表示自己并没有听说过。至于周天顺的传人，资料中写道："周天顺见百姓喜欢，也感念百姓疾苦，就将制作跷脚牛肉的方子广散于民间，这个方子代代相传，沿袭至今。"张老板说她是苏稽跷脚牛肉的第三代非遗传承人。她的手艺是母亲传下来的，而母亲又是从外婆手里继承的。据张老板讲，外婆唐淑华（1922—1987）的父辈是第一批湖广填四川的外省人，外婆热爱美食，曾跟着苏稽本地的老人学习了制作跷脚牛肉的手艺。嫁给家里经营丝绸铺与中药铺的外公后，外婆将自己所学的跷脚牛肉配方与外公深厚的中药知识结合起来，继承创新了跷脚牛肉的制作技艺。后来，家道中落，为了维持生计，外婆在儒公桥摆摊开始卖跷脚牛肉，苏稽当时是一个盐运码头，人流量很大，母亲刘国英（1955—）每天放学都会去外婆的跷脚牛肉摊帮忙，之后逐渐继承了外婆的手艺。而自己从小就跟随外婆和母亲学习制作跷脚牛肉，2002 年，古市香搬到现在的门店后，张谦逐渐接管了古市香。

（四）周记跷脚牛肉

从古市香出来，我们看到儒公桥头有一家周记跷脚牛肉打出了"正宗二十八年老字号"的招牌，于是决定采访一下老板，结果发现老板正是央视《走遍中国》栏目组曾经采访过的周凤林（纪录片中误为周云凤）。周老板今年已经 74 岁，但仍然自己掌勺，她告诉我们，自己制作跷脚牛肉的手艺是自创的，并没有和哪个师傅学过，但现在自己的徒弟都有三百多个了。自己最早摆摊时，这条街还是乱石河坝，后来街道改造后，她马上在原来的

周凤林

摊位买了店铺，开了这条街上的第一家跷脚牛肉馆。周记跷脚牛肉的汤由十多味香料熬成，再加入生姜和调料，蘸料一直都是自己炒制的干辣椒面。起初，店里只卖跷脚牛肉，十多年前为了满足顾客的需求开始逐渐加入粉蒸肥肠牛肉、炒牛肉、火爆脆肠等菜品。

讲到跷脚牛肉的起源，周老板说，是周天顺最早发明了跷脚牛肉，因为跷脚牛肉便宜、实惠，味道也不错，吃了舒服还能治感冒，所以人们就慢慢接受了这道菜，跷脚牛肉也就在苏稽发展了起来。至于罗老中医发明了跷脚牛肉这种说法，周老板表示自己之前从没听说过。

（五）周老三全牛宴

21 日早上 8 点，我们再次前往周村，在周老三全牛宴的店中找到并采访了

跷脚牛肉协会会长周崇康先生。周崇康和我们昨天采访过的周汝沅是本家，据他讲，跷脚牛肉的手艺是周村人祖祖辈辈传下来的，而最初，确实也是周天顺发明了跷脚牛肉。因为最早摆摊时，没有凳子，只有一条长桌，食客们大都把脚踩在长桌下面的木条上，所以得名"跷脚牛肉"。周崇康从1992年开始开店，最早是卖跷脚牛肉，现在早已根据食客的需求，将主菜升级成了全牛宴。2010年，乐山市成立了跷脚牛肉协会，目前有四个传承人，即周崇康、张谦、陈志强和王六一。于是我们又向周崇康询问了陈志强的师父宋老先生的情况，周会长告诉我们，宋老确实做过跷脚牛肉的生意，但现在已经退休了，他的手艺也是从周村学的，当时做生意进货也主要在周村。周会长还说，其实所有跷脚牛肉的手艺都是从周村传出去的，周村是跷脚牛肉真正的发源地。

（六）马三妹全牛汤锅

随后，我们前往苏稽镇，找到了另一位传承人王六一经营的"马三妹全牛汤锅"，王六一的儿子王康接受了我们的采访。据王康讲，他的太爷爷马成林在新中国成立前就已经开始做跷脚牛肉，20世纪七八十年代开始，爷爷马碧金便在苏稽老石桥头摆摊卖跷脚牛肉，而马三妹全牛汤锅则是源于母亲马咏虹于1990年秋季创办的马三妹跷脚牛肉，2001年的时候，店里开始卖全牛汤锅，到2004年，母亲正式注册成立了马三妹全牛汤锅，这是跷脚牛肉吃法上的第一次革新。说到汤底，王先生告诉我们，做汤锅所用的汤都是跷脚牛肉的原锅汤，熬汤的材料在以前牛下水的基础上加入了牛骨、牛肠等，头天晚上先熬骨头汤，到了第二天再加入牛杂一起熬，经过6—7个小时的熬制，汤才算熬好。熬汤的料包里最初只有17种中药，现在为了更好地发挥药材的功效，又在料包中加入了新药材，目前料包有26种中药。2016年8月，王先生投资研发出了可以带走的跷脚牛肉底料，2017年6月，这种底料已经正式开始在市面上销售。

三、乐山苏稽跷脚牛肉历史调查后的初步认识

近两天的时间里，我们几乎走访了苏稽镇所有做跷脚牛肉的老店，尽管没

有找到更多的文字资料，但我们获得了很多口述资料，通过这些口述资料，我们有了以下认识：

（一）因为我们并没有找到能支持苏稽跷脚牛肉的创始人是一位罗姓老中医这一说法的证据，所以对于其创始人是 20 世纪 40 年代一位罗姓老中医的说法，我们是存疑的。

（二）清光绪年间，周村屠夫周天顺始创跷脚牛肉的故事在当地广为流传。但这种说法的真实性，我们也无法考证。在当地人的记忆中，跷脚牛肉的制作方法是祖辈相传的手艺，但从哪一辈开始流传的，则没人能说得清。

（三）根据周汝沅所讲，周天顺只是跷脚牛肉的一位传承人，真正的创始人应为周氏祖先，具体的情况我们已无从考证。

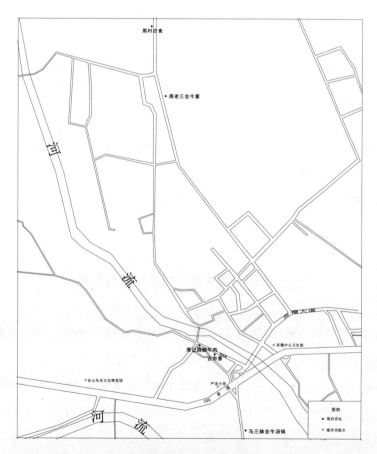

苏稽跷脚牛肉原创地地图

黔江青菜牛肉历史调查报告

调查者：吴立华、张静

调查时间：2017 年 10 月 19—20 日、26 日

调查地点：黔江区商务局、餐饮协会、长明鸡杂、国庆鸡杂

执笔人：吴立华

黔江青菜牛肉是一道以牛肉为主、青菜为辅的特色江湖菜。受黔江区特殊的自然地理环境的影响，它起源于此并广为流传于江湖。青菜牛肉作为一道菜的历史久远，但以如今的煨锅形式出现却是受黔江鸡杂的启发，出现于 20 世纪 90 年代。青菜牛肉因其丰富的营养价值和简便的制作方法赢得了广大民众的喜爱。

一、黔江青菜牛肉的相关记载与认同

黔江青菜牛肉在黔江人的心目中是一道极为普通的家常菜，随着近些年来黔江地区旅游业的发展，人们对青菜牛肉的关注度有所增加。

根据《黔江寻食记》一文所言，青菜牛肉这道菜最早是由一位名叫郑国庆的厨师创制出来的[1]。

---

[1]　九吃：《黔江寻食记》，《四川烹饪》杂志 2009 年第 12 期，第 65 页。

根据《黔江在线》的说法，1985年，一位名叫郑国庆的厨师在一次招待朋友喝酒时突发奇想，将青菜与牛肉同炒上桌，没想到牛肉肉质的鲜嫩混合青菜的清香，越煨越入味，朋友们吃后纷纷拍手叫好。从此，郑国庆就在自己的餐馆内将这道菜仿造民间的制作方式，逐步尝试改进，推出了以牛后腿肉为主料，以煨锅形式上桌的"青菜牛肉"，一经推出，便受到食客的推崇。①

根据我们所搜集的资料，关于青菜牛肉的历史渊源记载甚少，对其制作工序的介绍却很详细，记载的都是煨锅形式的青菜牛肉，并且一致认为其创始人是当地人郑国庆，但对其创始时间和创制过程中的见证人则提及较少。为了验证上述说法和进一步了解青菜牛肉发明及推广的过程，我们展开了此次调查。

二、黔江青菜牛肉的历史调查过程

（一）黔江区商务局的调查

黔江区位于重庆市东南部，是渝、鄂、湘、黔四省市的接合部，处武陵山区腹地，素有"渝鄂咽喉"之称，是集革命老区、民族地区、边远山区和国家扶贫开发重点区于一体的接合地带。

2017年10月19日，我们到达位于黔江区城西街道新华大道中段948号的黔江区商务局，找到了对美食颇有研究的刘昌勇科长。

据刘昌勇的介绍，青菜牛肉本就和黔江鸡杂是堂兄弟的关系，不过前者是"大家闺秀"，后者是"江湖浪子"罢了。青菜牛肉是紧跟着黔江鸡杂创造出来的。两者在做法和吃法上都很简单，因此我们只要去了当地任意一家正宗的鸡杂店就会发现店内必有青菜牛肉。黔江地区较大的正宗鸡杂店有五家，分别为长明鸡杂、天龙鸡杂、国庆鸡杂、阿蓬记和苏锅锅鸡杂。而这几家鸡杂店在配料的选择、制作的工艺和吃法上相差不大，因此它们在一定程度上维护了黔江鸡杂和青菜牛肉的行业标准。

---

① 《黔江的餐饮名片——国庆鸡杂》，2017年11月9日，https：// www. sohu. com/a/203453678_178928。

当我们问及青菜牛肉的创始原因时，刘昌勇告诉我们，一方面，由于黔江深处武陵山区，山上草长得很茂密，适合放牛，以前的老百姓会养大量的高山小黄牛来售卖。但当时人们吃牛肉的方式是直接爆炒，有很大的膻味；另一方面，黔江地区的青菜是一种很高、很大的青菜，不仅有一种刺鼻的味道，而且氰化物含量高，容易使人中毒，所以它无法直接炒着吃，只能腌制或者做成榨菜。一次偶然的机会，两者结合后青菜的味道和牛肉的膻味中和，黔江美食——青菜牛肉就此诞生。但这时的青菜牛肉只是一道装盘菜，和现在食用青菜牛肉的方式不同，现在的青菜牛肉和黔江鸡杂一样是煨锅的形式。但对于是谁发明了青菜牛肉的煨锅形式，刘科长表示没有深入的研究。

刘昌勇还告诉我们，青菜牛肉制作简单，但如果要吃正宗的青菜牛肉必须到黔江。因为虽说青菜牛肉的主料就是青菜和牛肉，但又都有讲究。牛肉需要是黔江地区的高山小黄牛，而青菜必须是黔江当地的土青菜。炒制青菜牛肉的油，必须是当地农民自己种的油菜所榨出来的油，这样炒制出来的青菜牛肉必是其他地方的青菜牛肉所无法比拟的。

（二）餐饮协会的调查

约下午四点我们到达黔江餐饮协会，采访了餐饮协会会长苏康。苏康告诉我们，青菜牛肉作为一道菜历史很长，而现在并没有追溯其历史。其现在的煨锅形式只是在鸡杂以煨锅的形式创始出来之后产生的，即因当时出现煨锅形式的鸡杂后，厨师便设想以同样的方式制作青菜牛肉，两者同宗同源。因此苏康将青菜牛肉的创始者追溯到黔江鸡杂煨锅形式的创始者——当地厨师李长明，并打电话向李长明的妻子陈秋平求证。两道菜都出现之后，二者便作为 AB 菜时常出现在一个锅里，但绝对是以鸡杂为主，青菜牛肉为辅。因此不管青菜牛肉发展如何，都一定要把店名写成"某某鸡杂店"。同时，苏康还告诉我们，国庆鸡杂店是做青菜牛肉最好的一家店，基本上每天都是满座，但青菜牛肉至今还未注册商标。

苏康说"李长明是青菜牛肉的煨锅形式的创始人"，但并没有足够的说服力，因为他并未向我们提供李长明创制时除了李长明的遗孀陈秋平以外的见证人，也没有提供其他的资料。而根据我们调查之前的资料记载，对于青菜牛肉的创始人这一问题，更多的人认为是国庆鸡杂店的郑国庆。完全相悖的两种说法，让我们觉得迷雾重重。

（三）长明鸡杂店的调查

2017 年 10 月 20 日早上，我们来到位于重庆市黔江区南海鑫城 969 号的长明鸡杂店。我们见到了李长明的妻子，就是现在长明鸡杂店的老板陈秋平女士。她告诉我们，李长明在改革开放前一直是在国营食堂做事，后来夫妇二人最先在黔江区从事餐饮行业，起初是卖包子和面条。后来，李长明创造出了煨锅形式的黔江鸡杂，并由此创制出了青菜牛肉。但在问到有什么见证人时，陈秋平则并未说明。

最初，青菜牛肉与黔江鸡杂一样也只是作为寻常菜炒来吃的，牛肉搭配蔬菜炒制而形成的菜品有很多，也极为常见，但与青菜同炒，是黔江地区的特色。在当地，我们所看到的这种青菜和其他地区的青菜不同。它的菜秆细长如同箭一般，因此有人称它为箭杆青菜，它虽味道微苦但又清香。

青菜牛肉制作过程简单：最初的盘菜，先是将牛肉洗净、切丝然后放上芡粉，并将牛肉炒成七分熟后沥出备用。青菜洗净后连梗带叶横切成段状，再在锅内倒纯菜籽油并下干辣椒、姜、蒜等炝香，最后放入备用的牛肉与青菜同炒，

当地青菜

放入调料，炒熟后即可出锅装盘。

　　煨锅形式的青菜牛肉被创制出来之后，盘菜便走入了各家餐馆。其制作方式为：将牛肉洗净、切丝后放上茨粉和料酒拌匀并炒成七分熟后沥出和切成段状的青菜一同备用。锅内倒入菜籽油，油热后放入蒜和干辣椒炝香，将青菜梗入锅炒制七八分熟后放入备用的牛肉和青菜叶，并加入味精、花椒粉、胡椒粉快速翻炒均匀盛入小锅中，上桌后继续加热食用。

　　青菜牛肉与黔江鸡杂相比，其色泽更朴素，味道更清淡。青菜与牛肉搭配在一起，营养价值更高，适应人群也更加广泛。青菜牛肉在主配料上一直都未改变，调料也是平常的胡椒、花椒、味精、盐、料酒等。

（四）国庆鸡杂店的调查

国庆鸡杂店宁兴平

　　2017 年 10 月 26 日，我们来到位于黔江区丹兴路创业街（原背街）的国庆鸡杂店，随后向郑国庆的遗孀宁兴平表明了我们的来意。据宁兴平口述，长明鸡杂店在做了十几天的鸡杂之后，郑国庆夫妇二人也开始经营鸡杂和青菜牛肉。青菜牛肉就是郑国庆在看到李长明创制鸡杂之后，灵机一动，把原来同是盘菜的青菜牛肉以煨锅形式创制了出来。但她也无法提供相关的见证人。那么"郑国庆是青菜牛肉的煨锅形式的创始人"这一说法也值得怀疑。

为了求证，我们再次去了长明鸡杂店询问陈秋平。她告诉我们：他们家和郑国庆两家关系一直很好，李长明和郑国庆两人在工作时经常是郑国庆切菜，李长明炒菜，是两人一起做出了煨锅形式的青菜牛肉。两家也是黔江地区最早卖鸡杂和青菜牛肉的店。如今，国庆鸡杂店的青菜牛肉卖得比较好。

三、黔江青菜牛肉历史调查后的初步认识

（一）盘菜青菜牛肉

"青菜牛肉"这一名称是在前人将青菜和牛肉两者结合在一起的那一刻就出现并一直沿用至今的。盘菜青菜牛肉在老黔江人的记忆中，似乎是祖祖辈辈就存在了的。对于"青菜和牛肉如何结合在一起"这一问题，我们并未找到文献记载。因此对于盘菜青菜牛肉最初出现的时间、创始人、创始地等问题因为时间久远、无文字记载而无法得知。

（二）煨锅形式的青菜牛肉

1. 创始人问题

关于青菜牛肉的煨锅形式的创始人问题，从我们调查来看，有三种说法：一是认为国庆鸡杂才是最原创的一家店，最初是厨师郑国庆因为看见李长明创造出鸡杂的煨锅形式后深受启发而创作出来的。这种说法的认同者较多。二是认为长明鸡杂店为原创店，是厨师李长明创作出来的。当地在此之前本就有青菜炒牛肉的盘菜做法，李长明在做出鸡杂后相继把盘菜的青菜炒牛肉改造成了现在的青菜牛肉。三是认为青菜牛肉是由李长明和郑国庆两个人一起创制出来的，两人曾在一起工作，由此共同做出了青菜牛肉。这些说法都无法提供更进一步的资料。因此，我们只能说，李长明和郑国庆都是青菜牛肉发展过程中至关重要的人。

2. 创始时间

我们可以确定的是青菜牛肉以煨锅形式出现是在 20 世纪 90 年代。黔江鸡

杂的煨锅形式出现后，厨师深受启发，才产生了今天广受好评的煨锅形式的青菜牛肉。

3. 传承及流变

煨锅形式的青菜牛肉被创制出来之后，在当地广为流传。黔江地区较大的正宗老鸡杂店有五家，分别为长明鸡杂、天龙鸡杂、国庆鸡杂、阿蓬记和苏锅锅鸡杂。正如刘昌勇所说的那样，"这些店都维持了青菜牛肉这一产品的水准"。但根据我们的调查和采访，青菜牛肉销售量最大的店当属国庆鸡杂店，据老板娘宁兴平介绍说，现在他们总共有两家店，一天要卖将近二百斤牛肉，平时也只能限量销售。

在经营青菜牛肉的几家正宗的老鸡杂店里，主要经营的都是鸡杂，并且都是以"某某鸡杂店"命名，有青菜牛肉的地方就无法摆脱黔江鸡杂。由此可见，青菜牛肉如今仍旧是黔江鸡杂的附属品。但在这样的情况下，对青菜牛肉来说也有好处，牛肉相对于鸡杂来说成本会高几倍，在曾经是"老少边穷"的黔江地区，平常人是难以消费的，因此把两者结合售卖，更能吸引广大的消费者，青菜牛肉才会大范围地流传开来。同时，鸡杂的产业化发展也推动着青菜牛肉的产业化发展。据苏康说，青菜牛肉将会注册商标，促进饮食文化与当地旅游业的结合，推动当地的经济发展。

自贡冷吃兔历史调查报告

调 查 者：唐敏、杨宽蓉

调查时间：2017 年 10 月 25—27 日、11 月 15 日

调查地点：四川省自贡市

执 笔 人：杨宽蓉

自贡因盐设市、因盐得名，自贡菜也叫盐帮菜。自贡有自己独特的盐历史、盐文化，盐业生产是自贡盐帮菜形成的直接原因。[1] 自贡冷吃兔是盐帮菜中的家常菜代表，是自贡盐文化背景下的产物，具有地域性和独特性。冷吃兔具有高蛋白质、高赖氨酸、高消化率、高烟酸、低脂肪、低胆固醇、低热量等特点，味浓味厚，方便快捷，深受自贡人民的喜爱，是一道自贡地区极为普遍的菜肴。

一、自贡冷吃兔的相关记载与认同

（一）创始人物

关于冷吃兔的创始人物，很多关于盐帮菜的文章都有"以浓味冷吃兔闻名遐迩的刘义公"一说，其中周云的《自贡冷吃兔》[2] 较详细地记述了冷吃兔的历史起源，归纳如下：

---

[1] 吴晓东：《论自贡盐帮菜的形成与发展》，曾凡英主编：《盐文化研究论丛（第二辑）》，成都：巴蜀书社，2007 年，第 219 页。

[2] 周云：《自贡冷吃兔》，《四川烹饪》2010 年第 12 期，第 84 页。

自贡市三多寨人刘义公在灯杆坝经营酒家时创制了冷吃兔。在 20 世纪二三十年代时，冷吃兔在自贡自流井一带久负盛名，当时自流井正宗的冷吃兔只有灯杆坝刘义公的酒家，刘老板行五，是自贡三多寨"安怀堂"的"绅粮"，是自贡饮食业知名人物，其撰写的《釜溪菜录》将冷吃兔收入其中，这道菜的做法未传予他人，《釜溪菜录》在刘义公去世后也下落不明。刘义公胞弟刘君士，行六，立志恢复哥哥自创的冷吃兔，20 世纪 60 年代初便在三多寨开始尝试，在引进郫县豆瓣、小磨麻油、口蘑豆油等调料后，刘六爷做出的冷吃兔大有进步，但仍与刘义公生前做出的口味有差距。改革开放以后，刘六爷重新钻研冷吃兔，经二十余年的努力，终于让冷吃兔"老菜再现"。

从目前的资料来看，刘义公和刘君士兄弟是冷吃兔创制的关键人物。

（二）创始时间

冷吃兔的创始时间没有直接的明确记载，1926 年，时任四川善后督办的刘湘到自贡，对自贡的"浓味冷吃兔"赞不绝口。[①] 周云的《自贡冷吃兔》中也具体记述了此事，在 20 世纪二三十年代，刘义公在自贡市灯杆坝开酒馆首卖冷吃兔，颇负盛名。因此，冷吃兔的创始时间大致应在 20 世纪 20 年代，一经创制就在自贡享有很高的知名度。

（三）做法

关于自贡冷吃兔的做法，周云在《自贡冷吃兔》中介绍如下：

1. 选用五月龄、四斤半左右的肥兔，剥皮并剁去头脚，治净并斩成拇指大小的丁。

2. 炒锅置旺火上，注入 500 毫升菜油烧至七成熟时，放入汉源花椒、八角，炸出香味时捞出来不用。

3. 铲出锅内约 100 毫升热油入碗先放置一边，随即将兔肉下油锅并烹入

---

① 吴晓东：《自贡盐帮菜的特色烹饪技法及其成因探析》，《四川烹饪高等专科学校学报》2008 年第 3 期，第 11 页。

料酒，加入盐、口蘑酱油、汉源花椒和大料同炒，待兔肉炸至半干、锅中起泡时，将火力减小并放入捣烂的郫县豆瓣翻匀，随后放入干辣椒节、辣椒末、姜末、陈皮末、胡椒粉、生花椒粉、云南卤粉、醪糟汁、白糖和少许的鲜汤，开中火快速翻炒至汁水收干时，加入先前搁放一边的熟油和小磨麻油，最后撒入味精翻匀便好。[①]

而《精选川湘家常菜》中冷吃兔的做法是：

> 烧热油后放入兔肉煸炒到表皮微焦，捞出沥油；锅留底油烧热，放入八角、茴香、干辣椒、花椒、姜片、蒜片炒香，再放入兔肉，倒入酱油、料酒炒至兔肉变成棕黄色，放入糖、盐炒匀即可。[②]

上述二文中冷吃兔的用料大同小异，虽然做法略有差异，但都是经过高温炸制或炒制，要求兔肉半干或基本脱水。

从已有记载来看，冷吃兔的创始人基本认为是刘义公，其弟刘君士也做出了一定的努力，冷吃兔的创始时间大致为 20 世纪 20 年代，但具体时间并不明确，而且关于刘义公在灯杆坝的餐馆具体位置也没有明确记载，所以前往自贡展开自贡冷吃兔历史调查是十分有必要的。

二、自贡冷吃兔的历史调查过程

（一）第一次调查

1. 采访自贡餐饮美食协会会长刘明权

2017 年 10 月 25 日，我们前往自贡。自贡餐饮美食协会会长刘明权表示可以接受我们的采访，我们赶往汇北街 213 号的自贡市餐饮美食协会，在三楼办公室见到了他。

---

① 周云：《自贡冷吃兔》，《四川烹饪》2010 年第 12 期，第 84 页。
② 范海编著：《精选川湘家常菜》，北京：中国人口出版社，2014 年，第 98 页。

刘明权认为，冷吃兔起源于厨师刘义公，但是后来失传，不知其后人所在，也无资料证明刘义公发明冷吃兔。刘明权表示：冷吃兔原来叫陈皮兔、海椒兔，且在民国已很出名，冷吃兔是一道盐工菜，盐厂常年炎热，盐工从家里带新鲜饭菜易坏，而干香的冷吃兔不易坏，最近十年才流传开。冷吃兔原来做法是干炒，现在是炸收；原来做一锅冷吃兔最少要用时 45 分钟，而现在炸收做冷吃兔只需 25 分钟；现在做冷吃兔可加可不加陈皮，加了可去腥、增香、降火。刘明权简要讲述了自贡冷吃兔的普遍性，家家都会做，家庭主妇做出来就可能是人间至味。冷吃兔特色在于干香、外酥内嫩、易保存，口味是麻辣香爽脆。

2. 采访地方学者陈茂君

10 月 26 日上午，我们对陈茂君老师进行了采访。陈茂君是自贡盐商文化研究协会的副会长，曾出版《自贡盐帮菜》《自贡盐帮菜经典菜谱》。

陈茂君表示未见有刘义公此人的记载，他认为此人可能是杜撰出来的。他说与江湖对应的是庙堂，江湖的精髓在于逍遥，江湖菜的魅力在于常变常新；许多传统名菜的起源，是起于乡村主妇，然后传至乡村厨师，再被城镇厨师学习到，最后逐步改进定型。至于冷吃兔，冷吃是一种烹饪技法，"冷吃兔"这个名称很早就有。冷吃兔是在陈皮兔、海椒兔、冰糖兔等传统菜基础上的创新，主要是在改革开放之后，近 5 年才大规模流传开。自贡文化是盐场文化，盐帮菜代表的是盐工盐商的口味，冷吃兔现在有多种口味，主要是麻辣咸鲜、味浓味厚，有偏甜味的、陈皮味的，冷吃兔可根据个人口味不同而调整，不能说哪个味道是最正宗的。冷吃兔常温可放一个月，冰箱可保存两个月，因去了水分，不易坏。冷吃兔往旅游食品发展，其味道浓厚、便于携带，可以解乏消遣，适应了当代人的需求。在采访后，陈茂君把《自贡盐帮菜》和《自贡盐帮菜经典菜谱》两本书送给了我们。

《自贡盐帮菜》中有一篇《兔子何时家养》，引用自先秦至明清的材料，认为在清初兔子仍未大规模家养，自贡开始养兔的具体时间已不可考。1936 年荣县输出兔皮 4 万多张，1952 年全市收购兔皮 24 万张[①]，从这个数据中可知这段

---

① 陈茂君：《自贡盐帮菜》，成都：四川科学技术出版社，2010 年，第 126 页。

时间兔子已经大规模养殖，冷吃兔在 20 世纪二三十年代已存在且有名气的说法是可能的。

虽然刘明权和陈茂君在刘义公的说法上有分歧，但两人的说法中仍有很多内容都同我们前期搜集的相关资料是一致的。首先两人都认为冷吃兔在 20 世纪二三十年代已存在。其次两人都认为冷吃兔的发展与自贡的盐文化有关系，认为冷吃兔与陈皮兔、海椒兔相近或本为一体，冷吃兔在近年有所创新，并在近 10 年或近 5 年才大规模流传开。并且两人都强调了冷吃兔在自贡家庭的极高普及度，家庭主妇基本都会。同时我们发现，两人都表示没有哪家店是创始店，就连刘明权也不知道当年刘义公所在的饭店，至于现在出售冷吃兔的餐馆众多，也不能说出哪家的味道是最正宗的。于是我们把焦点放在了调查刘义公上。

《三多寨镇志》中的安怀堂照片

3. 三多寨

27 日下午两点四十分左右我们到达了自贡市三多寨镇三多寨村，询问了一些村民并无刘义公和冷吃兔起源的线索。于是我们前往三多寨镇政府，找到镇政府里面分管方志的一位工作人员，他为我们提供了《三多寨镇志》。《三多寨镇志》中并无关于冷吃兔起源和刘义公的记载，但刘氏安怀堂确实存在过。安怀堂是三多寨乡绅刘举臣修建的西式洋楼，刘举臣是 1839 年生人，与戊戌六君子之一的刘光第关系匪浅，其子名刘庆堂。[①] 如《自贡冷吃兔》所说，刘义公至迟在 20 世纪 60 年代已去世，且他的身份为安怀堂的绅粮，那么与刘庆堂应有关联。政府工作人员给了我们镇志编写者之一的钟幼明的联系方式。

（二）第二次前往自贡调查

后来我们通过电话联系钟幼明，他帮我们联系到了刘相生和刘旭春兄妹，他们是刘青仕的儿女，刘毅恭的侄子侄女。刘相生特意从陕西回到自贡老家接受我们的采访，我们于 2017 年 11 月 15 日下午三点在自贡四季彩茶坊进行采访。

刘相生、刘旭春兄妹简单介绍了自己的家族历史：传说刘家祖籍最初在刘邦故里——彭城，后迁于广东、四川。祖上是一名游医，曾在自贡市赵化镇开药铺，由此认识了刘光第一家，后在自贡开药铺，因其医术好、心肠好，生意也好，所以赚钱买了井灶由此发家。刘家在清末已是十分富有的盐商，开井灶和盐场，其曾祖父刘举臣曾官至五品，在自贡市三多寨修建了安怀堂，曾祖母黄氏曾被封为宜人。刘庆堂是其祖父，刘举臣刘庆堂父子二人与戊戌六君子之一的刘光第相交匪浅。其父为刘青仕，被误记为"刘君士"，排行六，刘毅恭是排行五的刘青仕的哥哥，被误记为"刘义公"。

至于冷吃兔的创制历史，刘相生表示：清末时，刘家曾与罗家打过一场官司，罗家有权势，刘家举财力相抗，把盐井、土地都投入其中，结果是罗家因这场官司死了七人，刘家赢了官司却因散尽家财而衰败，安怀堂只剩空壳，家中儿女有的出嫁有的出去谋生。20 世纪二三十年代，迫于生计，刘毅恭在自贡市灯杆坝开了一家二三十平方的小酒馆，生意很好，当时刘青仕时常去酒馆帮忙。冷吃兔是刘毅恭在灯杆坝开酒馆期间研究开发出来的，刘青仕也参与了发明。当时酒馆生意好，吃饭喝酒的客人多了之后现做炒菜来不及，两人就想开

---

① 自贡市大安区三多寨人民政府编：《三多寨镇志》，第 158 页。

发一道不用现炒的菜，要其久存不坏且味道好。刘毅恭、刘青仕都爱打猎，在家里用猎到的四五斤大的野兔做试验，由此逐渐创造出冷吃兔，并衍生出冷吃鱼、冷吃牛肉、冷吃猪肉等一系列冷吃菜。冷吃兔作为一道下酒菜，深受食客喜爱。

刘相生还讲述了冷吃兔创制之后的一些事：20世纪40年代左右，刘毅恭前往重庆从事餐饮业，在重庆教了很多徒弟，在20世纪70年代末因食道癌去世。刘青仕从重庆回到三多寨从事修理钟表的工作，后在公私合营的酒店"饮食店"掌厨，也在经营店卖鲜肉。刘青仕在1975年搬到自贡市自流井区居住，1981年7月11日于昆明因脑溢血去世。由于20世纪50年代土改期间刘家安怀堂被抄，很遗憾一些文献资料都没有保留下来。

至于冷吃兔的做法，刘氏兄妹表示：冷吃兔的调料有姜、蒜、葱、海椒、糖、醋、花椒、大料、八角，现在又加入了芝麻等调料。冷吃兔做法比较简单，切兔肉为大小相同的肉丁，快速焯水去血、码制，烧热清油后下花

左起：刘旭春、刘相生、钟幼明

椒、姜等调料，再放入兔丁，这时须得掌握好火候，使得兔肉不焦不干，再放豆油等调味，做出的冷吃兔味浓、口感润。冷吃兔在冬天能存放一周，春秋三至五天，夏天则只能放三天以内，放久之后可再回锅再炒一次，具有食用方便、易保存的特点。

刘相生兄妹对我们的调查起了十分重要的作用。他们的讲述与《三多寨镇志》中关于刘举臣传的记载基本一致，也得到钟幼明的认同。他们证实了刘毅恭的存在，提供了冷吃兔的创始人、起源历史、开店地址和时间等重要信息。这些信息不仅印证了我们之前调查到的部分信息和设想，更弥补了我们调查资

料的空缺，还纠正了一些我们之前获得的错误信息。

三、自贡冷吃兔历史调查后的初步的认识

（一）冷吃兔的创制

综合资料信息和调查信息，巴蜀地区很早就有定制陈皮兔、海椒兔的习惯，成为冷吃兔形成的基础，但冷吃兔是 20 世纪 20 年代刘毅恭在自贡灯杆坝开酒馆时在刘青仕的帮助下发明的菜肴。因刘毅恭始终从事餐饮行业，所以很多文章资料中都有一句"以浓味冷吃兔闻名遐迩的刘义公"，刘青仕则因转行而未得闻名。由于时代的久远和局限，刘毅恭和刘青仕的名字被误传，记载和报道也甚少。在冷吃兔创制后，因其味浓味厚、便于保存而深受自贡人民喜爱，又因其易于制作的技法受到广泛传播。在近 10 年冷吃兔顺应时代的发展大规模传播到全国各地，甚至传播到国外。

（二）冷吃兔的流传

根据刘明权和陈茂君的说法，冷吃兔初期的传播离不开盐场的盐工。盐场是常年高温的，盐工的饭食需要易储存耐高温，冷吃兔是经过高温多油炒制过的，已经脱去大部分水分，干香味不易受影响，适应了盐工的需求，加之冷吃兔的主料兔子和调料都是常见平价之物，普通盐工家庭都能负担得起，冷吃兔在盐工中广受欢迎。盐工把冷吃兔带入了自贡千千万万个家庭之中，使之成为一道几乎家家会做的盐帮菜。

（三）冷吃兔的发展

近 10 年冷吃兔在全国范围内大规模传播出去，得益于食物密封技术的进步、现代交通的发展、快递业的发展、电商的兴起和各方机构和人员的推动。冷吃兔适应了时代的发展，除了作为一道餐桌上的冷菜，冷吃兔还是消遣解乏的零食，其干香的口味适应了现代人对零食的要求。此外冷吃兔的推广还离不开自贡政府和自贡餐饮美食协会等民间机构为了发展经济、文化等目的而做出

的努力。

目前冷吃兔深受自贡人民的喜爱，也在自贡地区形成了相当大规模的产业链，从皮毛到兔肉各个部分的分别出售，从养殖到电子商务，从堂食到礼盒，冷吃兔成为带动自贡经济的重要因素。

自贡鲜锅兔历史调查报告

调 查 者：唐敏、杨宽蓉

调查时间：2017 年 10 月 25—28 日

调查地点：四川自贡市自流井区汇东路、大安区鸿鹤
　　　　　坝、富顺小南门

执 笔 人：唐敏

　　自贡自古便是重要的井盐产地，盐业贸易使得古代自贡经济高度发达，盐不仅作为调料影响着盐帮菜，更作为一种重要的文化因素深深地烙印在自贡区域文化之中。盐帮菜以精致、奢华、麻辣、鲜香为特色，川菜中的水煮、火爆、干煸、冷吃等烹调方法都源于自贡，有"吃在四川，味在自贡"之说。自贡人爱吃兔远近闻名，甚至将兔肉吃出了多种花样，冷吃兔、水煮兔、生焖兔、鲜锅兔等菜品是自贡的代表兔肴。其中，鲜锅兔便以"鲜、香、嫩、滑、辣"的特点闻名，鲜锅兔餐馆近年更是遍布自贡市区的大街小巷。

一、自贡鲜锅兔的相关记载与认同

目前有关鲜锅兔的记载，大部分资料[①]都只是简要介绍鲜锅兔的原料及做法，内容基本无异。有关鲜锅兔的起源，目前有两种说法。第一种说法是鲜锅兔始于自贡鸿鹤坝：

> 刚一到自贡，熟悉当地餐饮情况的廖泽军先生就带我们去了一条僻静而破败的小巷，那里有家名叫"食神"的小餐馆——实际上就是一露天的摊档。厨房设在巷道口，餐桌就散摆在两边，然而，我们却在这里见到了自贡人吃兔的惊人场面。与我们在资中好吃兔餐馆看到的一样，这里的兔子也是现点现杀，于是我们再次目睹了整个加工的过程：宰杀剐皮、斩块腌码、入锅烹炒，大瓢的油、大把的干辣椒、大勺的鸡精和味精，做法极其江湖。仅几分钟时间，活蹦乱跳的兔子就变成了盘中美味。
>
> ……
>
> 廖先生给我们介绍说，自贡人向来喜欢吃兔，所以餐馆里的兔肴也是花样百出，比如前些年流行吃的生焖兔、手撕兔、冷吃兔等，而现在是鲜锅兔流行。这鲜锅兔的做法最早出自大安区的鸿鹤镇，鸿鹤有一家全国知名的化工厂，最早发明鲜锅兔做法的并非专业厨师，而是化工厂里的工人。[②]

上文指出鲜锅兔是由大安区鸿鹤化工厂的工人发明的，自贡很多餐馆名称加上"鸿鹤"二字以表正宗，借此招徕顾客。很遗憾的是，文章没有提及"食神"餐馆的具体地址。

---

① 邓勇：《自贡双吃兔》，《四川烹饪》2011年第5期，第55页；谢华林、姚俊、寇君：《妙用仔姜米椒油烹菜》，《四川烹饪》2011年第7期，第26—27页；陈志田主编：《厨房攻略·今日小炒》，长沙：湖南美术出版社，2012年，第234页；陈志田主编：《小炒王》，长沙：湖南美术出版社，2012年，第288页；周华主编：《好吃易做家常小炒》，北京：中国华侨出版社，2013年，第223页；王然主编：《经典家常小炒》，北京：中国华侨出版社，2013年，第236页；张恕玉编著：《麻辣川香》，青岛：青岛出版社，2014年，第197页；美食生活工作室编：《辣过瘾——新派川菜》，青岛：青岛出版社，2014年，第126页。
② 王诗武：《踏着兔子的踪迹寻味》，《四川烹饪》2009年第9期，第52页。

此外，还有曾繁莹的《自贡鲜锅兔巴适得很》① 也有此说：

> 而要说将这锅鲜锅兔做得最正宗的，便是位于自贡鸿鹤坝著名的"苍蝇馆子"——鸿鹤鲜锅兔……其创始人在研制以兔肉为主的鲜锅菜系的过程中配以自贡特有的桑海井盐、当地特产小米辣、仔姜等辅料，其味鲜香可口、回味悠长，更有祛湿美容、延年益寿、健脑益智及减肥降脂之功效。店内的兔子全都是农民自家养殖，而且施行现点现杀的方针，保证食物的新鲜。

第二种说法是鲜锅兔起自自贡富顺小南门。该说法源自 2016 年王孝谦《自贡鲜锅兔》② 一文：

> 富州城马门口街南口与围城马路交叉处，就是古城墙的小南门，陈八和王九是一对夫妻，前两年在富顺小南门街边摆了个小摊专卖卤兔，一天只有八只兔，卖完就收摊。
>
> 一天，陈八饿极归家，王九不在，只好自己动手做饭。迅速抓兔剥皮、宰杀切丁，油锅刚热便放入一把干辣椒，将兔丁、调料放进锅内翻炒几下，加少许开水煮沸，然后入碗上桌，舀了剩饭就大吃起来。他儿子惊讶地发现整个过程不到八分钟，陈八晚上又特意操作了一回，果真七八分钟就完成了，且兔肉熟透又肉质鲜嫩。于是与王九议定，就近租了围城路与沱江之间的一间平房铺面开起了饭店，饭店没有名字，在门前路边竖了块牌子——"8分钟嫩兔"，来往路人很远便可望见。陈八掌厨，王九掌柜，专卖嫩兔，并承诺8分钟不上桌就免费。一试果然快嫩且味道独特，于是门庭若市，四张小方桌顿顿爆满，排队吃饭的人在门前长凳上坐了一溜儿又一溜儿。
>
> 一日，自贡鸿鹤化工厂一名周姓销售经理慕名前来尝鲜，亲自点杀活兔，对着手表看完陈八红烧活兔全过程，7分10秒就吃到了鲜美无比的嫩兔，赞不绝口。周经理时常光顾，还经常带鸿鹤化工厂的领导、员工以及外地客户前来

---

① 曾繁莹：《自贡鲜锅兔巴适得很》，《广州日报》2011 年 8 月 20 日，第 C4 版。
② 王孝谦：《自贡鲜锅兔》，《南方农村报》2016 年 6 月 18 日，第 13 版。

照顾生意。于是一来二去和陈八、王九成了熟人，他提出建议，想让在鸿鹤伙食团当厨师的老婆跟陈八当徒弟，以后好在家里做嫩兔吃，陈八欣然答应。此后陈八又在富州一中大门右侧开了陈八嫩兔分店，仍没有招牌。

周经理老婆学成之后干脆辞了工作，在鸿鹤职工居住区开起了小酒家，取名"鸿鹤鲜锅兔"。在陈八嫩兔基础上加大了嫩姜分量，还加入了鲜花椒、泡辣椒、干辣椒、红绿鲜辣椒交叉使用，色味俱佳，一时成为鸿鹤民间伙食团。渐渐地外地客人也慕名而来，小店容纳不下，又没精力开分店，周经理老婆便采用加盟方式吸纳社会力量办连锁店。

后来陈八、王九相继染上赌博和吸毒的恶习，风靡一时的陈八嫩兔两家店都关门了，而鸿鹤鲜锅兔却坚守在大街小巷红火如常。

鸿鹤鲜锅兔源于富顺小南门陈八嫩兔的故事看似很完整，提到了鲜锅兔的起源背景及相关人物，但上述文章叙事具体时间不明，真实性有待商榷。

此外，曹实秋《自贡鲜锅兔让你欲罢不能》一文谈到鲜锅兔在自贡市区的发展及传播：

鲜锅兔，源于自贡最具特色的菜品之一。其特点是"鲜、香、嫩、滑、辣"，肉质饱满，汁水丰富，入口爽滑，细嫩化渣，作为自贡盐帮饮食文化的代表，味美鲜香至极！……2005年，鲜锅兔以其"鲜、香、嫩、滑、辣"的鲜明特色杀入市场，力压曾经流行的璧山兔、手撕兔等兔肉做法，将自贡人爱吃兔、好辣的要求完美结合，经过近10年的发展，从汇兴路到汇东路东段，从学苑街到大缺口，可谓遍地开花，成为目前自贡餐饮市场经营兔肉特色菜品门店最多、范围最广的一种美食。仅在汇东路东段不足两百米的范围内，就有四五家专门经营鲜锅兔的门店，每到晚餐高峰时段，家家爆满。自贡鲜锅兔，享有"鲜锅兔，美容肉，只长漂亮不长肉"之美誉。[①]

综上，鲜锅兔起源有两说：一说始于自贡鸿鹤坝，这是大家基本认同的说

---

① 曹实秋：《自贡鲜锅兔让你欲罢不能》，《华西城市读本川南新闻》2014年8月26日，第d05版。

法；一说起自富顺小南门。孰是孰非，尚需我们的调查证实其可靠性。另外，有关鲜锅兔的创始人、创始时间及具体地点等内容，目前并没有明确记载，这也是我们此次调查的主要任务。

二、自贡鲜锅兔的历史调查过程

10月25日，我们到达自贡市自流井区。自贡市商务局和地方志办公室向我们推荐了自贡餐饮美食协会会长刘明权和自贡盐商文化研究协会副秘书长陈茂君。

（一）采访自贡餐饮、文化组织主要负责人

1. 采访自贡餐饮美食协会会长刘明权

25日下午5点左右，我们前往自贡市自流井区龙汇北街的盐帮味道餐饮管理有限公司，与刘明权进行了访谈。

刘明权介绍：自贡目前是全世界最大的兔子养殖基地，是全世界最大的兔子贸易地区，也是世界范围内兔肉加工和消费最多的地区，自贡人爱吃兔毋庸置疑。自贡属于浅丘地带，竹子和水草丰茂，兔子是草食动物，过去家家都在前后院用篱笆将兔子围在竹林里放养，自贡本地成兔一般约三斤，称为竹林仔兔，区别于北方重达6—8斤的长毛兔、大众兔，3斤左右的仔兔肉质鲜嫩，超过3斤的兔子肉质就会偏老，只能作为种兔进行繁衍。兔肉含有不饱和脂肪酸，对人体有益，尤其对女性来说，有美白、嫩肤、富含营养、脂肪含量低等优点，"自贡出美女"与饮食习惯有很大关系。

刘明权也提到：自贡菜发明了仔姜鲜椒味型，以前主要是突出"辣"的特点，现在加入仔姜便突出"鲜"的口感。仔姜是改革开放以后大量进行种植的，岷江流域犍为地区的竹根姜，一般长得像竹节那样长，并且很嫩，一簇竹根姜有十几斤重。自贡厨师善于将仔姜与当地的鲜椒结合起来，同时兼顾麻辣，因此，自贡菜以麻、辣、鲜、香著称。

刘明权谈道：鲜锅兔的兴起，大约是最近10年的时间。以前一般都是生焖

兔，后来加入大量的仔姜和鲜椒进行创新，鲜锅兔才逐渐兴起流传开来，自贡鲜锅兔开店较早的餐馆，基本都已经关门。目前自贡许多鲜锅兔餐馆打的招牌是兔子现点现杀，其实都是提前杀掉，然后按大、小份称重，大份两斤，小份一斤，在盆里码好味待用，顾客点餐之后，直接将码好味的兔肉入锅炒制，几分钟就能出锅装盘。鲜锅兔主要突出"鲜""辣""爽""滑"四个特点，"鲜""辣"主要由仔姜和鲜青椒来调味，"爽""滑"主要是因为在码味的过程中会加入少量水淀粉，过油锅之后兔肉吃起来比较嫩，不会很柴，一般的兔瘦肉做出来都比较柴，加入淀粉之后会提升兔肉嫩滑的口感。

刘明权最后介绍道：自流井区汇东路东段（汇东酒店右侧街道）有四五家经营兔肉的餐馆，冷吃兔、鲜锅兔是这些店铺的招牌特色。自贡人将兔肉的吃法玩出了多种花样：有兔全席；有将兔肉剁碎做成兔肉膏；有将兔子的骨头裹淀粉入油锅炸成酥兔排；兔子肚腩部分的肉质比较绵，不化渣，一般两种吃法，一是入油锅炸成酥肉之后煮汤，二是切成兔丁拌起来吃。

2. 采访自贡盐商文化研究会副秘书长陈茂君

26 日上午，我们前往自贡市客运总站旁边通达街福馨苑茶楼，对陈茂君进行了访谈。陈茂君送了我们两本自己编写的书——《自贡盐帮菜》《自贡盐帮菜经典菜谱》。

其中《自贡盐帮菜经典菜谱》记载了鲜锅兔起源及流传的相关信息：

> 自贡鲜锅兔是 21 世纪初自贡盐帮菜的创新菜，至今流行。大约 2004 年，地处自贡鸿鹤坝（这儿有家大型化工厂）大安区和平乡政府伙食团尝试着创制了鲜锅兔，突出鲜椒、仔姜、鲜花椒的鲜香，受到食客欢迎。后来伙食团旁边开了一家小馆子，专营鲜锅兔，招牌为"仔姜鲜锅兔"。市区许多食客自驾、打的前往品尝，生意火爆。不久，自贡市区专营鲜锅兔的小馆子就遍地开花，从新城区汇东路东段到老城区同兴路，从广华、杨家冲到马吃水、自流井老街，但家家生意火爆。后来，鲜锅兔小馆子开到了泸州、宜宾、成都、重庆，甚至北京也有了。
>
> 为标榜正宗，自贡市区内就打出"鸿鹤坝仔姜鲜锅兔"招牌，市外就打出

"自贡鲜锅兔"招牌。①

2004 年，陈茂君听说鸿鹤坝鲜锅兔这道菜比较好吃，慕名驱车三十多公里前往鸿鹤坝一尝鲜锅兔的美味。据陈茂君介绍：生焖兔是川菜中的传统菜，鲜锅兔是在以前生焖兔的基础上加入大量的仔姜和鲜椒，形成了鲜辣口味。最早的鲜锅兔餐馆就是那个伙食团厨师开的，后来由于鸿鹤坝化工厂倒闭，那个餐馆也关门了。鲜锅兔这道菜创制出来以后，由于做法比较简单，原材料也很容易获取，逐渐传播到自贡市区，许多餐馆也开始卖起鲜锅兔了。

陈茂君还介绍道，目前自贡自流井区汇东路东段（汇东酒店右侧街道）连续有四五家卖鲜锅兔的餐馆，其中"壹窝兔·兔好吃"的鲜锅兔口味比较好，由于厨房管理标准化，做出的鲜锅兔口味比较稳定。

陈茂君根据当时去鸿鹤坝的经历回忆写成《自贡盐帮菜经典菜谱》，尽管没有留下照片、视频或录音一类的图像资料，也没有鸿鹤鲜锅兔创始人相关信息的记载，但是初步证明了鲜锅兔起源于鸿鹤坝的说法，指出了鲜锅兔的创始地点在大安区和平乡政府伙食团。

（二）实地调查走访

1. 自贡富顺小南门

此前搜集资料时，王孝谦《自贡鲜锅兔》极具戏剧性地报道鲜锅兔起源于富顺小南门陈八嫩兔，根据报道的地址，25 日晚上我们前往富顺县城小南门，询问当地人了解到：小南门附近并没有卖鲜锅兔的餐馆，只有一个卖了二十几年的钟八卤兔摊子，每天只卖 30 只卤兔，由于味道好每天很快就能卖完，夫妻二人傍晚出来摆摊，卖完就收摊。这里钟八卤兔是不是上面提到的陈八嫩兔呢？

调查表明，报道的地址确切存在，但是现在附近并没有卖嫩兔的餐馆，卤兔摊子更是二十九年如一日地卖卤兔，并没有卖过鲜锅兔。而本次调查者之一的杨宽蓉作为在富顺县城小南门附近长大的人，也表示小南门附近的卤兔摊子

---

① 陈茂君、陈礼德：《自贡盐帮菜经典菜谱》，成都：四川科学技术出版社，2008 年，第 140 页。

自她小时候就有，一直只卖卤兔。所以，鸿鹤化工厂鲜锅兔源于富顺小南门陈八嫩兔之说，还有待进一步考证。

2. 自贡自流井区鸿鹤坝

由于王诗武《踏着兔子的踪迹寻味》一文曾报道鲜锅兔最早是由鸿鹤坝化工厂的工人发明，再加上陈茂君提到鲜锅兔起源于大安区和平乡政府伙食团，鉴于这两个地点相距较近，于是 26 日下午我们乘车前往鸿鹤坝一探究竟。

原鸿鹤化工厂已改名为昊华鸿鹤

我们先去到鸿鹤化工厂，但是该厂现在已经停产倒闭，紧接着我们在鸿鹤体育馆附近询问了多个当地老人，有很多曾是化工厂的老员工，大家说法不一。有人提到：鸿鹤化工厂原来的招待所有鲜锅兔这道菜，主要用于招待前来洽谈业务的客户。于是我们前往自贡仁康老年护养院（原鸿鹤化工厂招待所）询问后了解到，以前招待所的厨师已经都搬出去了。鲜锅兔的老店是开在鸿鹤坝体育馆旁边的平房，老板最开始租来开店，在鸿鹤坝经营了几年后，搬至汇东丹桂街开店。也有人提到：十五六年前，在鸿鹤酒家附近的餐馆（我们后来只在和平乡政府后面看到鸿源酒家）出现了鲜锅兔，以前的鲜锅兔餐馆是老板与亲戚合伙经营，在鸿鹤坝开了七八年后，搬到东兴寺大桥附近，现在已经倒闭。这两条信息表明鲜锅兔最早的餐馆就出现在鸿鹤坝，但关于创始人以及具体餐馆地址的信息尚不明确。

陈茂君《自贡盐帮菜经典菜谱》一书写到自贡鲜锅兔起源于和平乡政府食堂，因此我们最后去往和平乡政府询问后得知，食堂并不做鲜锅兔这道菜。询问过多个当地人，他们没有提到鲜锅兔最先出现在乡政府食堂，因此和平乡政府食堂是鲜锅兔起源地的说法也不成立。

27 日上午，我们再次前往鸿鹤坝，终于问到了关于鲜锅兔起源的一些信息。据杨排骨餐馆老板介绍：鸿鹤鲜锅兔的创始人是杨胖娃，原名杨文杰，原是鸿鹤化工厂的工人，平时爱好做菜，在他四十多岁的时候创制出了鲜锅兔，便在化工厂停薪留职，2003年左右在鸿鹤坝租了一个小平房开起了餐馆，就在和平乡政府背后，最开始没有店名，后来才打出"鸿鹤鲜锅兔"的招牌。当时餐馆生意很好，化工厂工人常去吃夜宵，十二三年前每天营业额至少两千。杨排骨老板曾经去餐馆吃过鲜锅兔，味道鲜香辣滑，就是加入了仔姜和红辣椒提香增色，上菜不到20分钟，很多自贡市区的人慕名前来一尝鲜锅兔的美味。他还提到：餐馆开起来以后，杨文杰的家人（母亲、兄弟、妹妹）也都在餐馆帮忙，杨文杰的眼睛由于长期被油烟熏灼，后来视网膜被刺穿而导致失明，他的兄弟因此一直在餐馆掌厨。另外，他兄弟做的冷吃兔、冷吃牛肉、麻辣兔头、麻辣兔腿等菜也很受欢迎。

他最后谈道：在鸿鹤坝开店七八年之后，杨文杰便将餐馆搬到了东兴寺桥头（九道门口），具体位置当地人不甚清楚，老店没有再营业。新店经营了几年，由于经营不善，缺乏管理经验，约在2014年倒闭。前两年杨文杰因病去世，他的妹妹和母亲也搬去了市区的新房，但附近邻居不知道新房的具体位置。据说他的妹妹还在贡井开店，但具体位置不甚清楚，也没有联系方式。他的兄弟听说现在在外帮人做菜，不再回鸿鹤坝。

3. 自贡自流井区汇东路东段壹窝兔·兔好吃、鸿鹤鲜锅兔餐馆

由于创始人杨文杰的餐馆已经倒闭，27日晚上，我们决定前往陈茂君推荐的"壹窝兔·兔好吃"餐馆。

我们采访了兔好吃的老板

自贡市汇东路东段壹窝兔·兔好吃

曾丹静。她表示：兔好吃餐馆以前是她的表哥高勇在管理，高勇从 17 岁开始做兔肉生意，现在已经五十多岁了。大约在她上初中的时候，最初的餐馆就开在鸿鹤坝，后来汇东发展起来，约于 10 年前买下现在的店面经营鲜锅兔餐馆。

另外，她也提到：壹窝兔的鲜锅兔美味在于保证调料质量，并且不断创新。每年从农民那儿收购菜籽自行榨油，由徐厨师全面负责，此外也用金龙鱼大豆色拉油，保证用油质量；味精、鸡精等调料也一直有品牌保障，辣椒也是从产地、品种等方面严格要求。

最后，她谈道：兔好吃餐馆每年有 4 个月是淡季，10 月就是淡季，店里只有几桌顾客。平时中午的生意好于晚上，因为外地游客一般都是路过，中午奔着名气来壹窝兔餐馆吃兔肉，餐馆由于味道好，回头客比较多。

三、自贡鲜锅兔历史调查后的初步认识

通过以上调查我们可以肯定，自贡鲜锅兔可考证的最早发明者应是杨文杰，同时鸿鹤鲜锅兔源于富顺小南门的说法还有待进一步考证。2003 年左右，原是鸿鹤化工厂工人的杨文杰，在生焖兔的基础上加入仔姜、鲜青椒提味增鲜，创制出了鲜锅兔这道美味。于是便在大安区和平乡政府背后租了一个小平房，开起了最早的鲜锅兔餐馆，刚开店的时候餐馆还没有取名，后来才打出"鸿鹤鲜锅兔"的招牌。

由于创造性地加入了仔姜和鲜椒，使兔肉增加了鲜辣的口感，鲜锅兔也以"鲜""辣""嫩""滑""香"的特点而闻名，吸引了自贡市区大批的食客前来品尝，餐馆生意异常火爆。杨文杰在前两年因病去世，由于杨文杰的家人都已经搬出鸿鹤坝在外定居，我们无法再取得更详细的信息。

经过十余年的发展，鲜锅兔早已在自贡市区遍地开花，很多餐馆都打出"鸿鹤鲜锅兔"的招牌标榜正宗招徕顾客。不仅如此，鲜锅兔早已迈出自贡走向全国，目前国内许多大城市都能看到打着"自贡鲜锅兔""鸿鹤鲜锅兔"招牌的餐馆，鲜锅兔独具鲜辣嫩滑的口感，满足了现代都市人追求的饮食需要，广受欢迎。

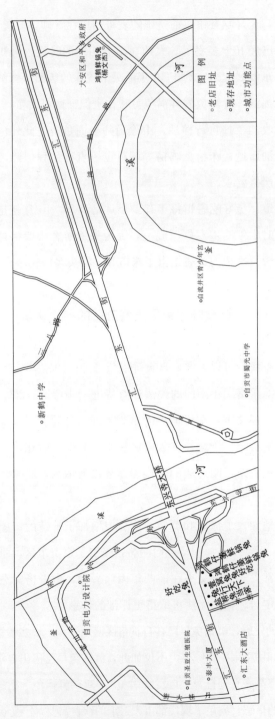

自贡鲜锅兔主要店铺分布图

双流老妈兔头历史调查报告

调 查 者：杨彬、陈俊宇、屈苗苗、姚建飞

调查时间：2017 年 10 月 28 日

调查地点：四川省成都市双流区

执 笔 人：杨彬

　　双流的老妈兔头，是一道四川省特色小吃，是成都文化的一种标志。如今的双流老妈兔头，经过二十多年的稳步发展，已经成为成都乃至全国餐饮界知名的特色美食。以精选的原料，独特的配方，再以陈年卤汤数小时细火慢炖出来的兔头，麻辣鲜香、肉质细腻，让众多喜爱美食的人们不远千里奔赴成都品尝。

一、双流老妈兔头的相关记载与认同

（一）关于双流老妈兔头起源的记载

　　《双流兔头味在江湖》一文称，正宗双流老妈兔头起源于 20 年前一位慈祥的妈妈，她在双流县城开的一间麻辣烫小吃店，她儿子从小爱吃兔头，便在麻辣烫的锅里煮给儿子吃。据说在当时的麻辣烫小店门口大啃兔头的儿子成了活招牌，吸引了登门的客人。于是妈妈将小店扩大，这家小店开始专卖兔头。兔头口感麻辣鲜香，十分合乎四川人胃口，慕名而来的客人越来越多，于是这卖兔头的妈妈也出了名。因为大家都亲切而尊敬地称她老妈，店名干脆就叫"双

流老妈兔头"。双流老妈兔头不仅仅被成都人所追捧，更是与龙抄手、钟水饺、担担面、赖汤圆等美食一起被列入成都名小吃，受到全国各地到成都游玩的游客的追捧。

另据《成都日报》报道，在 20 世纪 90 年代初期，史桂如在三强轧辊厂的伙食团上班，晚上便在自己家门口摆个小摊卖麻辣烫。为了拓展生意，她把从菜市场低价购入的兔头在麻辣烫的锅里煮来卖。当时的很多人都不吃兔头，兔头在菜市场卖两元钱一斤，有些甚至是被丢弃的。史桂如看着可惜，就想能不能用火锅料煮，给小孩子解解馋也好。为了煮出真正好吃的兔头，史桂如尝试了很多不同的配料方式。有一次认识了一个重庆来的炒料师傅，手艺好得很，史桂如就专门请他炒料，并向他请教学习炒料的诀窍。"别看只是煮个兔脑壳，用到的材料近 100 种，而且全部都要用好材料，孬的不得行。"史桂如说。20世纪 90 年代中后期，做生意的人慢慢多了起来，双流街上的夜生活变得更加丰富。史桂如嗅到了商机，用自己的名字在原来居住地方开了一间川菜馆子，主打麻辣兔头。[1]

（二）关于双流老妈兔头发展的记载

一篇名为《论中小品牌连锁经营——以双流老妈兔头为例》的文章称，老妈兔头的制作工艺和配方都比较简单，容易模仿，因此出现了一批仿制老妈兔头的店面。仅在成都主城区注册营业的以"老妈兔头"为名的餐饮企业就有225 家之多，还不包括很多兼营兔头的个体餐饮户。除成都主城区以外，四川的其他市、县、乡镇，甚至外省也很多打着"老妈兔头"招牌的餐馆。不仅如此，就在成都本地很多店如文殊院的老妈兔头店，被很多消费者评价颇高，甚至很多人认为比双流老妈兔头味道更好。成都有一家文化有限公司就借老妈兔头的东风，做起了系统化的老妈兔头的技术培训和加盟，抢占了大量的兔头市场。[2]

---

[1] 李自强：《"老妈"史桂如口口相传的兔头"王者"》，《成都日报》2017 年 1 月 18 日，第 08 版。
[2] 黄瑜珂：《论中小品牌连锁经营——以双流老妈兔头为例》，《经营管理者》2013 年第 8 期，第100 页。

通过查阅文献资料，关于双流老妈兔头的起源主要有两种说法，但仅通过文字资料，我们无法确定哪种资料更为准确，或者在这两种说法之外，是否存在第三种说法？双流老妈兔头的发展现状如何？这都需要我们进一步考证。

二、双流老妈兔头的历史调查过程

10 月 27 日下午，我们来到位于清泰路的老妈兔头总店，进行一个简单的调查。

老妈兔头创始人史桂如，四川省成都市双流县人，出生于 1945 年。双流老妈兔头是史桂如在 20 世纪 90 年代初期创立出来的，这是得到确定的。但是关于老妈兔头的起源有两种说法，网上流传较广的说法是来自母爱，《成都日报》的说法则是"生活压力说"。由于《成都日报》的记者称这是史桂如本人说出来的说法，加上我们对店员的调查求证，我们认为"生活压力说"更接近真实。

老妈兔头有五香、麻辣两种口味。至于什么时候开始形成现在的这种味道，除了史桂如本人应该就没多少人知道了。据值班人员谢长露说，在 2005 年左右他们在这里上班时口味就已经是两种了，并且口味与现在相差不大。我们可以推断，口味的变化至少在 2005 年就已经完成。

关于分店问题，店员说是史桂如为了保证味道的纯正，坚持不开分店。

2009 年 4 月，史桂如的儿子在北京开了家分店，因此正宗的老妈兔头只在双流和北京有两家店，虽然这两家店生意异常火爆，也有着专业的真空打包包装，可供外地客人带走，但是熟食不加防腐剂，就算是真空包装，也不能长时间保持原汁原味。

我们问道："既然正宗的老妈兔头只有两家，那么其他那么多的兔

老妈兔头总店

头店都是假的吗?"店员谢长露告诉我们说:"也不能说那些是假的,只能说那是不太正宗的老妈兔头。"

特此声明

双流老妈兔头在四川地区仅此一家,兔头仅在店内销售,淘宝网上别无网店

双流老妈兔头

老妈兔头不做网店的声明

20世纪90年代初期,史桂如把兔头烫来卖以补贴家用,过了几年后,很多人看着她家兔头生意不错,就来请教学习,所以做兔头的手艺就传了出去,于是就多了一些卖兔头的店面。到了90年代末期,做生意的人越来越多,而卖兔头的几家店生意也非常好,而且老妈兔头的制作工艺和配方都比较简单,容易模仿,因此出现了一批仿制老妈兔头的店面。因此,如今在成都市有很多家"老妈兔头"店,并且其中的几家比较出名,分别是文殊院的老妈兔头(金丝街22号)、武侯区的老妈兔头(武侯区倪家桥路12号附11号)、成华区老妈兔头(玉双路106号即庄子村对面)。其中文殊院的老妈兔头曾在2010年央视美食节目《回家吃饭》中被采访播出。

这几家老妈兔头都有一个特点,兴起于2005年左右,发展时间短且发展很快,并且生意范围并不局限于兔类,在口味和销售种类上也不太一样。传统老妈兔头分五香、麻辣两种,新兴店铺虽然也分麻辣、五香两种,但是在口味上比传统的更加香浓美味。在销售种类上,传统店铺以兔头、兔腿、鸡翅、鸡腿、鸭头、鸭舌、肥肠类,而新兴店铺则推出了家常菜、火锅、干锅类。近些年,新兴的店铺有着超越传统的态势,传统的店铺也在向新兴类靠拢,开始增加家常菜类的售卖。

三、双流老妈兔头历史调查后的初步认识

根据我们小组对双流老妈兔头的初步调查,我们对于老妈兔头有了一些初

步认识。

首先，对于起源，我们比较支持来自生活压力的说法。双流老妈兔头，起源于20世纪90年代初期，其创始人为双流人史桂如。在其创立之初，没有商号，也没有专利。店铺开设在成都市双流区清泰路85号，从开设到现在，店铺并没有迁移过，只是后来进行了多次装修。

其次，传统老妈兔头经过十多年的发展，口味分为麻辣、五香两种，口味变化时间不确定，但是应该在2005年之前。

最后，老妈兔头的制作方法较为简单，加上当时没有保密做法，较多人会制作老妈兔头，并由此产生了多家以"老妈兔头"为名的店铺。在2005年前后，兴起了多家新型的老妈兔头店铺，兔头口味比传统的更好吃，而且经营范围由最初的兔、鸡、鸭类，到增加了家常炒菜、干锅、火锅等。传统的老妈兔头市场份额略有下降，有些新兴的店铺受到的好评高于传统老妈兔头，并且传统店铺有着向新兴店铺靠拢的趋势。

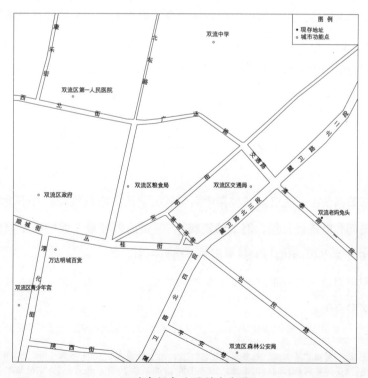

双流老妈兔头原创地地图

简阳羊肉汤历史调查报告

调查者：姚建飞、陈俊宇、杨彬、屈苗苗

调查时间：2017 年 10 月 26—27 日

调查地点：四川省简阳市

执笔人：姚建飞

简阳羊肉汤是四川省简阳市的特色美食，因当地大耳羊的优良肉质和羊肉汤制作工艺的不断创新，改革开放以来得到了较好的发展，2011 年被国家质检总局登记为中国国家地理标志产品。简阳羊肉汤汤鲜味美，香气四溢，让人赞不绝口，不少人都慕名前往品尝。

一、简阳羊肉汤的相关记载与认同

简阳羊肉汤由于在巴蜀江湖菜中名气较大、历史相对较长，有不少相关的文章、报刊和电视台报道、网上的资料①，但目前内容最全面的还是简阳市政协学习文史委 2007 年编写的《简阳羊肉汤》一书。

简阳羊肉汤味道好很大程度上是因为当地大耳羊的肉质好，而大耳羊据说又和宋美龄有关：

---

① 如陈太勇：《简阳"羊肉汤"的烹制与销售》，《四川畜牧兽医》1991 年第 4 期，第 38—39 页；夏红亮：《简阳羊肉汤》，《四川烹饪》2008 年第 12 期，第 26 页；杨力：《正宗的简阳羊肉汤是不放香菜的》，《成都晚报》2017 年 11 月 22 日，第 08 版。

曾任四川农学院畜牧兽医系主任的刘相模教授回忆说，抗战时期，宋美龄随蒋介石迁居重庆。宋美龄有用牛奶沐浴的习惯。当时重庆找不到足够的牛奶，便用飞机从美国运回一批努比羊进行饲养，取羊奶代牛奶。

抗战结束，国民党政府迁回南京，这批羊不便带走，宋美龄便将它们送给了当时的四川农业科研所用作科研。临近解放，成都政局不稳，科研所人心惶惶，努比羊由此流落民间。新中国成立后，科研所恢复工作，刘相模等人八方寻找努比羊下落，均无结果。

1980年以前，简阳为发展地方经济，先后引进成都麻羊和瑞士吐根堡羊、萨能羊等品种，结果均不理想。后来，以张长礼等人组成的科研调查组，广泛深入简阳农村……在简阳的养马、老君、三岔等地发现一种耳朵长、鼻子拱、体形高大、体重可达两百斤左右的山羊，大为吃惊！因为其外貌与体形均与简阳传统山羊——"火疙瘩山羊"差异甚远……后来经专家们鉴定，才得知这是一个新的山羊品种，即失踪了近40年的美国努比羊后代！

原来，这批羊在临近新中国成立时，被当时简阳的周家、老君及三岔等地的有钱人买回，并与当地的"火疙瘩山羊"杂交。"火疙瘩山羊"个头矮小，但生命力旺盛。于是，一个具有努比羊血统的杂交品种，在简阳民间保存并流传了下来。1981年，四川省科委召集相关科研部门，将新发现的具有努比羊血缘和特征的羊种正式命名为"简阳大耳朵山羊"。[①]

关于简阳羊肉汤的历史传说，最早追溯到西汉时期，称牛鞞县长董和创制，而追溯到三国时期的更是有刘备、诸葛亮、简雍三种说法，全都是荒诞不经的附会之说。"没有人说得出简阳羊肉汤的出处……简阳羊肉汤的历史和发源地，却是个永远也难以揭开的谜"。[②]

如今在简阳、成都、四川乃至全国营业的简阳羊肉汤店面数量具体有多少，虽然并没有一个可靠的数据，但单就简阳本市而言，至少有几百家，这一点是可以认同的。《简阳羊肉汤》在"名店"一节中主要提到了胡世、董家埂、雷

---

① 陈水章：《宋美龄与简阳羊肉汤》，《龙门阵》2007年第5期，第100—101页。
② 简阳市政协学习文史委编：《简阳羊肉汤》，北京：大众文艺出版社，2007年，第148—149页。

氏、廖世、赖氏、厚德六家，而"名厨"一节中的胡锡纯、李含江、雷氏兄妹、谢国玉、赖大嫂（杨文新）、马厚德张淑红夫妇也分别是以上六家的代表。[①]

简阳羊肉汤在做法上也有革新：

> 过去简阳羊肉汤的做法分清汤和白汤两种。民间乡俚做清汤，即：清水直接加羊肉……白汤就不是羊肉直接加清水了，而是煮羊肉前把羊骨架放进去，直到汤呈白色乳状再把羊肉放进去煮。
>
> 据胡氏传人、目前简阳羊肉汤师傅年龄最大的胡锡纯老师傅回忆，羊肉汤的吃法，以20世纪80年代为界，有较大差别。80年代前，熟羊肉不炒，切好后用一竹篓子装着，放进汤锅中煮几分钟取出倒于碗中，再舀两勺原汤就开始吃了。
>
> 80年代后，师傅们将切好的熟羊肉回锅爆炒，再加进一些调料，发现味道更鲜，也更受消费者欢迎。[②]

除了上述资料中提到的内容外，简阳羊肉汤在历史发展过程中还有哪些变化？相关知名店面的成立时间、近年的发展怎么样？我们决定前往进行实地调查。

二、简阳羊肉汤的历史调查过程

2017年10月26号，我们来到简阳市市区，先实地考察了当地负有盛名的胡世羊肉汤锅。

（一）胡世羊肉汤锅

胡世羊肉汤锅，创始人胡锡纯，1985年，在简阳市南街三岔路（今南街三岔路工商银行）创立第一家胡世羊肉汤锅店（今由胡锡纯养子樊氏继承）。随

---

① 《简阳羊肉汤》，第46—52页、第71—81页。
② 《简阳羊肉汤》，第42—44页。

后，在 1994 年又新立分店三家，分别由胡老先生的三个女儿继承祖传手艺（至今除了二女儿家停业，其余仍在传承和发展胡世羊肉汤）。值得一提的是，胡锡纯的女婿段绍中不仅在简阳开着羊肉汤锅店，其亲戚也分别在南充（简阳胡氏羊肉汤）和资

胡世羊肉汤

中（段记羊肉馆）传承着胡世羊肉汤的手艺，由此可见，胡世羊肉汤确有其独特之处。

据胡世羊肉汤第三代传人王勇（段绍中的女婿、胡锡纯的外孙女婿）介绍，胡世羊肉汤其精华之处在于熬汤。每天早晨将前一晚剔好的羊大骨放入大锅中，用细火慢熬，熬制四个小时，直至羊大骨中精华溢出，汤熬成乳白色，第一道也是最重要的一道工序完成。王勇告诉我们，做羊肉汤，切忌心急，羊肉虽要爆炒（去羊膻味），羊汤却只能慢熬细熬，只有慢慢熬出来的羊骨汤，才能成就羊肉汤的一锅鲜，如果为了节省工序与材料，就不得不添加更多的食品添加剂，那样，羊肉汤便会失去它原本的味道。

王勇还谈到了改革开放后除了他们家之外，雷氏也是开得比较早的，王勇还跟我们介绍了胡锡纯的近况，胡锡纯由于年事已高，腿脚不方便，但仍然关心着自己一手创下的胡世羊肉汤，偶尔还会坐着自己的电动轮椅去各家的店里亲口品尝后人熬制的羊肉汤。

（二）玉成桥羊肉汤

第二天早晨 8 点，我们继续走访羊肉汤店，途经安象街看到一家玉成桥羊肉汤。简阳人民确实有食用羊肉汤的传统，清晨 8 点，玉成桥羊肉汤锅店早已热气腾腾，店里的工作人员也忙得不亦乐乎。根据店铺负责人冯静的介绍，我们对玉成桥羊肉汤的由来有了更多的认识。

玉成桥羊肉汤

玉成桥羊肉汤锅，创始人李群英，1993年，玉成桥羊肉汤老店在今星科医院落成，2002年搬至安象街至今。冯静是李群英的儿媳，从她给我们的介绍中得知，李群英没有祖传的手艺，也没有专业的培训，完全是靠对外学艺和自主钻研才使得玉成桥羊肉汤有今天的名气，在羊肉汤盛行的简阳仍然打出了自己的天地。在简阳羊肉汤的发展过程中，李群英也做出了自己的贡献：传统的"坨"不仅不能使羊肉完全入味，而且顾客觉得不实惠，李群英首创由"片"代替"坨"，使得羊肉更入味，顾客也感受到了实惠。

（三）廖世羊肉汤

于是，我们接着走访廖世羊肉汤。通过对廖世总店的走访，我们取得了创始人谢国玉女士的联系方式，在电话里和她约定在第三家分店见面。

廖世羊肉汤

廖世羊肉汤锅，创始人谢国玉、廖延寿（两人为夫妻关系），1984年，谢国玉女士在简阳白塔路51—53号创立了第一家廖世羊肉汤锅店，据谢国玉女士回忆起当年创业的艰辛，土墙瓦房，五张桌子便是如今廖世羊肉汤锅的前身。一开始，廖世羊肉汤仍然与传统的羊肉汤一样，以猪大骨、羊大骨熬汤，1994年，当时谢国玉女士的儿子正在经营渔业。因为羊肉汤讲究一个鲜字，谢国玉女士从"鲜"字中得到灵感，在传统的羊肉汤基础上加入鲜鱼熬制，经过多次试验，谢女士把加了鲫鱼的羊肉汤搬上餐桌，虽然一开始不被老顾客接受，还受到了同行的排挤，但经过多年的坚持和不断改良，才使得如今的简阳羊肉汤各大字号中有了廖世羊肉汤的一席之位。在羊肉汤中加鲫鱼，这至今都是廖世独有的特色。

1997年以前，简阳羊肉汤只有上午中午可以吃到，一来与当地传统的饮食习惯有关，再者羊肉汤讲究新鲜，早上熬好的羊肉汤放到晚上就失去了鲜味。为了解决这个问题，谢国玉女士做了一个当时很多人都不敢相信不能理解的决定，她果断花了600元钱购置了一台阿里斯顿冰箱，在当时，600元可不是一个小数目。结果，谢女士用廖世羊肉汤爆满的生意回击了所有人的质疑。

至今，谢国玉女士仍然是廖世羊肉汤的总掌舵人，她的两个儿媳也分别负责老店和城南分店的生意。除了传统的羊肉汤，廖世正在尝试向羊肉全席发展，争取最大化开发羊身上的价值。

三、简阳羊肉汤历史调查后的初步认识

（一）关于简阳羊肉汤的历史

传统简阳羊肉汤在巴蜀江湖菜中历史较为久远，最初的创始人和创始地点已经不清楚，唯一可以确认的是，至迟在民国，简阳地区已经出现了传统的羊肉汤。

新中国成立之初，由于时代原因，简阳羊肉汤陷入了沉寂，一直到改革开放后，伴随着市场经济制度的逐步建立，以胡锡纯、谢国玉、雷氏兄妹等为代表的一大批简阳人民开始重拾传统技艺，羊肉汤又一次盛行于简阳的街头小巷，成为简阳人民日常生活中不可或缺的一部分。得益于20世纪80年代发现并推广的简阳大耳羊的优良品质和羊肉汤制作技艺的不断改进，改革开放以来的简阳羊肉汤较之于以往发展得更好。

最初的羊肉汤店并没有自己的名号，最多也就在店门前挂一个羊肉汤的招牌，随着生意越做越大，名气越来越好，到 20 世纪 80 年代，诸如胡世、廖世、雷氏、赖氏、马厚德等招牌开始纷纷出现，这些老字号凭借各自的特色立稳了招牌，打响了名声，从此成了简阳羊肉汤众多旗号中的领军人物。

（二）关于简阳羊肉汤做法和吃法的变化

简阳羊肉汤最初有清汤和白汤的区别，即直接用羊肉加清水煮汤和先用羊大骨熬汤再加羊肉同煮的区别。如今市面上的简阳羊肉汤基本都是白汤的做法。廖世独创在羊肉汤中加鲫鱼同煮，但这种做法并未得到其他店的认同，加鲫鱼至今都只是廖世独有的做法。

就羊肉本身而言，20 世纪 80 年代以前，熟羊肉是直接煮来食用，膻味比较重。80 年代后才开始将羊肉先爆炒再熬煮，味道更好。而最初的羊肉是以"坨"的形式，不能完全入味，20 世纪 90 年代才改以"片"的形式代替了坨。

如今的简阳羊肉汤店，除了传统的汤锅之外，还开始研发各种羊肉特色菜品，形成了以羊肉汤锅为中心，各种羊肉特色菜品辅助的羊全席，充分利用羊全身的各个部分，最大限度地开发羊肉的营养价值。

简阳羊肉汤在 1997 年以前都只是早上和中午经营，后来随着保鲜技术的提高等原因，晚上也开始做羊肉汤了。

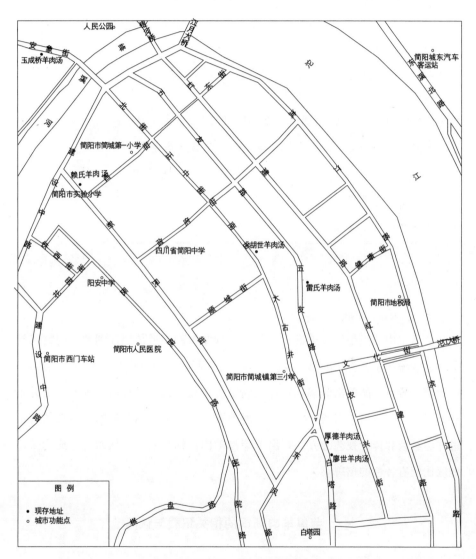

人民公园

简阳城东汽车客运站

玉成桥羊肉汤

简阳市简城第一小学

赖氏羊肉汤

简阳市实验小学

四川省简阳中学

胡世羊肉汤

阳安中学

雷氏羊肉汤

简阳市地税局

简阳市人民医院

简阳市西门车站

简阳市简城镇第三小学

厚德羊肉汤

廖世羊肉汤

图例

● 现存地址
○ 城市功能点

白塔园

简阳羊肉汤主要店铺分布图

荣昌羊肉汤锅历史调查报告

调 查 者：池秀红、张莲卓

调查时间：2017 年 10 月 22—23 日、2018 年 3 月 7 日

调查地点：荣昌区徐羊子羊肉汤店铺、荣昌区商务局、
荣昌区盘龙镇陶老八羊肉馆、明明羊肉
汤店

执 笔 人：池秀红

荣昌羊肉汤锅是发源于重庆市荣昌区盘龙镇的一道传统江湖菜，因其汤汁乳白、咸鲜味正、香味浓郁、肉质细嫩、无腥膻味和药料味的特点而广受欢迎。作为荣昌特色菜的羊肉汤锅，其传说的历史比较久远，但有据可查的历史并不长。据调查，荣昌羊肉汤锅的最初是由陶镀光于民国时期改进的，后来的人通过开店经营和传授技艺的方式打出了荣昌羊肉汤锅的名气，从而使它成为荣昌地区比较有特色的招牌菜。

一、荣昌羊肉汤锅的相关记载与认同

关于荣昌羊肉汤锅的历史，2000 年出版的《荣昌县志》上有一条关于羊肉汤的描述：

荣昌的饮食业夜市很活跃。民国时期，昌元、安富、河包、吴家以及较大的乡场都有夜市。昌元城内则集中在教家巷、南门桥等地数十家食店，有徐羊子的羊肉汤、陈福兴的牛肉馆，顾客满座、生意兴隆。①

2006 年的一篇网络文章《荣昌风味小吃》称，荣昌羊肉汤是盘龙一个叫陶镀光的人发明的：

> 羊肉汤最早起源于盘龙，据说是一个叫陶镀光的人无意中发明的。经过几十年的发展演变，羊肉汤已今非昔比，其汤汁乳白，咸鲜味正，香味浓郁，肉质细嫩，无腥臊味及药料味，是冬令时节滋补的佳品。②

2008 年，一篇据称转自荣昌新闻网的帖子进一步将陶镀光发明羊肉汤的时间定为新中国成立前：

> 羊肉汤最早起源于新中国成立前，据说是一个叫陶镀光的人无意中发明的……昌元城内陶前贵的"陶老八羊肉馆"应该是最正宗的，他是"陶羊子"的第三代传人。另外在南顺城街的"正宗盘龙羊肉汤"、昌州中段的"陶羊子酒楼"、警民桥羊肉汤、富康酒楼等地也能吃到羊肉汤，味道也都不错。③

通过对以上材料的整理，我们不难发现，陶镀光可能是荣昌羊肉汤的发明人，其发明时间在新中国成立前。现在陶老八羊肉馆店铺的羊肉汤是最为正宗的。而 2000 年版本的《荣昌县志》中提到的徐羊子羊肉汤和新中国成立前发明羊肉汤的陶镀光之间有无关系，陶镀光和陶老八羊肉馆之间什么关系，我们都不能找到切实的资料，更为重要的是陶镀光是否确实就是荣昌羊肉汤的发明人，我们还需要更多的证据来支持。因此，我们决定前往荣昌区实地调查。

① 重庆市荣昌县志编修委员会：《荣昌县志》，成都：四川人民出版社，2000 年，第 448 页。
② 《荣昌风味小吃》，2006 年 3 月 30 日，http：// cq. qq. com/a/20060330/000088. htm。
③ 《荣昌的美食！转荣昌新闻网》，2008 年 1 月 16 日，http：// tieba. baidu. com/p/311289740。

二、荣昌羊肉汤锅的历史调查过程

（一）徐羊子羊肉汤店探得一脉

10月22日下午，我们到达荣昌县城，先去了一家叫"徐羊子羊肉汤"的店铺，店主徐德全说："在荣昌最早会做羊肉汤锅的人只有陶羊子——陶兴陆一个人，他们家是祖传的羊肉汤做法。我父亲名叫徐富元，年轻时曾和陶兴陆等人一起给别人帮工，在这个帮工的过程中我父亲从陶兴陆处学会了做羊肉汤锅的方法。虽然有我父亲在场的时候，陶兴陆就不放煮羊肉汤锅的调料，等我父亲走了以后再放，但时间长了以后，我父亲还是学会了怎么做羊肉汤锅。后来，我父亲还把这个手艺教会给了很多人，然后陶兴陆本人才叫他的儿子到荣昌县城来开酒楼、收徒弟。"

至于他家开店的历史，徐德全说："我父亲学会了做羊肉汤的方法后，依然继续给别人帮忙，而没有自己开店，一直到我17岁的时候，才自己开店，那时候才有人手，卖羊肉汤锅。我们最先开店是在自己的家乡吴家镇，开了有4年左右，然后全家去了广东珠海那边开了近10年的饭店，在2010年的时候回到现在店铺的位置开店到现在。现在，我在店里，我父亲在蔡家沟帮我喂羊子，每天早上都会过来店里杀羊子，我店里的羊肉都是自己喂的羊子杀的。"

徐德全告诉我们，到现在为止，他们家做羊肉汤的做法一直没有变过，一直是使用着从陶兴陆处学来的方法。羊肉汤的独特之处主要是在于熬的羊骨头汤里添加了香料，至于香料具体是什么则需要保密。

10月23日早晨我们如约前往徐羊子羊肉汤店，采访到了徐德全的父亲徐富元。徐富元告诉我们，羊肉汤的做法是他从陶羊子（陶兴陆）处学来的，而陶兴陆他们则是祖宗三代传下来的。关于他学习到羊肉汤的经历，他说："大概1977年的时候，我和陶兴陆二人一起在盘龙镇给一个叫杨荣华（音）的人帮忙干活，我负责买羊，陶兴陆负责杀羊、煮羊肉。有我在场的时候，陶兴陆就不放香料到汤里，因为陶兴陆的手艺不外传，但时间久了以后，还是被我学到了。在盘龙帮了两年后，我又到荣昌工人村帮别人做羊肉汤，一直帮人帮了很多年，去过成都、重庆、永川、内江等地。其间，在我的老家——吴家镇给别人帮忙做羊肉汤那个时候，请我的人打的是'徐羊子主厨'的这个招牌。"

关于他家开店的历程，他说："大概在1996年的时候，我开始自己开店卖羊肉汤，在吴家镇的农贸市场。在2001年到2010年期间，我们全家迁往广东珠海，在那边开饭馆，卖快餐。在2010年的时候，我们回到荣昌，在现在的位置开店，开始是快餐跟羊肉汤一起卖，后来附近打工的走了，快餐销量不好，我就在2016年的时候，把店重新装修了一番，开始专门卖羊肉汤了。"

徐富元告诉我们，他在帮人干活（主厨）的过程中，把做羊肉汤的做法教会了很多的人，他说："现在荣昌卖羊肉汤的人基本上都是从我手里学出来的，但是以前我们很老实，没有正式收徒，也没有收学徒费，现在也没有什么人承认我们。在我帮人的过程中，生意一直很好，做羊肉汤全城出名。在荣昌工人村的时候专门有人开车来吃我煮的羊肉汤。其他地方的人也很多来请我去做羊肉汤，去重庆帮人是在1996年那时候，我自己开

徐富元和他刚宰完的羊

着店的情况下，他们以1000块钱一个月的待遇请我过去的。"

此外，徐富元还告诉了我们一些关于陶家人的情况。他说："陶羊子——陶兴陆做羊肉汤的做法是他们家祖传下来的，现在大概传到第三代了吧。陶兴陆是盘龙镇人，一辈子都是在帮人，没有开过店。到他的儿子陶老八（排老八）时才到荣昌县城来开羊肉酒楼，还是因为我做羊肉汤做得全城出名抢了陶兴陆的生意。现在，陶兴陆已经去世好几年了。听说他的儿子在仁义镇开店，具体

情况我就不清楚了。"

我们在《荣昌县志》上查阅到的关于荣昌羊肉汤的信息，是说的民国时期就有了"徐羊子的羊肉汤"，对于这一点，徐富元和徐德全均说不知道这件事。现在看来，荣昌区县城的徐羊子羊肉汤和《荣昌县志》所提到的"徐羊子的羊肉汤"之间并无关系。

（二）在荣昌商业局得到更多信息

在荣昌区商务局的商品流通科，王高文（男，54 岁）告诉了我们以下信息：陶老八（陶前贵）在县城开过"陶老八羊肉馆"，最开始是在昌元城内（现在成渝公路西街，往双河方向走的公路边上），开店的大概时间是 1992 年或 1993 年，后来先搬到警民桥边，三四年后搬到了原来的民生市场，在 2000 年左右关闭了店铺回盘龙镇老家去了。现在已经联系不到陶前贵了。

王高文还说，荣昌羊肉汤做得多的还是在盘龙。同时他也把他们所有的关于羊肉汤的资料给我们看，其中有两篇介绍荣昌羊肉汤内容比较全面的文章。其中之一是《盘龙羊肉汤》[①]，内容大意是：

在康熙年间，因为湖广填四川的政策，有一个叫陶元庆的人，带着自己一家人从江西赣州迁来荣昌。出发前，他的父亲（不用迁徙）给了他一匹壮马、一架大车和三十只羊。到达荣昌境内后，陶元庆在盘龙场找了一间弃房安顿下来。当时，所有移民们都缺少粮食，且四川经过战乱无粮可买。饥饿的陶元庆杀了一只自己带来的羊，将羊肉宰成小坨，架上一口大锅，连同内脏一起，炖起了羊肉汤。因着同来的人都没吃的，他便给周围的移民每个人都盛一碗羊肉汤，不计较移民给钱多少，每天如此，便逐渐有了名气。度过开始的危机后，陶元庆便在盘龙开了一家羊肉馆，取名为"陶羊子"，专门卖羊肉汤来养家。并且一代一代地传承下来，越来越有特色。一直到了民国时期传到陶镀光的手里。陶镀光因在家排行老五，人称陶老五。他认为祖传的坨坨肉羊肉汤吃起来虽然鲜美，但还略有点腻口，尚有改进的地方，于是，经过多次尝试后，他将羊肉

---

① 李德佑、余明：《盘龙羊肉汤》，2010 年，荣昌商务局提供。

与羊杂煮透后就立即从锅中捞出，切成小片，吃时用煨好的沸腾的羊肉汤浇烫就可以了，这样做出来的羊肉汤不但汤美肉嫩不腻口，而且更爽口了。陶老五的创新使得盘龙羊肉汤的名气更大了，这种做法一直被传承到今天。

还有一篇《明明羊肉汤》①，未写作者，该文的主要内容如下：

最早在盘龙开店卖羊肉汤的，比较出名的是民国时期一位被称作"陶五爷"的人。1980年李道明向陶兴陆——"陶五爷"的侄子，也是其得意门生——拜师学艺做羊肉汤，1984年李道明在盘龙场麻街169号开了自己的店"明明羊肉汤"，后因盘龙镇改造迁址盘龙路465号，一直营业到今天。其间，在2000年的时候注册了"明明羊肉馆"商标。在从陶兴陆处学到羊肉汤的做法后，李道明并没有固守传统，在30年间不断琢磨改进，使羊肉汤的鲜美口感达到了极致，还自创了一系列羊肉菜品，有蒸、炒、烧、凉拌等。凉拌羊肉还是该店的特色菜品。明明羊肉汤现在已经成为盘龙的一绝，虽然位于一个镇上，但他家的顾客却来自海内外，包括印度、缅甸、美国等。

我们对《盘龙羊肉汤》和《明明羊肉汤》两篇文章的内容产生了一些疑问：一是想要确定这两篇文章的真实性，二是想知道这两篇文章的形成时间，三是想知道陶五爷是否就是陶镀光其人。因此，就需要找到《盘龙羊肉汤》的作者。

我们辗转联系到黄石声，余明是他的笔名，《明明羊肉汤》《盘龙羊肉汤》都是他写的。根据黄石声的介绍推断，两篇文章里陶家在康熙年间填四川时迁来这里的真实性有待商榷。所以，荣昌羊肉汤（锅）出现于康熙年间的说法不可靠。

黄石声也告诉了我们关于他知道的陶前贵（陶老八）之前在荣昌县城开店的位置：第一次的地点是在现在的玉屏幼儿园对面小巷子内中国农业银行右侧；第二次的地点在警民桥边上。

这样，结合徐德权和徐富元的说法，我们可以认定荣昌羊肉汤锅最早就出现于陶家人手里。目前其传承人是陶家后人陶前贵，还有一家明明羊肉汤也是学习于陶家人处，且对菜有改革创新。

---

① 《明明羊肉汤》，荣昌商务局提供。

（三）盘龙镇上专程求证

盘龙镇上的陶老八羊肉汤店

10月23日我们来到盘龙镇街上，找到了盘龙陶老八羊肉馆。店里只有一个人在，经过询问，我们了解到，她是陶老八陶前贵的妻子洪满莲（52岁）。这家店的店主就是陶前贵本人，他现在依然在开店。当时陶前贵外出不在店里。他们夫妻是在2005年搬回盘龙镇的，开始在盘云路开店，现在那个位置开了一家"豆花饭"的店，在2012年的时候搬到现在的位置开店。陶前贵还有一个弟弟叫陶前久，在仁义镇开羊肉汤店。

因为时间关系，我们又去了明明羊肉汤处。在明明羊肉汤店里做羊肉汤的并不是李道明本人，而是他的弟弟李道林，李道明现在重庆。

李道林首先告诉我们他家开店的历程："陶兴陆在帮人做羊肉汤期间，也帮我们干过一段时间，就是那会儿我们学会了做羊肉汤的方法。大概是1986年的时候，我们在原来的老街火神庙开了自己的店，后来因为旧城改造于2000年搬到了现在的位置。"他所说的开店时间跟黄石声《明明羊肉汤》一文中所提不一样，可能时间太久，他记忆有所偏差。

对于他家和陶家的关系以及羊肉汤的创新，他说："我们现在店里卖的羊肉汤和陶家的羊肉汤味道并不相同，以前陶兴陆做羊肉汤的时候，他不做菜，我们现在有炒菜，比如炒羊根、凉拌羊肉等，这些都是我们自己发明的，就是陶老五都做不来炒菜。我们还是承认这个羊肉汤的做法是从陶兴陆处学到的，但是我们的大部分东西都是靠自己摸索的。"

他还告诉我们，从开店至今，他们家的生意一直很好，一年除了夏天最热的时候以外，四季生意都很好，每年来这里吃羊肉汤的人络绎不绝，还有海外的人来。他们家用的羊是从本地乡下买来的，从来不买外地运来的羊。

提起徐羊子羊肉汤的时候，李道林回答他听说过。但说到徐羊子——徐富元向陶兴陆学习到羊肉汤的做法时，李道林又说："在我记忆中是没有徐羊子这个人的，在荣昌有很多人都打着盘龙羊肉汤的名号，实际一点都不沾边；至于他们二人一起帮工的事，有可能是真的也可能是假的，因为年代很久远了。"

李道林和他家熬羊肉汤的锅

（四）电话访谈陶前贵

11月3日下午，我们对陶老八（陶前贵）进行了电话采访。

陶前贵简单讲了他父亲陶兴陆给人帮工的过程：先是在盘龙镇帮了十多年，帮的人叫邓中良（音），过后又帮一个叫杨蛮子（音）的人，过后就到荣昌县城里面帮人。

陶前贵自己开店的经历是：1992年在荣昌北巷街开店，开了大概10年；在2000年或2001年的时候，到计生委旁来开店，在这边开了四五年，后来又到政协附近去开了一两年的店。然后，在2005年回到盘龙镇。在盘龙开店的过程则跟他妻子说的一样。在采访中，陶前贵提到，在1999年的重庆首届美食文化节上，他做的羊肉汤被评为"重庆首届美食文化节地方风味菜"，同年在荣昌县名小吃羊肉汤评比中获得第一名。

他介绍他们家做羊肉汤的手艺是祖传下来的，由他的五叔公（陶镀光）传给他的父亲，他的父亲再传给他。他父亲一辈子只正式收过两个徒弟，一个叫张七七（排老七），另一个他也不知道，且人已经过世了。我们询问他是否认识徐富元时，他否认了，说打着他们盘龙羊肉汤牌子的人很多；而提到明明羊肉馆时，陶前贵承认他父亲曾经帮过他们，也教过他们，不过不算正式的徒弟。

目前陶老八做羊肉汤依然按照祖传的方法，他还说现在有些人做羊肉汤用的是猪骨头，他家从来不用，也不加胡椒，因为加了胡椒会影响羊肉汤的温补效果，所以他家的羊肉汤吃着很纯。现在，他的店里除了卖羊肉汤以外，还在卖黑豆花火锅、太安鱼等，因为这几年的生意不太好，他就开始多种经营了。

我们还向陶前贵求证他知不知道他们家祖上是在康熙年间随"湖广填四川"从外地迁过来的这个说法，他表示他不清楚且没有听到家里人说起过。所以，我们认为陶家做羊肉汤的历史只能追溯到陶镀光其人身上，再往上就不能确定了。

（五）颜记采访见闻

2018年3月7日，鉴于对荣昌羊肉汤的历史起源了解已有一定成果而对其流变了解不够，我们开展了对荣昌羊肉汤锅的历史补调查。在荣昌区体育馆附近，我们找到了在荣昌享有较高知名度的颜记羊肉汤，并对店内主要负责人潘忠于（颜记店主颜太军弟媳）进行了采访。

潘忠于告诉我们，颜太军今年54岁，于1998年在警民桥那里开了第一家羊肉汤馆，于2010年搬到体育馆现在店铺。颜太军做羊肉汤的技艺是专门拜了陶兴陆学习来的。只是他们现在熬制羊肉汤的技艺有所创新，比如在羊肉汤内加入一些中草药以及香料如茴香来提升羊肉汤锅的营养价值和味道。另外，他们现在的经营不仅包含羊肉汤，还自主发展了炒菜系列。

三、荣昌羊肉汤锅历史调查后的初步认识

（一）关于创始人及其家族羊肉汤的发展

通过调查，我们认为荣昌羊肉汤锅的真实起源已经无法考证了，而有据可查的创始人是陶镀光，其改进羊肉汤锅的时间是民国时期，地点在荣昌区盘龙镇。陶镀光的手艺传承人为其侄子陶兴陆，陶兴陆的儿子陶前贵是第三代传承人。陶前贵在荣昌县城先后开店三次，能确定位置的是警民桥边茶馆所在地（即陶前贵所说政协对面）和玉屏幼儿园对面小巷子内中国农业银行右侧的小店（即王高文所说原民生市场），而对于王高文说的成渝公路边的位置和陶前贵所

说的北巷街我们没能找到确切的点。所以陶前贵在城区三次开店的位置我们只能以当事人所说为准了。

（二）关于荣昌羊肉汤锅的其他传承

因为陶兴陆一直在别人的店里打工，而使得他家熬制羊肉汤的技艺被工友徐富元及有心的雇主李道明学到，并被传播开来这一点是可以肯定的。根据徐富元、李道林、陶前贵三人的说法，目前荣昌区内所有人做的羊肉汤锅要么是与陶镀光发明的羊肉汤锅的做法完全一样，要么是在他发明的羊肉汤锅的做法上加以改进的，且他们学习到的羊肉汤锅的做法都直接或间接源于陶家。

（三）关于荣昌羊肉汤锅的发展现状及影响

通过调查，我们发现徐羊子羊肉汤与《荣昌县志》上所提到"昌元城的徐羊子羊肉汤"没有关系，且《荣昌县志》也不能作为确切的参考材料。

陶家后人陶前贵、陶前久目前仍在按照祖传办法做羊肉汤，徐富元父子也保持着陶兴陆的传统做法，因为做得好，还有地理位置好的原因，生意尚可，而且正是因为徐富元到处的帮工和授艺过程，使得荣昌羊肉汤声名远播。而李道明兄弟的明明羊肉汤在传统做法的基础上加以创新，使羊肉汤的美味程度达到了另一个高度，且因为一直在一个地方坚持诚信经营而使自己声名远播，从而拥有了很多顾客甚至得到了政府的认可。

此外，颜记羊肉汤锅店亦是目前荣昌区内规模较大的一家羊肉汤锅店。颜记羊肉汤虽然在荣昌开店的时间不是最早的，但是却在荣昌具有一定的知名度和影响力，也是荣昌羊肉汤锅较为出色的代表商家。

目前荣昌羊肉汤的影响主要在荣昌本区内，虽然在外地也有一些店铺打着荣昌羊肉汤的招牌在卖羊肉汤，在总体影响力还有待提升。

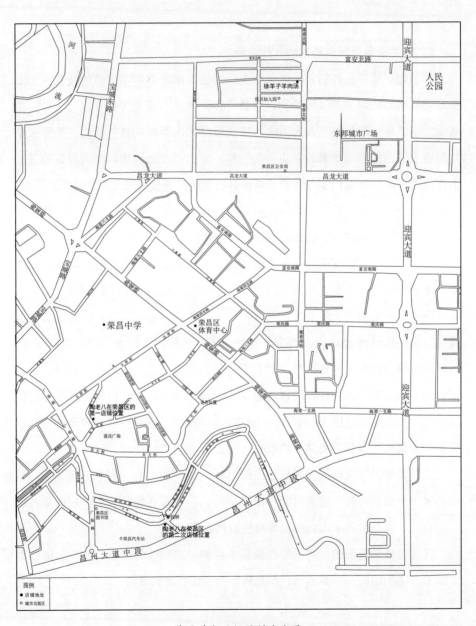

荣昌羊肉汤锅原创地地图

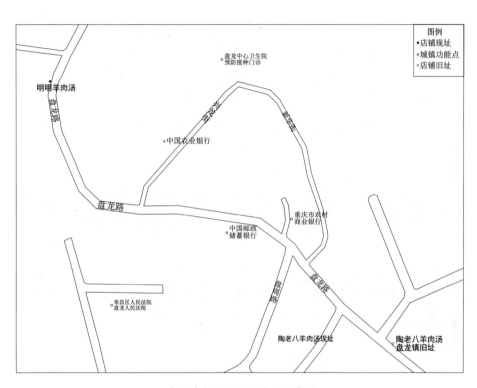

图例
- 店铺现址
- 城镇功能点
- 店铺旧址

明明羊肉汤

盘龙中心卫生院
预防接种门诊

中国农业银行

盘龙路

中国邮政
储蓄银行

重庆市农村
商业银行

荣昌区人民法院
盘龙人民法院

陶老八羊肉汤现址

陶老八羊肉汤
盘龙镇旧址

荣昌羊肉汤锅主要店铺分布图

成都老妈蹄花历史调查报告

调 查 者：蓝勇、陈俊宇、王倩、陈姝、唐敏、谢记
　　　　　虎、张莲卓、张浩宇、张静
调查时间：2018 年 1 月 25 日
调查地点：成都市青羊区祠堂街、东城根南街、陕西
　　　　　街、宁夏街
执 笔 人：张莲卓

老妈蹄花是成都一道比较有名的美食，以猪蹄为主要原料配以芸豆等其他调味品煲煮而成，具有柔嫩爽口、香而不腻、入口即化、汤香四溢等特点，令人回味无穷。

一、成都老妈蹄花的相关记载与认同

成都地方志官网上一篇名为《四川成都老妈蹄花》的文章简单介绍了老妈蹄花，但在具体店面上只提到了易老妈蹄花的历史：

> 老妈蹄花，又名易老妈蹄花，始于民国年间，相传在老成都的半边桥某个地方，有一位婆婆经常挑着担子叫卖蹄花汤。因其味道纯正，营养丰富，价格公道而受到了当地人的热烈追捧。因为这位婆婆姓易，所以被当地人亲切地称为"易老妈"。

另一说是民国年间，四川资阳安岳县有一位易氏女子。她的爱人是地下工作者，但在云南一次执行任务中暴露了身份，被军阀迫害致死，她也受了严重的伤……所幸的是被当地一个老屠夫所救。老屠夫了解猪蹄对于美容养伤有巨大的疗效，就每天都用心熬炖四个小时的蹄花，给她食用，就这样坚持吃了一年多，她的腿恢复如初，新生的皮肤白嫩光滑，为了感谢于老屠夫的恩情，她留了下来给老屠夫帮忙，蹄花汤也成了他们饭桌上常有的菜。……老屠夫过世后，她又没有了依靠，为了躲避军阀迫害，她迁至成都。因为没有什么手艺，只会熬蹄花汤，所以她开始在一个名叫半边桥的地方挑着担子卖蹄花。因为她的蹄花清淡不腻，软而不烂，且可以美容养伤，受到大家的接受和喜欢。也因为她做人实在，和蔼可亲，后来她被大家亲切地称为"易老妈"。她的蹄花汤也被称为"易老妈蹄花"或"老妈蹄花"。①

但其实除了易老妈蹄花之外，成都还有多家比较出名的老妈蹄花店：

1. 廖老妈蹄花（陕西街店，青羊区陕西街 259 号）

2. 易老妈蹄花（青羊区东城根南街 13 号附 1 号）

3. 雷祖芳老妈蹄花（陕西街二店，青羊区陕西街 143 号）

4. 郭氏正宗老妈蹄花（青羊区祠堂街 8 号）

5. 丁太婆老妈蹄花（青羊区东城根南街 17 号附 5—6 号）

6. 张氏正宗老妈蹄花（远离老妈蹄花一条街）

7. 老妈蹄花夜啤广场（近郊康复路）

8. 一品老妈蹄花（青羊区拐枣树街 27 号附 2 号）

9. 陈记老妈蹄花（武侯区盛隆街 5 号附 5 号）

10. 老妈蹄花餐馆（武侯区文盛路 22 号附 5 号）②

---

① 《四川成都老妈蹄花》，2017 年 8 月 31 日，http：// www. cdhistory. chengdu. gov. cn/mlcd _ view. asp? NId＝2731。

② 《成都吃老妈蹄花最好的十个馆子》，2016 年 2 月 18 日，http：// www. sohu. com/a/59458247 _ 348911。

此外，2014 年廖老妈蹄花失火事件也推动了"老妈蹄花"的品牌保护和历史溯源。2014 年 2 月 15 日的《华西都市报》报道了廖老妈蹄花在 2014 年 2 月 14 日上午 10 点多失火的情况，并在文末指出老妈蹄花没有源头，流传全靠口碑，其内容如下：

> 有人说最早兴起的老妈蹄花是原半边桥街头的小店，又有传言说三洞桥的蹄花店才是总店。成都拥有几十家蹄花店，都顶着"老妈"的名义。
>
> 《四川烹饪》杂志的资深记者王诗武说，成都遍地开"蹄花"，并没有掀起品牌之争的血雨腥风。廖氏、邓氏、丁太婆等蹄花店有的毗邻经营，也相安无事。"总店不总店没关系，只要味道正宗就好。"①

同月 24 日，该报又有如下报道：

> 昨日中午和晚上，记者两次走访"夜宵一条街"，这里仅剩下一家"老妈蹄花"。附近的市民和该店老板均表示，虽然她家生意还和以前差不多，但这条街已经没了往日的人气，"特别是晚上，冷清了不少"。
>
> 与之相反，邻近东城根南街的祠堂街却依然热闹。"每天要卖三四百只猪蹄。"其中一家店的老板说。20 世纪 90 年代，在成都半边桥附近，突然涌出了二十多家以"老妈蹄花"命名的餐饮店。此后，"老妈蹄花"更是在成都遍地开花。
>
> 2000 年前后，东城根南街、祠堂街出现了多家老妈蹄花店，虽均宣称是正宗老店，却也相安无事。②

由以上报道，我们可以大致推断出，"老妈蹄花"是一道传统的菜，而拥有"老妈蹄花"这一较为固定的专有称呼的时间不会早于民国时期。我们需要实地调查了解在成都所有老妈蹄花店中，哪家是最早开的店、哪家又是目前经营得

---

① 《老妈蹄花起火　网友想念"优秀前蹄"》，《华西都市报》2014 年 2 月 15 日，第 A03 版。
② 《一把火一把盐冷了"蹄花一条街"》，《华西都市报》2014 年 2 月 24 日，第 A04 版。

较好的店等信息。

二、成都老妈蹄花的历史调查过程

2018年1月24日晚，调查组成员到达成都。25日上午，我们的车从人民公园出发，沿着祠堂街、东城根南街、少城路形成的三角地带就老妈蹄花店的分布大致了解了一下，我们先后发现有黄氏老妈蹄花总店、郭氏老妈蹄花总店、廖老妈蹄花总店、易老妈蹄花总店、丁太婆蹄花店，还有一家没有姓氏前缀的老妈蹄花总店。在寻找老妈蹄花店的同时，我们也简单问了几位店员是否了解他们所工作的老妈蹄花店何时开的，店员的回答多是模糊的"有十几年了""很久了，记不清了"。

根据我们之前查到的信息，除了人民公园对面的老妈蹄花店，在陕西街也有一家名为"雷祖芳老妈蹄花"的店，于是我们又去了陕西街，找到了雷祖芳老妈蹄花店。老板邓尚告诉我们，他的母亲叫雷祖芳，最初是雷祖芳在半边桥露天坝卖蹄花汤，后来他们搬到了文龙路，1998年搬到了四川省文化厅附近。2007年他的店铺搬到了现在所在的陕西街。最初卖蹄花汤的有三家，分别是他母亲雷祖芳、姜蹄花和胖妈陶，现在姜蹄花在宁夏街经营，而胖妈陶则已经不做蹄花汤的生意了。他告诉我们，他的母亲已经九十多岁了，他母亲1978年在原来的半边桥摆地摊卖蹄花汤的时候用的还是蜂窝煤炉子熬汤，而现在他们已经完全不用这些了。

邓尚还告诉我们，人民公园边的那些老妈蹄花店开店时间都不长，郭氏曾认他母亲为干娘，也是他母亲唯一的弟子，而郭氏原本是他们店里的一个店员，学会了之后就去外边自己开店。

中午12点多，我们返回人民公园边老妈蹄花店比较集中的地点，决定去每家蹄花店购买一份蹄花汤进行比较，我们在黄氏、郭氏、廖氏、易氏、丁氏店内共买了六份老妈蹄花汤带到了雷祖芳老妈蹄花店，并要了雷祖芳老妈蹄花店的蹄花汤，将六份老妈蹄花汤放在一起做了比较。我们发现，各店的老妈蹄花汤在味道上有所差别。此外，在色泽、配料和蘸料上有明显的差异：颜色上雷氏、丁氏、郭氏、廖氏的汤更白一些，看上去浓一些，而易氏和黄氏显得稍微有点黄，也更清一些；在配料上，雷氏、郭氏、黄氏均在汤里放了葱花而其他三家都没有；另外，只有丁氏蹄花汤没有芸豆，其他都有。在蘸料上，只有黄氏老妈蹄花店用的是生的切碎的小米椒，且颜色偏黑，而其他所有店家都是红色的辣椒酱。

我们来到宁夏街，找到了姜蹄花店，采访了姜蹄花店的老板娘肖春利，她告诉我们，25年前，他们家与雷祖芳，还有一家叫胖妈的是一起在半边桥那里摆地摊卖蹄花汤的，不过他们三家各自占据一个街角。姜蹄花店在2000年的时候是开在江汉路的，在2005年的时候搬到了宁夏街现在店铺所在位置。至于现在人民公园边的那些店，都是后来开的。这一点在我们去各个店铺买老妈蹄花的时候也发现了。在廖老妈蹄花店的时候，店员告诉我们，他们的店是2004年开的；易老妈店的店员说他们是在2002年开的店，到现在为止也搬过地址；郭氏店员亦表示他们店开了仅有十几年。

姜蹄花的老妈蹄花最大的特点是在汤里面加了中药，更加体现了老妈蹄花汤的滋补价值。此外，姜蹄花店的老妈蹄花汤颜色浓白，汤底有芸豆，表面漂浮着少许的葱花，猪蹄也十分软糯可口。

经过对各个店铺的了解，我们发现所有老妈蹄花店的经营都呈现多样化，虽然店名是老妈蹄花，但却也做其他各类川菜，老妈蹄花仅仅是其店内一道非常普通的菜品，每家的标价都是29元，但在外卖中，盛汤的碗有大有小，汤的量亦有差异。

三、成都老妈蹄花历史调查后的初步认识

老妈蹄花汤是一道滋补为主的汤品。其得名是因为20世纪成都半边桥附近卖炖猪蹄汤的老妈，至于老妈具体姓氏，虽然网络报道中有易姓说，但我们的实地调查中发现为雷祖芳的可能性更大。无论是易姓老妈还是雷氏，抑或是其他姓氏，都表明老妈蹄花是通过一位老年妇女的推动而成为一个固定的菜品称谓的。

老妈蹄花的出现时间，我们最多只能追溯到 20 世纪 90 年代，一方面这符合当时中国的国情发展，另一方面与雷氏邓尚、姜蹄花店老板娘关于自己店铺的开店时间的叙述一致。总的来看，20 世纪 90 年代最先在半边桥经营老妈蹄花的是雷氏、姜氏和胖妈。对于易老妈和她的传奇经历，在没有更多有效的文字材料支撑的情况下，我们难以断定其真实性，且在其他各店内的店员也告诉我们他们的经营时间并不长的情况下，我们只能认为易氏、郭氏、廖氏及黄氏都是后起之秀。

老妈蹄花汤最初也是以街边小摊的经营方式进入大众视野的，其开店时间最早在 20 世纪 90 年代，而大规模兴起是在 2000 年左右。

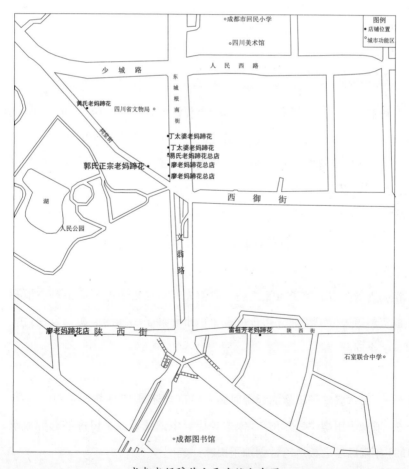

成都老妈蹄花主要店铺分布图

255

九龙坡区白市驿辣子田螺历史调查报告

调 查 人：曾敏嘉、蒋瑾暄

调查时间：2017 年 10 月 20 日

调查地点：重庆市江北区鸿恩寺陶然居总部

执 笔 人：曾敏嘉

提到重庆的美食，很多人会想到一个餐饮大牌"陶然居"。而提到陶然居，一定避不开一道菜——白市驿辣子田螺，它不仅是陶然居的招牌菜，更是陶然居发家的起点。这道菜一经推出就十分火爆，受到食客们的推崇。不仅仅是在重庆，在全国其他地方，我们都看得到它的身影。

一、白市驿辣子田螺的相关记载与认同

在调查南白市驿辣子田螺之前，我们先行对已出版的相关书籍、报刊与网络上的资料等进行了整理，初步梳理了白市驿辣子田螺的起源与发展过程，发现以下三个问题：

（一）白市驿辣子田螺的起源时间：1994 年还是 1995 年？

《一道辣子田螺"炒"出 53 家连锁店》中记载了辣子田螺的起源故事，认为 1994 年陶然居老板严琦首创辣子田螺：

1994 年底的一天，严琦偶然在报上看到这样一则消息：西南大学教授引进了一种叫福寿螺的新品种……严琦灵机一动，就决定做福寿螺了。[1]

《共君一醉一陶然——从小镇田螺姑娘到全国政协委员》中记载严琦于1995 年在重庆市九龙坡区白市驿首创辣子田螺：

这种在水田里缓慢蠕动的软体动物，不仅出身低下，而且天生一股土腥味，既不能同鲜活的鱼蟹相比，更不敢同高贵的龙虾较劲。但是，1995 年不一样了，它遇到了后来被称为"田螺姑娘"的严琦女士……她买来一种吃青菜叶的生态田螺细细烹调……当那股异香终于破窗而出四下弥漫时，一道名菜，连同一份伟业已赫然诞生。[2]

前期资料一致认同辣子田螺是陶然居老板严琦女士在白市驿首创，但对于其起源时间是 1994 年还是 1995 年各执一词，它出现的时间到底是 1994 年还是1995 年呢？

（二）白市驿辣子田螺的发展过程：菜品本身变化大吗？

《严琦：辣子田螺炒出的"餐饮王国"》中有辣子田螺如何出现的简单记载：

敏锐的严琦深知川菜的经营之道在于求新、求异、求变，结合重庆人喜好麻辣的饮食习惯，她与厨师一而再再而三地实验，一道辣子田螺新鲜出炉：麻、辣、鲜、香，令人垂涎欲滴。[3]

《一道辣子田螺"炒"出 53 家连锁店》也有对于最早辣子田螺做法的记载：

---

① 陈中文：《一道辣子田螺"炒"出 53 家连锁店》，《职业圈·好财路》2004 年第 12 期，第 41 页。
② 谭松：《共君一醉一陶然——从小镇田螺姑娘到全国政协委员》，《重庆与世界》2008 年第 4 期，第 58—59 页。
③ 李婕：《严琦：辣子田螺炒出的"餐饮王国"》，《小康》2007 年第 8 期，第 89 页。

在经过几百斤乃至上千斤的螺蛳反复多次试验后，严琦最后确定了福寿螺的独特路数：通过重庆辣子鸡的炒法，让营养成分保留的同时，炒出香辣的味道。严琦最终敲定了调料比例和火候，辣子田螺最终定型①。

现存关于白市驿辣子田螺的记载大多为期刊报道，其中侧重严琦个人人生经历以及陶然居连锁店发展成功史，而对于辣子田螺的菜品本身的介绍少之又少，特别是关于菜品是否发生变化，基本没有记载。另外，大多数报道认同辣子田螺的发展之路与陶然居扩张之路相伴相随，但对于陶然居加盟发展线索处理得不够清楚且时间上不连续。

《一道辣子田螺"炒"出 53 家连锁店》记载陶然居 1997 年至 2002 年间的发展历程，未交代 1995 年至 1997 年陶然居发展情况。

> 1997 年，严琦的辣子田螺在重庆几乎家喻户晓……2000 年，严琦在重庆市区开了一家直营的精品店……2001 年至 2002 年间，严琦在重庆闹市区又相继开了 4 家精品店……2002 年，严琦认为走向全国的时机已经成熟，她以重庆为基地，重庆精品店为样板，向全国各省市迅速扩张。②

其他的文献记载也存在类似情况，对于陶然居整个发展并没有清晰的梳理。辣子田螺菜品后来有没有变化？它又是如何走出重庆的？经历过二十多年，辣子田螺的现状到底如何？

二、白市驿辣子田螺的历史调查过程

2017 年 10 月 20 日上午 11 点，我们应约来到江北鸿恩寺陶然居总部，陶然居厨务部赵应兵部长接见了我们，就我们所存疑问，他细致地替我们做了解答。

---

① 陈中文：《一道辣子田螺"炒"出 53 家连锁店》，《职业圈·好财路》2004 年第 12 期，第 41 页。
② 同上。

陶然居总部

问：赵部长，您能跟我们讲讲辣子田螺的起源吗？

赵：辣子田螺主要是我们董事长严琦女士首创的。1995 年，西南大学的教授向我们推荐他养殖的田螺，该品种不仅个头硕大、肉质饱满鲜嫩而且又无泥腥味，食用后，对人体还具有滋补保健作用。刚开始我们拿到田螺并不知道该如何做，因为当时辣子鸡的做法十分流行，严琦就让厨师们用辣子鸡的做法来试着做田螺，没想到做出来一推出市场就深受顾客喜爱。

问：赵部长，这道菜最早诞生在哪里呢？

赵：在白市驿天赐温泉陶然居（高速路出口）的对面。

问：辣子田螺这道菜最早是怎么做的呢？现在呢？

赵：辣子田螺最初并没有特定的制作流程，厨师随意发挥的成分比较大，之后不断改进，到今天已有一套固定的流程。

问：辣子田螺其他方面有变化吗，例如味型或者食用方面？

赵：都不大。食用方式上，以前制作白市驿辣子田螺是用带壳的田螺，为方便顾客食用，创造了"竹签法"，用一根 10 厘米左右的竹签挑出田螺、去肠、吃肉，好吃又好玩，这种食用方法一直到今天仍在使用。随着今天人们卫生意识逐步提高，我们在准备竹签的同时，也会依照顾客要求备上一次性的塑料手套等。

味型上，"辣子田螺"这道菜自 1995 年产生至今，从未更名。其实不变的不仅仅是白市驿辣子田螺的名字，它的味型基本上也没有发生变化。主要是，顾客已经习惯了这种味道。无论是过往或者现在，这道菜都是以麻辣味型为主，整个菜给人的印象——麻辣鲜香，肉质脆嫩爽口，味道浓厚，香味诱人。当然，为适应市场需求，陶然居也推出了一些其他味型的田螺，例如尖椒田螺。尖椒田螺是用尖椒鸡的做法来做的田螺。这道菜和辣子田螺除了味型上的不同以外，最大的不同在于对田螺的处理方式和吃法上：做菜时，厨师直接将田螺肉挑出、去肠，用肉直接和尖椒炒，这样也就方便了顾客食用。

这些年，为提高田螺的口感，我们也做了一些其他的功课，例如：自己养殖生态田螺，用青菜、青草喂养田螺；对于餐桌上的田螺，陶然居甚至还要求厨师们制作田螺的量需与营业需求相当等，从而最大限度保持菜的口感。

问：辣子田螺是怎么出名的？

赵：白市驿辣子田螺最初的红火离不开食客们的口口相传。1995 年，陶然居推出这道菜后，有很多出租车司机来吃后都很喜欢，通过口口相传，这道菜的名声逐渐传开，很多人来店里品尝。当时店里只有五张桌子，常常是桌桌爆满，很多人来之后常常只能坐在路边等着吃饭。

白市驿辣子田螺的名声越发响亮，是随着陶然居及其加盟店扩张的脚步，使得这道菜逐渐走向全国：1997 年，因店里空间狭小，在成都金牛区通力开了一家，没想到一开张生意就十分火爆；之后逐步在四川开了多家分店（彭州、南充），均是一开就火爆；2000 年，陶然居总部从成都迁回重庆，在南方花园扩了 3 间店；2003 年，陶然居在北京的第一家分店开张；随后，陶然居在全国各地开了大大小小许多分店。（附上陶然居发展历程表，该表为陶然居内部工作人员提供）

陶然居发展历程表

1995	陶然居诞生
1997	陶然居开始在重庆周边及全国发展加盟店
2003.10	陶然居北京第一家分店开业（朝阳区）
2004.6	陶然居北京第二家分店开业（海淀区）
2004	创建青年创业就业培训基地——陶然居厨师培训学校
2006	"中国重庆陶然居建设社会主义新农村示范基地"落成
2007	打造全新升级力作"新概念、精品重庆菜——重庆会馆"，现"重庆会馆·百姓家宴"
2008.6	打造以"民间传菜，品味千年"为主题的"陶然古镇"
2008.8	开设"陶然大会馆，商务头等舱"为经营理念的"陶然会馆"，现"陶然家宴"
2009.6	"美丽人生，情满两江——两江会馆"落成，现为"两江会馆·百姓家宴"
2009.11	鸿恩·陶然大观园开业
2011	在荣昌建立"万头生态猪养殖基地"，开设"陶然居重庆园博园风味庄"，修建"冯小刚温故 1942 民国街拍摄基地"
2012.9	成都"陶然居，重庆会馆"开业
2013.3	"巾帼陶然酒店"正式喜迎八方宾朋
2014.4	"陶滋陶味"五里店喜庆开业
2014.7	"陶然居风味庄"北碚店开业
2014.7	陶然大包营养早餐快餐开业
2014.9	青果·小巷里开业
2014.12	时代天街陶然嘿锅开业
2015.1	北部新区公园一号陶然居生态鱼馆开业
2015.7.19	重庆餐投集团的首个精品项目武隆仙女天街（店）开街（开业）
2015.9.8	陶然居·长寿幸福美丽乡村开业
2016.10.12	陶然居·巴南老街店开业
2016.12.28	陶然居忠州国宾酒店开业
2016.12.28	民国街两江影视城项目街

白市驿辣子田螺逐步走向全国，这一路它收获了诸多荣誉：1998年被评定为"中国名菜"，之后以此为主题制作的陶然螺之宴在中国第三届美食节上更是荣获中国餐饮业最高奖——"金鼎奖"。

问：有人说辣子田螺不行了，远不如当年火爆，能跟我们说说辣子田螺的现状吗？

赵：现在二十多年过去了，白市驿辣子田螺仍是一道负有盛名的江湖菜，现在仍然在我们陶然居餐馆的菜单中显眼的位置。但是，江湖菜也是有生命周期的，像人也有审美疲劳一样，所以公司不断推出各种新的江湖菜，进行多元经营，也一直在找新的菜品和找新的切入点，但推出了很多菜都达不到当时推出辣子田螺的高度。

三、白市驿辣子田螺历史调查后的初步认识

在对白市驿辣子田螺的历史发展做了实地调查后，结合相关书籍、报刊及网络报道，我们形成了对白市驿辣子田螺历史发展的初步认识。

我们认为白市驿辣子田螺的产生离不开老板严琦敏锐的市场直觉，也离不开当时重庆江湖菜的这个大环境的孕育。陶然居虽为1994年开设，但严琦女士为陶然居寻找特色菜制作出辣子田螺的时间为1995年，首创地址为现重庆市九龙坡区白市驿含谷镇高速公路出口处（天赐温泉斜对面）。

白市驿辣子田螺走向全国之路是伴随着陶然居发展历程的，甚至从某种程度上可以说陶然居最初是通过辣子田螺发展壮大的。江湖菜有其自身生命周期，辣子田螺现在虽不如当年火爆，但仍有一定市场。

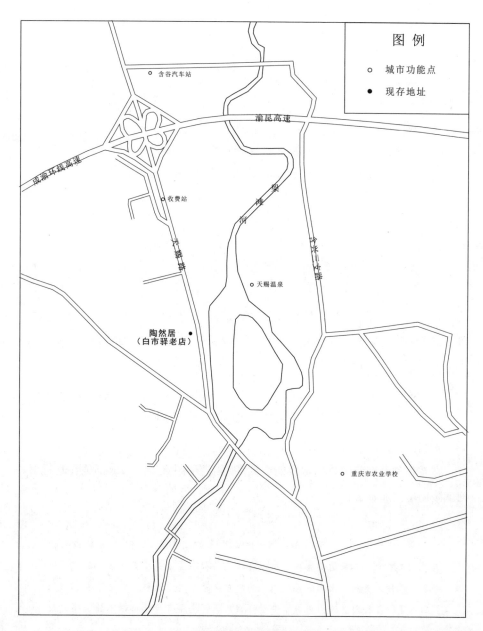

图例

○ 城市功能点

● 现存地址

○ 含谷汽车站

渝昆高速

成渝环线高速

○ 收费站

天赐温泉

陶然居
（白市驿老店）

○ 重庆市农业学校

白市驿辣子田螺原创地地图

石柱武陵山珍历史调查报告

> 调 查 人：陈姝、邬君
>
> 调查时间：2017 年 10 月 21 日、10 月 23 日
>
> 调查地点：重庆市石柱县，重庆市渝北区武陵山珍经
>
>   济技术开发有限公司，武陵山珍龙湖总店
>
> 执 笔 人：陈姝

    武陵山珍是野生菌菜森林美食和土家苗寨特色有机组合而成的中国养生菜，以其婉约细腻的特点引领重庆"绿火锅""文火锅"的发展，在巴蜀江湖菜中牢牢占据一席之地。

一、武陵山珍的相关记载与认同

    在系列美食推荐中我们常常能看到武陵山珍榜上有名。《成都美食吃货书》对武陵山珍大加赞誉：

        喜欢吃菌类的人一定会喜欢到武陵山珍来的，这家店以菌类火锅最为出名，一来不辣，二来菌类养生，所以喜欢吃的人很多。锅底是清淡锅底，汤完全是靠各种菌类熬制出来的，所以吃的时候会感觉越吃越鲜，完全不会有被闷到的感觉。各种肉类涮出来非常爽滑鲜嫩，蘸料吃或者原味都很不错。牛肝菌肉厚香甜，竹荪脆脆的，更是另有一番风味。①

与之相似的《全成都吃喝玩乐情报书》也提到：

> 武陵山珍是一家专门经营菌类的火锅店，各种各样你可能连名字都叫不上
> 来的菌类在这里都能找到。这里的菌类材料很多都是来自川湘交界的武陵山深
> 处，都是纯天然、营养丰富的上品。秘方配置的山珍菌汤鲜香味美，食性温而
> 不燥。②

旅游攻略、地理介绍中也少不了它，据《经典中国·重庆》称："重庆是川
菜下河帮菜系的中心，多河鲜山珍，好辛辣。火锅在 20 世纪应运而生，传遍大
江南北。沿江行走都有特色菜品，干锅系列、煨锅系列、武陵山珍系列等，都
是地道的山城美食名片。"③ 此外，书中在介绍渝东南地区时也提到"这一路除
了美景，不能错过的还有独特的美味，乌江鱼系列珍肴与武陵山珍一直是川渝
两地的美味传奇……足可以让一个美食家为之垂涎"。④

备受瞩目与推崇的武陵山珍引起了我们的关注，它诞生于何时何地，有怎
样的起源故事，又历经了怎样的发展？

二、武陵山珍的历史调查过程

2017 年 10 月 23 日，我们辗转从武陵山珍总店找到武陵山珍集团公司，负
责人向我们提供了《追赶麦当劳：武陵山珍百年梦想》⑤ 一书，根据这本带有
董事长毕麦自传性质的书，我们整理出了武陵山珍的大致发展历程。

1. 武陵山珍创始人

---

① 《玩乐疯》编辑部编著：《成都美食吃货书》，北京：中国铁道出版社，2014 年，第 51 页。
② 《玩乐疯》编辑部编著：《全成都吃喝玩乐情报书》，北京：中国铁道出版社，2013 年，第 59
页。
③ 《经典中国》编辑部编著：《经典中国·重庆》，北京：中国旅游出版社，2015 年，第 55 页。
④ 《经典中国》编辑部编著：《经典中国·重庆》，北京：中国旅游出版社，2015 年，第 93 页。
⑤ 毕麦、澳克：《追赶麦当劳：武陵山珍百年梦想》，北京：中国发展出版社，2013 年。

毕麦，原名王竹丰，土家族，出生于重庆石柱，现重庆武陵山珍经济技术开发有限公司董事长，武陵山珍菜系的创始人之一。

2. 武陵山珍的起源故事

1994年，王竹丰因为工作原因去到日本大阪、广岛、长崎、神户等地考察，他发现日本人喜食蘑菇、松茸等菌类，并将之视为"国宝"。他在书中说道，这次考察使他受到三个非常大的刺激：一是日本餐饮做得非常精细、精准、精美，让他大开眼界、大饱口福、大受启发；二是日本人喜食蘑菇，特别是视松茸为"国宝"，这是缘于美国扔的原子弹在广岛爆炸后，松茸、蘑菇等极少数物种抗住了冲击波、核污染而生存下来，有着极高的抗癌性和免疫性，而武陵山、阿坝山区、长白山等地大量资源还没有开发利用；三是日本人把中国五千年文化精髓——养生文化普及为大众化、家庭化、社会化、科学化，因此平均寿命列世界第一。

王竹丰出生成长的重庆市石柱县地处武陵山区，这片位于中国西南的褶皱山区，地跨渝、鄂、湘、黔四省市，平均海拔在1000米以上。除了"武陵人捕鱼为业"的桃源传说，这片占地约10万平方公里的巨大山脉并没有在历史上留下浓墨重彩，正是这样，这里的原生环境得以较好地保存，成为稀有的少受污染的绿色植物王国。杂居在这里的少数民族，由于独特的地理环境，向来有吃菌类的习惯。这得天独厚的环境给王竹丰带来了灵感，让他开始重视时人大多忽视的野生食用菌类资源。

回国后王竹丰抑制不住激动的心情，向当时在石柱县城开餐饮店的妹妹王文君传达了这个信息和感受。他想要把这个丰厚的资源开发出来，还亲自上山，采摘各种菌类，拿回来琢磨。他对妹妹说："先在你的餐馆里做实验，让顾客品尝后收集意见，做市场调研，我们不走别人走过的路，不能跟着别人跑。做普通饭菜一般人都会做，我们来做别人不知晓的山珍吧。"王竹丰兄妹的饮食业之路，正是从石柱县城这个没有名字的餐饮店起步。

通过电话联系原武陵山珍公司总裁、武陵山珍菜创始人之一的王文君，我们得知了这家老店（1995年春天开店）的地址位于重庆市石柱县城十字街上菜市场口处，店铺现已拆迁。

王竹丰从重庆火锅中得到一种启示，想要做出一种野生菌、野生菜的锅底，着力恢复野生菌的鲜香。从此，在外经贸委工作的王竹丰开始在厨房里研究他的"武陵山珍汤"，他甚至想把它做成一个"武陵山珍"菜系，这在当时的餐饮业还是史无前例的。根据王竹丰的回忆，当时一方面是找一些资料，另外是请教一些专家。在煮了一锅又一锅的山珍汤中，"武陵山珍"味道渐渐得到了大家的肯定，但是要把它推向市场还面临着未知的考验。当时四川省一些餐饮业的专家一度唱衰，他们认为汤的味道虽然不错，可是食用野生菌本身在国内是个空白，风险大市场小。

王竹丰说服妻子和弟弟妹妹，同时发动自己的表哥表姐、亲戚朋友，每人拿出5万入股合资，于1997年4月在重庆的观音桥开了第一家武陵山珍店（观音桥中医院旁，原黔江区街道办事处后，现已拆迁）。开业当天生意火爆，"武陵山珍"终于迈向了市场，得到了大家的认可。王竹丰又接连开了两家分店，生意十分红火。

3. 在曲折中发展

（1）第一次创业失败

生意的火爆引来了同行的注意，仿冒的"武陵山珍"一时间层出不穷，商业上的恶性竞争给王竹丰带来了极大的困扰，厨师、服务员纷纷被挖走。根据他们的统计，在1999年的上半年，重庆仿冒武陵山珍达到一个最高点，多达二百多家餐馆同时经营着"武陵山珍"。大街小巷中"武陵山珍"无处不在，做麻辣火锅的、很小的鸡毛小店和高档的宾馆都在菜谱里添上了武陵山珍。

此外，重庆于1997年成为直辖市，直辖后的旧城改造使得王竹丰在旧城区的两家店都面临拆迁。致命的双重打击使得股东丧失信心纷纷撤资，一时间"武陵山珍"难以为继。1999年，王竹丰第一次创业宣布失败。

（2）再次创业

惨败的王竹丰并没有放弃，他将仅剩的两路口店由"武陵山珍"改名为"土家苗寨"，以缓解压力，他说道："主要是从战略的考虑，当时可以说是压得我们喘不过气来，我们一改就是一个风向标，我们一改肯定那些假冒的武陵山珍就会看到真正的武陵山珍消失了。"那么打着"武陵山珍"旗号的冒牌店自然也就难以为继。他并没有放弃餐饮业，而是把自己的技术雪藏起来，等待时机。为了表明自己的决心和志向，他还把自己的名字改作毕麦——准备用毕生的精力追赶麦当劳。

重庆两百多家"武陵山珍"随着真正的武陵山珍在市场上的消失，又没有核心技术，很快就支撑不下去了。正如毕麦所言，到了一个制高点就会慢慢走向一个低谷，这是规律，在这样的冲击下，全国的武陵山珍也倒得非常快。

经过两年时间的积蓄，毕麦抓住时机，毅然决定将店名重新改回"武陵山珍"，继续打造山珍菜系。他发动家人筹款，卖掉自己的房子，和妹妹王文君重新选址武陵山珍总店，围绕新区走，把店开到社区里，武陵山珍龙湖总店终于得以开张。

（3）维权战争

随着第二次创业的成功，武陵山珍很快走出了重庆，在四川开起了连锁店。

2003年，成都人吴成发从攀枝花某商贸公司购买到名为"武陵煨珍煲"商标。当年9月27日，吴向工商总局递交了43类（餐饮）"武陵山珍"商标的注册申请。2005年，吴成发注册的"武陵山珍"商标通过初审，并进入公示阶段。

消息传到重庆，重庆武陵山珍的负责人表示："重庆武陵山珍先于成都开设数年，如果让成都的吴成发申请获得通过，反成了侵权者，实在难以想象。"经过四年多时间、耗资二百多万，重庆武陵山珍公司通过法律手段反击，最终赢得商标局下发《"武陵山珍"商标异议裁决书》，裁决重庆武陵山珍提供的证据可以证明"武陵山珍"使用在先，且经过广泛宣传已具有一定的知名度，对于成都人吴某"抢注"的"武陵山珍"商标不予核准注册。重庆的武陵山珍最终赢得了这场商标争夺战。

随着重庆武陵山珍连锁加盟经营模式的展开，不少外省商企纷纷来电来函索取加盟资料，咨询入盟的相关细节和条件。一时间，武陵山珍以惊人之势在全国各省市开办连锁店达百家。

2003年，河南省商丘市餐饮老板卢学慎和袁卫东看好武陵山珍的餐饮市场，从河南赶到重庆申请了武陵山珍在河南商丘的加盟店。双方约定，受许方只能在商丘市梁园区域内开设加盟店，不得擅自开办另外的分店和连锁店。没想到，加盟店在商丘开张后生意日益火爆，每日食客不断。为了省下不菲的加盟费、不受总部"管辖"并赚取更多的经济利益，两人决定盗用"武陵山珍"的名义在河南开分店。于是，两人通过制造假证者刻制了在重庆根本不存在的"重庆武陵源山珍经济技术开发公司"的印章，将武陵山珍所有的工商、税务执照和各种获奖证书等全部复制。随后，两人又打着"武陵山珍"的旗号，在商丘、夏邑等地寻找加盟商，收取高额加盟费。事情败露后，武陵山珍采取法律手段维权，一纸状书将之告上了河南省商丘市中级人民法院。

武陵山珍在历经创业失败与维权战争中日渐成长起来，多次荣获各大奖项，深受食客喜爱。

4. 武陵山珍"菜系"

武陵山珍菜实际上是土家苗家特色炒菜与森林野生菌的结合。主营的武陵山珍火锅，号称"东方魔汤"，味型以咸鲜为主，烹饪方式主要是熬煮，用材用料则是各种各样的野生菌类。它打出"文火锅""绿火锅"的旗帜，以特色的火锅形式成菜，使食客们享受一边煮一边吃的火锅趣味。

由于主料是绿色的野生菌类，武陵山珍在菜品上着力打造养生饮食，以几十种野生菌菜为原料反复试验研制火锅底料，不仅保证了野生菌菜的营养价值，而且清淡的锅底也能保证食客最大限度地体味野生菌的原始鲜香。在食用上，他们实行分餐制，由服务员全程提供分餐服务，这也是在吃法上的一种改进。同时，在推广过程中，毕麦与顾问团还一起总结出了品汤——品菌——品酒（自酿的山珍酒）的吃野生菌三部曲。

三、武陵山珍历史调查后的初步认识

这样，武陵山珍的发展历史就非常清楚了：

1. 1994 年，毕麦（原名王竹丰）赴日考察，受到启发，萌生了经营山珍菌类餐饮的想法。

2. 1995 年，时任四川省外经贸委副处长的毕麦和妹妹王文君在位于石柱县城菜市场口的老店里开始研发和试营武陵山珍菜品。

3. 1997年，毕麦在重庆观音桥开了第一家"武陵山珍"餐饮店，从此开起了武陵山珍的风靡一时的历史。由于生意火爆，很快又开了两家分店。同年正式成立重庆市武陵山珍经济技术开发有限公司。

4. 1999年，由于旧城改造与恶性竞争，武陵山珍经营遭受重大挫折，毕麦将仅剩的一家店铺（两路口店）改名土家苗寨，第一次创业宣告失败。

5. 2001年，毕麦开始二次创业，土家苗寨重新改名为武陵山珍，同时购置龙湖商铺，开办武陵山珍龙湖总店。武陵山珍开始复苏，很快走出重庆在全国开起了连锁店。

6. 2003—2009年，武陵山珍经历商标被抢注、加盟授权被侵犯这样的恶性事件，并通过法律手段维权成功。

从毕麦在石柱县城老店开始研发武陵山珍算起，20多年间，武陵山珍走出重庆，走向全国，发展到现在25家直营店、100家以上的加盟连锁店的规模。武陵山珍集团拥有上万亩种植、养殖基地和野生蘑菇加工基地，研制开发出东方魔汤、东方魔酒以及包括皇家宴、家庭宴、养生煲、养生哥们、养生月饼在内的武陵山珍养生礼品系列，形成野生蘑菇采集、生产加工、销售一条龙的经营模式。武陵山珍"菜系"愈加成熟壮大起来。

沙坪坝磁器口毛血旺历史调查报告

调 查 者：陈姝、邬君

调查时间：2017 年 10 月 20 日、26 日

调查地点：重庆市沙坪坝区磁器口古镇

执 笔 人：陈姝

磁器口古镇坐落于重庆市沙坪坝区嘉陵江畔，拥有"一江两溪三山四街"的独特地貌，形成天然良港，是嘉陵江边重要的水陆码头。作为巴蜀江湖菜的鼻祖之一，毛血旺正是从这里诞生，在历经改良和创新后，以其汤汁红亮、麻辣鲜香、味浓味厚深受大众喜爱，现今走出川渝，风靡全国。尽管在全国各地的餐桌上见到毛血旺已经不是难事，但是坊间仍然流传着"不到磁器口等于没到重庆；来磁器口不吃毛血旺，等于没到磁器口"这样的说法。到重庆磁器口去吃一回毛血旺，仿佛带上了某种仪式感。江湖菜往往镌刻着时代与地方的印记，作为码头文化产物的毛血旺究竟诞生于何时？背后又有怎样的起源历史？

一、磁器口毛血旺的相关记载与认同

网络和各种期刊的记载更多的是版本不一的毛血旺起源故事。徐岳南《"毛血旺"煮出磁器口民风》称：

据说 20 世纪 20 年代，磁器口镇上有位王屠夫，每天宰杀生猪剩下的杂碎

被其妻张氏用一种土方法加以烹制后售卖，先为船工、码头工人所喜爱，后被越来越多的人称道，进而引得重庆城的商贾名流也常乘船而至一饱口福，成为远近闻名的特色美味。①

而《重庆之最》给出了不同的说法：

> 毛血旺出自重庆市沙坪坝区磁器口镇。据说，毛血旺的名称来源于毛姓创始人，后因经营不善倒闭。重庆的毛血旺中一般添加的是鸭血、鸭肠、泥鳅、午餐肉、鸭肚、猪心、豆芽等，价格便宜，只有在磁器口才可吃到正宗的。②

巴陵的《觅食：从南向北，边走边尝》中还提到毛血旺与朱允炆的传说：

> 明代末年，建文帝朱允炆在靖难之役时，逃难到重庆磁器口镇的宝轮寺。一天，寺庙住持吩咐和尚上街去买些肉来给建文帝吃，和尚来到街市，肉已经卖光，只剩下猪血。和尚将猪血和菜叶炖在一起，做成了最原始的毛血旺，供建文帝享用。

> 民国初年，南来北往的客商在磁器口镇水码头打尖、歇脚、做生意，有一位胖大嫂王张氏当街支起卖杂碎汤的小摊，用猪头肉、猪骨加豌豆熬成汤，加入猪肺、肥肠、猪心等下水，放老姜、花椒、料酒用小火煨制，味道特别鲜美，食客甚多。一个偶然的机会，胖大嫂在杂碎汤里直接放入生猪血旺，发现血旺越煮越嫩，味道更鲜，她保留了毛血旺的初步制作方法。赶路的脚夫、撑船的老板、水码头的下力人、走街串巷的小贩等都喜好来胖大嫂的摊点买碗热腾腾的毛血旺杂碎汤，或蹲在街边单吃，或来碗帽儿头佐饭，或来个单碗酒，吃得酒醉饭饱，好不惬意。毛血旺嫩而爽口，猪杂碎油而不腻，白豌豆炽和化渣，汤香辣烫嘴，味道鲜美，一碗下肚，通体大汗，暖人身心。王张氏的毛血旺杂碎汤成了水码头的大众名小吃，一些社会贤达、富商大户、文人墨客常慕

---

① 徐岳南：《"毛血旺"煮出磁器口民风》，重庆日报 2003 年 4 月 16 日，第 011 版。
② 重庆工商大学信息技术和社会发展研究院编，项玉章主编：《重庆之最》，重庆：重庆出版社，2008 年，第 653 页。

名来品尝，四乡八码头的绅粮还乘上滑竿来吃。抗战时期，重庆大学、中央大学的师生在傍晚或假日三五成群从沙坪坝顺江边徒步走到磁器口，以品尝王张氏的毛血旺杂碎汤为快事。①

上面这些材料提到了四种毛血旺起源的说法：一为王屠夫妻子张氏说，二为毛氏说，三为建文帝朱允炆说，四为胖大嫂王张氏说。可以看出，故事的主人公和事件的发展都不尽相同，但大都发生在清末到民国初年这一段时间，这个传说中的毛血旺产生时间点在一众诞生于近半个世纪内的江湖菜中算是极早的了，大概也正是这个原因，让缺乏明确文献记载的毛血旺起源更加众说纷纭。

此外，值得注意的是，《重庆名菜谱》②出版于20世纪60年代，可以肯定至迟在20世纪五六十年代已经有了毛血旺的名称。但根据其中所载的做法，当时的毛血旺是清汤熬煮、煮好调味，与如今的汤汁红亮的毛血旺大相径庭。毛血旺究竟起源于何时何人？它的烹调又历经了哪些变化？传说不可尽信，开展实地调查探访就显得十分必要了。

二、磁器口毛血旺的历史调查过程

2017年10月20号，在咨询重庆市沙坪坝区商务局之后，我们来到了磁器口管委会，磁管委的工作人员向我们介绍他们也曾做过这方面的努力，然而要了解一道据传产生在民国年间、古镇家家户户早已掌握了烹饪方法的菜的真正起源，难度是巨大的。

磁器口管委会向我们提供了一份专营或主营毛血旺的餐馆名单，并对其中相对较早或是现在名声正旺、口碑正宗者做好标记，便于我们一一走访。根据走访调查所获的口述资料，包括千年古镇鸡杂、茂庄古镇鸡杂、码头会、古镇九妹饭庄在内的几家餐饮店开店的时间大都在10年左右，几家店中最早的千年

① 巴陵：《觅食：从南向北，边走边尝》，北京：九州出版社，2013年，第64—67页。
② 重庆市饮食服务公司编：《重庆名菜谱》，重庆：重庆人民出版社，1960年，第110—111页。

古镇鸡杂也不过近 20 年罢了。虽然许多门店都打着"百年传承""正宗毛血旺""老字号""第一家"的招牌，但在采访中竟无人敢认这"第一家"。问起毛血旺的起源、最早的创始人、最早的经营店铺，大家都表示毛血旺是来源基层的江湖菜，具体由哪家最先开始根本说不清楚，除了了解这些餐饮店的基本情况外，我们只收获了众多无法考证的关于毛血旺的民间传说。

（一）起源故事

千年古镇鸡杂的老板黄俊涛告诉我们，毛血旺的起源据传与明建文帝朱允炆有关。朱允炆在一次逃难中来到了磁器口，正是在饥寒交迫的时候，当时杀年猪有人用猪血等下水物做菜吃，别人见他可怜就给了他一碗。雪中送炭的滋味让他记住了这道菜的美味，他询问别人这菜的名字，得知这叫毛血旺。脱困后他仍对毛血旺念念不忘，自此毛血旺从磁器口开始流传。还有一种说法是毛血旺来自于贫下中农、下层人民。磁器口是水码头，有很多船工。冬天的时候天气寒冷，大家吃不起好东西，就用猪血等猪下水、杂碎放点香料、豆瓣，用大锅炖着吃。除了猪血也还有其他牲畜的下水，但以猪血为主。后来大家在这基础上做一些改进，毛血旺渐渐在下层人民中间流行了起来。

古镇九妹饭庄的员工吴梦媛告诉我们的说法和第二种相似，至于为什么叫作"毛血旺"，一说在船工之中有一个姓毛的人很会做饭，做成了毛血旺，另一说是因为其中有毛肚，所以称作"毛血旺"。这里提到的两种起源说法和名称含义我们都没有找到相关文献佐证。

（二）制作毛血旺

关于毛血旺的烹饪、味型、食材用料和食用方式竟然也是众说纷纭。码头会的大堂经理何晓燕告诉我们，以前的毛血旺是一锅炖、大杂烩，"毛"就是毛肚，"血"就是血旺，有时候有猪肝，里面还有豆芽、有豆皮，荤素搭配。做成一种冷火锅形式，在表面添辣椒油，起到一个增香的作用。而九妹饭庄的吴梦媛却说道最开始毛血旺有清汤的，类似于北京涮羊肉汤锅，煮的时候在大锅中间放置一口中空的、竖立的、无底的锅，毛血旺放在周边，吃的时候舀一小碗。清汤、红汤都是有的，后来清汤的慢慢减少了。在呈现方式方面，由最开始的类似老火锅到做好一盆一盆的再到今天的小火锅形式。味型上"麻辣"一直占据主导。

关于毛血旺最早是清是红是荤是素，大家各执一词。根据茂庄古镇鸡杂的老板黄兴华的说法，毛血旺最正宗的是红汤，清汤主要是为了迎合外地游客的需要。与之相似，千年古镇鸡杂的黄俊涛也告诉我们，他们制作毛血旺的方法随着市场的改变、随着来自全国各地的游客发生了一些变化，比如以麻辣为主转向为以鲜美为主，同时呈现麻辣，原来以一次性成菜的干锅形式为主到现在类似于小火锅的形式。他说道，新中国成立初期的时候，毛血旺是素的，用大铁锅来煮，然后加豌豆。素血旺以清汤为主，可以根据自己的口味加辣椒，但最开始的时候毛血旺是以红汤为主的。

根据调查结果，毛血旺烹饪和呈现方式上包括大锅乱炖随吃随舀、大锅中竖立内锅、完全做好后整盆成菜以及小火锅等几种形式。而在对这些餐饮店的走访中，我们看到，现在磁器口的所谓正宗的毛血旺几乎都是以一种带有汤汁的小火锅或者说干锅形式端上桌，这和我们在川菜馆中常见的做好的一大盆毛血旺相去甚远。曾有过清汤血旺、素血旺面貌的毛血旺现在已经发展成川菜"麻辣鲜香，复合重油"的典型代表。流传已难以考证，变化却是在真实发生着。

（三）采访老茶馆黄启明

在磁管委康富强老师的帮助下，我们避开了磁器口繁华喧嚣的主街道，在古镇宁静的小巷中弯弯绕绕，首先拜访了老茶馆的老板黄启明。

黄启明告诉我们，毛血旺的起源与磁器口的发展密切相关。大约清朝中晚期，一位机智的商人发现江边的鹅卵石很白很光滑，他就思考着是否可以将这些低端产品进行加工制作生产处高端产品。他捡了几块石头回家，将其磨成粉末掺入泥土中烧制瓷器，没想到烧制出来的瓷器质量非常好，试验非常成功。于是他开始推广这种方法，让家家户户都将鹅卵石敲碎成粉末用于瓷器制作，也正是这样磁器口的瓷器名声大了起来。由于家家户户都捶石子，经济收入增长的同时，许多人开始咳嗽，当时的人们不知道那是矽肺病。

某天一位妇女上街去买菜，家里的主要劳动力得了矽肺病，经济状况不好，日子过得十分拮据。当时正是冬天，她发现街边一个地方刚刚杀猪的猪血在槽子里面冻住了没人要，于是就捡起来拿回家。回家之后妇女加入简单的姜、葱花、盐等调料把它制作成了菜，竟发现味道还不错。为了维持生活，她继续拾捡猪血做菜，这样子持续了一周左右，她家的病人情况居然逐步转好了。她惊喜地发现这个菜居然还可以治病，而且原料廉价，便萌发了开一个餐馆的想法。传闻其姓毛，于是"毛氏血旺"便挂牌产生了。后来毛血旺逐步被周围的人学习，就这样流传开了。此说并无文献依据。

黄启明家中几代人居住在磁器口，他从父亲那里听说，最开始的毛血旺做法是用猪头骨来熬汤煮毛血。毛血旺有清汤也有红汤。清汤的做法有的是用猪油炒干咸菜、葱花熬汤，再将毛血放入其中制作。后来磁器口古镇开发，有很多外来人员来到这里做生意，毛血旺制作的方式方法发生了改变，成为现在类似火锅的样子。

我们还从黄启明的口中探知 20 世纪五六十年代磁器口有多处合作食堂，大约在现磁器口正街金蓉社区幸福院后、现小巷鸡杂处都曾有过。然而隔着数十年的光阴，许多老人都不在了，合作食堂是否与毛血旺的产生有关也无从考证。

黄启明还提到他的同学王老板在 1979 年左右开起餐饮店售卖毛血旺，刚开始生意还比较火爆，到了 20 世纪八九十年代随着磁器口码头的萧条，流动人口骤减，基本上就是自己做自己吃了。一直到了 2000 年左右，磁器口古镇开发，街边的毛血旺店铺才又纷纷涌现。

（四）采访翰林茶院曹伯雄

告别了黄启明，我们来到翰林茶院寻访下一位老者，听闻我们的来意，翰林茶院老板曹伯雄先生十分热情跟我们讲述了他知道的故事。

他强调"毛血旺"的"毛血"指的是杀完猪之后未经任何处理的血。毛血旺于清末民国初年诞生在磁器口码头，当时有一对新婚夫妇，他们依靠跑船为生。一次，他们的船在华嘟嘴碰到暗礁，意外地发生了翻船事故。夫妻两人都落入水中，后来妻子在附近的纤夫的帮助下被救起，丈夫却被湍急的水流带走，不知所踪。年轻的新妇不愿意相信丈夫可能已经遇难，她被救起来之后就一直在江岸边等着丈夫。等了几天还是没见音信，身上的财物也都当掉花光了。周围的人看她可怜就帮她在岸边搭了一个棚子，她就住在里面继续等。

那时的磁器口很穷，江边有很多十二三岁的乞丐。这位妇女在等待丈夫的过程中，看着这些乞丐十分可怜就收留了这些小乞丐。码头附近有一个屠宰场，为了生存，她想到把那些别人看不上的毛血拿回来煮，多余的还可以出售挣点钱。由于没有油，这位年轻的妇女就让乞丐帮她去收集一些当时非常廉价的大肠和心肺，然后拿去江边洗干净。她先将心肺和大肠煮汤，捞起来切成片。然后将白豌豆煮在锅里，再用一个大缸碗倒扣，把锅里

磁器口合作食堂旧址

的豌豆罩起来，在缸碗的底上开个大孔，从孔里可以看到锅里面翻滚的豌豆热汤，然后再将盐放进去，把毛血切成片沿锅边（缸碗外）依次排列煮开，热腾腾的毛血旺就做成了。

当时的销售对象主要是江边的挑公、轿夫、船工、抬夫等社会底层人民，他们来买时，妇女就先把血旺舀起来，然后再加豌豆汤、加大肠片、心肺片，根据客人的口味加点老姜、酒醋（用酒糟烤的醋）、糍粑海椒。所以毛血旺最开始是清汤的，是根据客人的口味出现了加辣椒的红汤。由于毛血旺很热络，同时东西又多价钱也不贵，吸引了大批周围的人，妇女的生意日渐红火起来。周边的小店看到这位妇女这样做血旺，他们也开始学起来了。此说也无根据。

此外，曹伯雄还提到一条比较有价值的信息。1956 年的时候公私合营后，由于没有市场了，这样的小摊做毛血旺也就没有了。一直等到 2000 年磁器口开发之后，毛血旺才又兴盛起来。但是现今的毛血旺已经和当年大不相同，变成了与火锅类似的形式。

四、磁器口毛血旺历史调查后的初步认识

（一）毛血旺的起源

从上面的文献搜集和实地调查来看，毛血旺的起源大致有这样几种说法：

1. 朱允炆说。明初建文帝朱允炆流落此地，避难中尝到当地人用猪血、猪下水做成的炖菜，从此念念不忘，这就是毛血旺。

2. 王张氏说。民国初年磁器口王张氏用时人嫌弃的猪下水熬制杂碎汤，发明毛血旺。此说中王张氏的身份还有细微的差异，一说她是王屠夫的妻子，一说胖大嫂王张氏。

3. 船工说。磁器口码头的船工由于吃不起好东西，冬日里为了取暖，用猪下水、杂碎炖煮，创造了毛血旺这种做法。

4. 毛氏说。磁器口妇女毛氏由于家中主要劳动力得了矽肺病，困窘拮据，偶然的情况下捡到杀猪后没人要的猪血，带回家烹制，发明了毛血旺。

5. 白氏说。清末民国初，跑船为生的新婚夫妇白氏和丈夫遭遇船难，丈夫落水生死不知，白氏被救起后在磁器口码头等待丈夫的消息，为了生存她拾捡屠宰场废弃的血旺下水，创制毛血旺，经营售卖。

建文帝的去处本身就是历史上的一大悬案，明代朱允炆一说颇有穿凿附会之嫌。后几类说法虽然人物不尽相同，但故事大同小异，认为大约在 20 世纪初，毛血旺产生于嘉陵江上昔日繁华的磁器口码头。关于其创始人众说纷纭，身份各异，但基本都起于底层。由于缺乏当时的文献记载，这样的传说我们不可征信，但根据《重庆名菜谱》，至迟在 20 世纪五六十年代的磁器口合作食堂已经有了"毛血旺"的称谓，但毛血旺菜品出现和名称出现究竟始于何时还有待继续考证。

（二）毛血旺的发展

从前期资料和调查结果，毛血旺的发展脉络我们也基本可以厘清。传说毛血旺大致产生在清末到民国初年的磁器口码头，这样的说法并没有当时文献记载或者具体口述者的支持。最晚在 20 世纪五六十年代毛血旺已经在磁器口诞生，物美价廉的毛血旺很快得到人们的追捧，且声名远播。一直到 1956 年公私合营后，由于没有市场，街边支起的毛血旺小摊渐渐消失。改造完成后，20 世纪 70 年代左右借着水码头的人流，毛血旺的销售也分外火爆。到了 20 世纪八九十年代，磁器口码头日渐萧条，往来的人流近乎消失殆尽，毛血旺也就几乎只出现在当地人自家的饭桌上了。2000 年左右，随着磁器口古镇的开发，毛血旺作为古镇特色受到保护和鼓励，一时间经营店铺如雨后春笋，纷纷涌现，经过十几年的发展，成了如今这里遍地毛血旺的景象。

（三）毛血旺的名称

毛血旺的"毛"字究竟指什么也存在分歧，有下面这三种说法：

1. 一说乃是因为"毛氏"创立。

2. 一说是由于所选的血是杀猪后未经处理的"毛血"。

3. 一说是因为食材中选用了"毛肚"。

总的来看，因四川话将初级的、未处理的称为"毛"，如毛坯、毛猪，针对"毛猪"，"毛"有"未处理""未宰杀"之意，相对于宰杀后去毛、内脏而分类的猪肉而言，故第二种说法可能性最大。

（四）毛血旺的做法

我们找到的最早关于毛血旺制作的记载是 20 世纪 60 年代出版的《重庆名菜谱》，再加上调查结果，我们发现：

1. 在选用食材上，毛血旺以猪血为主，除血以外，首先存在素血旺和荤血旺的差异，不同的厨师用料也有不同，他们用脑顶、心肺、大肠、毛肚、豆芽、豌豆、海白菜、豆皮等材料中的几种与之搭配制作菜肴。

2. 口味上，有清汤血旺和红汤血旺两种说法，根据现有材料我们判断早期

的毛血旺以清汤为主，采用过桥蘸料而食，符合传统江湖川菜原始吃法的特征。但现今市面上销售的毛血旺已经全部是汤汁红亮、麻辣鲜香的红汤毛血旺了。这个"清汤"到"红汤"的转换大约只有 30 年的时间。不过，有人认为这个转变可能是受九龙坡荒沟"任血旺"的影响，但一是缺乏直接的史料和人证支撑，一是红汤烹制血旺盘菜早在清末就在巴蜀普遍存在，20 世纪中叶以来巴蜀民间也普遍烹饪红烤血旺，并不是"任血旺"独有。

3. 烹煮和呈现方式上，历史上存在大锅乱炖随吃随舀、大锅中竖立内锅熬煮、完全烧好后整盆成菜以及略带汤汁的干锅等几种形式。现在除了磁器口流行整盆成菜上桌和干锅形式外，我们在其他地方能见到的毛血旺几乎都是完全烧好后整盆成菜上桌。

磁器口古镇主要毛血旺店铺分布图

叙永江门荤豆花历史调查报告

调 查 者：王倩、詹庆敏

调查时间：2017 年 10 月 25 日

调查地点：四川省叙永县江门镇

执 笔 人：詹庆敏

江门荤豆花是巴蜀地区一道非常有名的菜品，是川渝传统素豆花与荤菜的经典结合，其做法虽然简单但口感丰富，以鲜嫩可口、清淡美味著称，自发明至今一直深受大众喜爱。2008 年，江门荤豆花被列入泸州市第二批非物质文化遗产，现今荤豆花已成为江门镇的一张文化名片，不仅是一代代江门人共同的味觉记忆，也吸引着全国各地的食客前来品尝。

一、江门荤豆花的相关记载与认同

（一）"沈豆花"说

江门荤豆花虽然名气不小，但关于其创始却未有统一定论，县志上也仅是提及其广受欢迎。另有资料载：

> 20 世纪 80 年代初，我在叙永大树磺厂当工作员，常乘客车回老家探亲。厂里沈工程师说，他有一个亲戚在江门场上开饭馆，独创了一种叫"荤豆花"的饮食，很好吃，推荐厂里的干部、工人途经那里去品尝，提起他便有优惠。

于是，每次到江门吃饭，我就专到"沈豆花"饭馆，和沈老板一来二往就熟了。沈老板自称他是江门荤豆花的创始人，说他做出的荤豆花不同凡响：在传统的素豆花基础上，进行了改进创新，用自己制作的酸菜，加入瘦肉片、蘑菇、番茄、豌豆尖等佐食，素豆花便成了有肉有味的荤豆花，蘸上油酥七星椒、生菜油、木姜油、味精、小葱汇成的佐料，吃起来舒心可口。①

同样的说法还见于其他新闻，如 2011 年的一篇博文转引 2009 年《泸州日报》的一篇报道提到："年逾七旬的沈德富，是江门场镇的一名普通居民，是江门荤豆花的创始人之一，在改革开放之初就在场上经营饭店……一次偶然在煮酸菜汤时，沈德富加入了用剩的素豆花及蘑菇一起做成一道汤菜，等开锅食用时发现，味道特别，十分爽口。"② 如果文章属实，那么江门荤豆花很有可能是 20 世纪 80 年代初期一位沈姓老板首创的。

（二）"许豆花"说

目前所见资料中，另一种有关荤豆花起源的说法提到的地点相同，只是创始人变成了同一条街的"许豆花"，据传：

> 四川荤豆花产于叙永县江门镇，川滇公路穿镇而过，往返云、贵、川的车辆和客商多在江门歇脚吃饭。有一回，许豆花店来了几位昆明客商，又要吃豆花，又要喝荤汤，鸡鸭鱼肉还全点了，客人急着赶路，一个劲地催快点上菜。许老板灵机一动，把几样荤菜煮在汤里，把豆花放进去，加姜、葱、胡椒等调料，一盆香气扑鼻的荤豆花端上桌来。客商大开眼界，觉得荤豆花比素豆花更加鲜嫩有韧性，肉香渗入豆花里，味道鲜美爽口，不再有卤水的味道。江门荤豆花不胫而走，成了川南一道名菜。③

① 雷定昌：《江门荤豆花的老食客》，《川江都市报》2016 年 12 月 16 日，第 CJDSB19 版。
② 《荤豆花的 30 年》，《泸州日报》2009 年 10 月 24 日，转引自《叙永特色饮食——江门荤豆花的历史》，2011 年 6 月 29 日，http://blog.sina.com.cn/s/blog_64d3013e0100rnsr.html。
③ 巴陵：《觅食：从南到北，边走边尝》，北京：九州出版社，2013 年，第 48 页。

从所见资料分析可知，江门荤豆花发源于叙永县江门镇基本是可以肯定的，但其创始人和创始时间却不能确定，基于此，我们决定通过实地调研考察其发源与发展。

二、江门荤豆花的历史调查过程

2017年10月24日下午，到达叙永县城后，我们首先寻访了叙永县经济与商务局。据商务局工作人员讲，叙永县非常重视江门荤豆花的传承与保护，他们自己目前也在编写相关材料，同时，还在江门镇打造了荤豆花一条街。随后，工作人员还向我们提供了一些资料，虽然资料中详细记述了沈德富发明荤豆花的过程，但却没有其他相关材料的证明。于是我们决定前往江门镇做进一步调查。

（一）知名老店

1. 沈氏正宗荤豆花

2017年10月25日，我们前往江门镇。江门镇位于四川省泸州南面、叙永西北部，地处叙永、兴文、纳溪、江安四县交界处，素有叙永"北大门"之称，距县城37公里。

我们首先去了沈德富传承下来的荤豆花店——沈氏正宗荤豆花餐馆。沈氏餐馆现在由沈德富老人的女儿尹易平经营管理。据她讲，她的父亲是缝纫店的裁剪师，由于父亲死得早，母亲沈德富三十多岁就一个人拉扯三个孩子，虽然很辛苦却赚不了多少钱。母亲没办法，就想到自己做豆花的手艺不错，家里也经常做豆花，配上油酥辣椒很好吃。大约在1977年，母亲就去兽医站拿了一个箩筐，在河坝拾了一些鹅卵石，堆起一个箩筐灶，开始卖素豆花。由于母亲做的素豆花老嫩适宜，十分美味，起初人们很喜欢吃，当时一碗豆花一碗饭才卖两毛九分钱，非常实惠。后来1979年的一天晚上，由于家里还剩些豆花，母亲想煮热来吃，煮的时候又加入了自己家泡的酸菜，正在吃饭时，有一个师傅来吃豆花，母亲便邀请师傅一起吃酸菜煮豆花，师傅吃过后，觉得非常美味，便建议用来卖。母亲想着大家吃素豆花也吃腻了，于是就开始卖酸菜豆花，渐渐地还往里面加了蘑菇和肉片。为了区别加了肉片的豆花与素豆花，母亲就将加了肉片的豆花取名为荤豆花。跑车的师傅吃了后觉得还不错，又有酸菜又有肉片，夏天吃着安逸解渴，冬天多放点油，味道也很好。于是江门荤豆花的名声就慢慢传开了。20世纪80年代初，荤豆花正式形成，那段时间饭店的生意更好，于是尹易平于是初中未毕业就回家帮着母亲做生意。后来，荤豆花又不断改进，慢慢又加入番茄、胡椒等，当地季节性苦笋出来时还会加入苦笋，使汤更鲜美。随着时代的发展，生活水平的提高，沈氏荤豆花的店里又加入了蒸菜、烧白和扣肉以及自己做的腊肉、鱼、凉拌土鸡等。现在荤豆花的主要食材是豆花、蘑菇、番茄、肉片和酸菜，做荤豆花的汤都是用的大骨汤。现荤豆花种类可以分为蹄花荤豆花、黄牛荤豆花、粉肠荤豆花、土鸡荤豆花和正宗荤豆花，形式更加多样，能满足更多食客的需求。

随后，我们又询问了沈氏荤豆花的店址，据尹易平讲，自己家的店以前开在老街上，也就是在312国道边上。过去没有高速，叙永、古蔺去泸州要走半天，因此必须在江门吃饭，所以老街市场非常繁荣，荤豆花的生意也十分火爆，吃荤豆花的人的车都使道路堵塞了。1991年新区路修好了，沈氏荤豆花就搬到了现在的地址，生意也大不如前了。

2. 江门峡许大毛荤豆花餐馆

10月25日下午，我们来到了位于高速路口的江门镇荤豆花一条街，许豆花餐馆就是这众多荤豆花餐馆中的一家。

经过采访，我们得知，许豆花原名许继荣，诨名许大毛，他所经营的餐馆叫江门峡许大毛荤豆花餐馆。据许继荣讲，自己以前在江门老街卖豆花，是江门第一家荤豆花，沈豆花沈德富是在他之后，他才是荤豆花创始人。他说在改革开放前做生意要合伙才可以，可以私人做以后，他就开始卖素豆花，卖炒菜，但具体的时间已经记不清了。当时泸州、毕节运输公司的师傅会在江门吃饭，而自己发明荤豆花是因为水尾一个冷师傅来吃饭说："老板，我今天不舒服，要吃酸菜肉片汤，加两坨豆花在里面。"于是荤豆花就这样产生了。冷师傅是第一个吃荤豆花的人，后来的荤豆花又慢慢加入了酸菜、菌类和肉片，但具体时间许继荣都记不太清楚。至于荤豆花名称的由来，许继荣讲，因为是生意人，满脑子都是利润、成本，当时素豆花一毛二分钱一碗，荤豆花一块五一碗，同样的豆花加了几块肉，利润就高很多，于是就取名荤豆花，具体的时间许继荣也记不清楚。

许大毛餐馆的创始人是马太仁（许大毛母亲），然后传给许继荣，几十年来都是许继荣自己亲自掌勺。最初老店地址是在江门老街公社斜对面，和沈豆花在一条街上，沈豆花在街尾，许豆花在街中。当时老街是 312 国道，所以生意很好，但由于太堵，政府就改道走江门新区，老街这边渐渐没有生意，所以1993 年，许大毛餐馆就搬到江门峡。高速公路通了后，江门峡就没有生意了，于是 2016 年许大毛餐馆搬到了豆花一条街。

（二）相关群众及协会

1. 江门老街街坊

采访过许继荣后，我们仍不敢贸然断定到底谁才是荤豆花的真正创始人。于是我们来到沈豆花和许豆花都开过店的江门老街，希望能找到荤豆花历史的见证人。在距沈豆花和许豆花店址都不太远的老街上，我们碰到了 88 岁高龄的姜世慧老人和其他街坊。姜世慧老人亲历过这段历史，提到荤豆花是谁发明的，她很肯定地说："沈德富，沈豆花！"和她一起的老街街坊告诉我们，荤豆花就是沈豆花发明的，许大毛是在沈豆花之后，沈豆花发明荤豆花的事，他们街上的人都是知道的。

2. 荤豆花协会会长

为了求证以及了解更多江门荤豆花的情况，我们又采访了江门荤豆花协会的会长李波。李波分四个阶段向我们讲述了荤豆花的发展历程：

第一阶段：起源。是说当时清兵入关，吴三桂从江门镇经过，在一位姓沈的老太所经营的卖素豆花的小作坊中吃了加菜加肉的豆花，并为其取名为荤豆花。

第二阶段：鼎盛阶段。即 20 世纪 90 年代，此时江门发展成为了有一万多人口的乡镇，镇上餐馆有一百八十多家，江门荤豆花的发展达到顶峰，在方圆

10公里范围内甚至有一百多家荤豆花餐馆。

第三阶段：没落阶段。2008年，叙永到泸州开始修高速路，2011年高速路通后，荤豆花开始没落。这是由于原来312国道是出川的必经之路，高速路通后，从312国道过的人少了，吃荤豆花的人就少了。到2012年，江门镇就只剩下了二三十家荤豆花餐馆。

第四阶段：再兴起阶段。自2008年江门荤豆花成功申请市非物质文化遗产后，国家奖励加上招商引资，在高速路出口打造古街，并把荤豆花商家全部引到古街，发展成豆花一条街。之后江门荤豆花开始慢慢回暖，现在餐馆又发展到了一百多家。2014年，江门荤豆花的发展正式进入第四阶段。

据李波讲，江门荤豆花有两个特色。一是蘸水，荤豆花的蘸水有很多种选择，有糍粑辣椒、油酥辣椒、青辣椒、小米辣等各式各样的辣椒。调料中用的木姜油是山上野生的、本地产的，其纯度达到90％以上，因此出了江门就吃不了正宗的荤豆花。二是江门水，李波说，江门荤豆花好吃是因为江门水。当时去成都参加省非遗成果展示的时候，前一天人过去，把原材料拿过去，第二天中午要煮荤豆花，早上才把水从江门运过去，这是市上、省上专家考证过的。江门荤豆花的豆花、蘑菇、番茄、酸菜、肉片全都产自江门，就地取材，所以说出了江门就吃不了正宗荤豆花。

三、江门荤豆花历史调查后的初步认识

经过前期资料的收集、整理以及对江门镇相关店铺的采访，江门荤豆花的起源以及发展脉络已然较为清晰，情况如下：

（一）江门荤豆花起源于清初之说缺乏史料支撑，江门荤豆花应该起源于20世纪70年代末，具体为1977或1978年，其创始人为江门镇人沈德富，发源地就在江门镇老街上原沈氏豆花作坊，其发展历程基本可以按照李波会长所讲分成四个阶段，只是起源阶段与李波所说稍稍有异，鼎盛、没落和再兴起阶段则与李波所讲基本一致，在此不再赘述。不过，据蓝勇教授告知，他在20世纪70年代初在泸州城中就吃过荤豆花，与江门荤豆花的关系并不清楚。

（二）江门荤豆花的著名店铺大都出自原312国道旁的老街，店铺的发展受交通影响较大。最早的沈氏荤豆花餐馆和许大毛荤豆花都在老街，由于受修建新路的影响，餐馆的经营状况都受到影响并搬往新的地址。

（三）荤豆花的做法比较简单，一直是沿袭发明之初的做法，并未有太大的改变。蘸碟由以前的油酥辣椒到现在的糍粑辣椒、油酥辣椒、青辣椒、小米辣等。但总的来说，江门荤豆花仍旧保持着以前传统的手艺，仍旧延续着其细腻鲜美的特点。

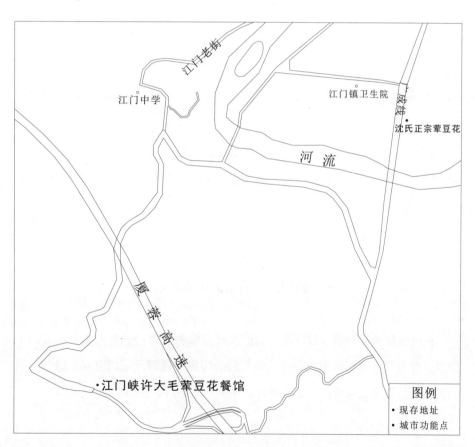

叙永江门荤豆花原创地地图

287

剑门豆腐历史调查报告

调查 者：蓝勇、陈俊宇、陈妹、唐敏、王倩、张浩
宇、张莲卓、张静、谢记虎

调查时间：2018 年 1 月 26 日

调查地点：四川省广元市剑阁县剑门关镇

执 笔 人：陈妹

剑门关地控川陕要道，自古以来就是兵家必争之地。在当地，和剑门关齐
名的还有剑门豆腐，正所谓"不吃剑门关豆腐，枉游剑门雄关"。剑门豆腐也称
剑门关豆腐，指的是四川省剑阁县剑门关生产的豆腐，素有"剑门天下险，雄
关豆腐绝"的美誉。

一、剑门豆腐的相关记载与认同

在出发前的资料准备过程中，我们发现多篇关于剑门豆腐的文章都提到了
剑门豆腐与蜀将姜维的渊源，将这里豆腐的历史一路溯至三国时期。根据《剑
门天下险，雄关豆腐绝——记地理标志保护产品剑门关豆腐》① 中的说法：

---

① 杨甫：《剑门天下险，雄关豆腐绝——记地理标志保护产品剑门关豆腐》，《标准生活》2012 年
第 11 期，第 35 页。

蜀汉耀帝六年，魏将钟会、邓艾率十余万大军攻打剑门关。蜀国大将姜维把汉中撤退的残兵三万与剑门守将董厥的两万余兵丁汇合，依剑门天险据守。时值五月，粮苗青黄不接，使军营粮草不济，姜维营中人疲马乏，而魏兵声势浩大，全力夺关，眼看蜀北屏障剑门关危在旦夕。此时董厥献计：闭关三日不战，号令剑门关百姓家家做豆腐，以豆腐健养士兵，以豆渣饱喂军马，待兵马体力恢复再战。三天后，姜维营兵强马壮，复引兵杀出关外，直杀得邓、钟大败，魏军兵退数十里下寨，解了剑门关危急。由于豆腐在此战中的突出作用，当地群众就把用剑门山区优质黄豆和山泉水制作的豆腐称为剑门关豆腐，剑门关豆腐因此名声大振。

我们翻阅三国相关史料，并未见这样的记载，这不过是后人穿凿附会之说。

在 1927 年版的《剑阁县续志》[①] 中我们找到了此地出产黄豆的记载，1992 年出版的新《剑阁县志》[②] 中也有关于剑门豆腐的相关记载：

> 豆制品 1958 年，县商业部门在学街开办豆腐店，以旧法制作豆腐、豆腐干，由粮食部门供应原料。1974 年改用机械生产。1985 年，龙泉粮站也加工豆腐、豆腐干，缓解县城供需矛盾。县供销部门开设剑门豆腐厂，加工早已驰名的剑门豆腐、志公寺豆腐干等食品，扩大生产，以供旅游者和过往客商的需要。

由此可以确定的是，至迟在 20 世纪中叶，剑门相关的豆腐产业就有相当规模。

在 1992 年编纂的《剑阁县志》中还提到当时"饮食行业的技术人才较多，创造出许多受群众欢迎的名菜肴和地方名小吃。……尤以剑门关的豆腐驰名，由厨师用糁、蒙、瓢、贴、炒、烩、炸、爆、烤、拌等烹饪技术，制成'口袋豆腐''怀胎豆腐''虎皮豆腐''雪花豆腐''菱角豆腐'等数十种菜肴，形、

---

① 《剑阁县续志》卷六《赋役·物产》。
② 四川省剑阁县志编纂委员会：《剑阁县志》，成都：巴蜀书社，1992 年，第 504 页。

色、香、味均佳"。[①] 已经明确列出了剑门豆腐制作的菜肴。

2003年，剑门关镇成立了剑门豆腐协会，把剑门豆腐作为特色产品开发。2011年，国家质检总局批准对剑门关豆腐实施国家地理标志产品保护。2013年，剑门豆腐制作工艺申报广元市第三批非物质文化遗产名录。如今，风味独特的剑门关豆腐宴逐步成为大众喜食菜品，剑门关人陆续在北京、西安、宝鸡、广元、绵阳、成都等地开办了五百余家"剑门关豆腐店"，专营剑门关豆腐。极负盛名的剑门豆腐菜肴究竟拥有怎样的起源历史？又在何时开始声名鹊起？这些都有待我们进行实地的走访探查。

二、剑门豆腐的历史调查过程

1月26日，调查小组去往剑门关镇。我们首先去到了剑门关镇政府，党政办的工作人员向我们提供了剑门豆腐协会会长兼帅府大酒楼老板卫少能的联系方式，建议我们采访他。

（一）帅府大酒楼

帅府大酒楼门口大大的招牌下面挂满了荣誉："豆腐名店""崩山豆腐荣获四川省第一届地方旅游特色菜大奖""剑门豆花经专家评委会评为首届广元特色小吃"，分外引人注目。

由于老板卫少能外出开会，于是店铺老板娘也就是卫少能的妻子接受了我们的采访。老板娘告诉我们，他们最早开店是在1982—1983年，当时只是一个小店，叫作皇冠酒店，改名帅府有十八九年了。剑门关更早经营剑门豆腐的餐馆还有一家叫作六娃子的。老板娘介绍道，剑门关现在点豆腐所用的凝固剂主要是卤水，也有用石膏、酸水（汤）的。餐馆所用的豆腐原料不是自己加工的，是在专门的豆腐工厂进货的。现在剑门关有很多卖豆腐的，有一两百家。

---

① 四川省剑阁县志编纂委员会：《剑阁县志》，成都：巴蜀书社，1992年，第504页。

帅府大酒楼现址

谈到剑门豆腐现在的经营销售，老板娘显得十分愤慨，她告诉我们现在镇上很多路边饭店只顾追求利益，制作的豆腐菜肴不讲究质量，把剑门豆腐的名声都败坏了。

（二）文家豆腐香店

除了帅府和六娃子外，还有一家叫作文家豆腐香店的餐馆，位于古镇天桥口的文家店铺外。我们看到了招牌下面熟悉的一连串奖牌，多多少少与剑门豆腐相关。老板文海强非常热情地接受了我们的采访，这个文家豆腐香店是在2008年开的，店名和店址一直未变。文老板说自己从1988年就开始学厨学艺了，主要就是学做剑门豆腐。

他也提到，现在本地餐馆所用豆腐原料都是从专门做豆腐的工厂中买的，并不是自己制作的。剑门豆腐主要是用卤水点的，所用的卤水好像是从西安那边运过来的。另外也还有酸水（汤）点的豆腐，这算是一种地方特色。

文老板向我们介绍文家做的剑门豆腐主要特色是鲜、香、烫，现在一般可以做百来种豆腐菜肴，代表性菜肴主要有麻婆豆腐、文家豆腐、炝锅切饼豆腐。

他还说剑门豆腐在剑门关流行起来大概是在 2000 年的时候，主要是在剑门关旅游兴起后，剑门豆腐也随着红火起来。

（三）再访帅府大酒楼

结束对文老板的采访后，到了我们与卫少能约好的时间，于是我们再次前往帅府大酒楼。

采访卫少能（中）

卫少能向我们说起自己的创业史，他开店到今年有 35 年了。帅府大酒楼这个店是 2001 年开的，最早开的店叫作皇冠酒家，是在 1985—1996 年间，就在街口的位置，现在已经没有了。这之后是鸿宾楼，在 1996—2001 之间。这三个店都是主营剑门豆腐菜肴。

他也提到了剑门豆腐的生产。剑门豆腐凝固剂主要用卤水和土酸水，石膏用得少，现在也有极个别菜用的是内酯豆腐，不完全是本地的豆腐。餐馆用的鲜豆腐是从豆腐作坊进货的，一般都有定点的对接，餐馆并不自己生产豆腐，主要是进行豆腐烹饪。

1. 剑门豆腐的历史

卫少能说剑门豆腐由来已久，不只是文人墨客附会成说的，在三国时确实这里就有豆腐。而真正把剑门豆腐发扬光大则是从 20 世纪 80 年代开始的，比较清楚的历史可以追溯到新中国成立后，这与卫少能的老师岳仔英有一段渊源。

岳仔英大约是在 20 世纪 30 年代在成都做厨师，在相当于现在一个五星级的饭店里面，他从杂工一路做到主厨。而后又去给军阀做厨，当时叫作开小灶。大概在 1935 年逃难到了剑门关。

岳仔英身无分文，十分困窘。他来到剑门关一个叫作同兴饭店的地方，一面在这儿吃住一面展露了他自己的川菜手艺，而他的厨艺和剑门关这样相对偏僻的乡镇有很大差别。这里过去还只能做一些大刀肉，烹饪粗糙，岳仔英的到来就带来了一些炒菜、烧菜、蒸菜的技法。剑门的豆腐当时的确还不出名，岳仔英非常惊喜地发现这边的豆腐品质极好，就做了许多尝试，他把豆腐贯穿在川菜的传统烹饪之中，二者融合，竟然产生了奇妙的化学反应。得到大家的认可后，他就在这里开起了店，主要是经营豆腐菜肴，渐渐开始小有名气。此外，这里志公寺有一种糟辣子串串豆腐，据说三国时候的军队常常把它带上当作干粮，串成串子十分方便，这个东西当时就已经很出名了，而上桌的豆腐菜肴还不是那么出名。

卫少能是在1984年开始跟岳仔英做学徒的，1985年开了自己的店。那时岳仔英已经退休了，他一直教了卫少能七八年，直到去世。早些年的生活条件比较困难，但是整个社会对厨师还是比较重视的，岳仔英就在周边这些县城、乡镇广收徒弟，培养了一批熟悉剑门豆腐的厨师。他当时差不多能做四十多个品种的豆腐菜肴。由于受到原材料的限制，特别是当时生活紧张、缺少肉食的，他就想到把豆腐拿来做宴席，开发了很多品种，比如现在的怀胎豆腐、熊掌豆腐、麻辣豆腐、烂肉豆腐、雪花豆腐，这些都是他根据川菜的传统做法发明出来的。

川陕要道要从剑门经过，南来北往的客商也一点点带火了剑门豆腐的名气。大约1981年，当地的一位中学老师李代信在《四川日报》上发表了一篇《豆腐搅成肉价钱》的小短文，文章一经发表，引起了县委政府的高度重视，政府组织专人进行了调查，经过走访与评估，调查人员惊讶地发现豆腐没有"搅成肉价钱"，豆腐确实要值那么多钱。20世纪70年代的回锅肉还只卖2毛钱一份，到了20世纪80年代也才涨到4毛钱一份，而那时的豆腐菜肴价格在2毛5、3毛、4毛不等，价钱最高的豆腐菜比肉菜还要贵，可以卖到6毛钱。

当时开饭店就是一个菜煮一大锅，给客人一个盘子，4毛钱或者6毛钱一份的肉，再给舀一个杂烩汤。而剑门豆腐就不像当时的其他菜，它融合了川菜的经典做法，又添加了譬如海参、鸡脯、牛柳、火腿等众多材料，能做很多品种，而且在口感上呈现出细、嫩、白、鲜、韧的特点，极富特色。这样，经过调查，政府就把它当作一个课题，从宣传的角度在报纸上刊发了一些文章，也出了一些关于剑门豆腐的书，当时专注于此的有剑阁的宣传部长、剑门关的老教师揭纪林等一批人，他们写出了一批关于剑门豆腐的小册子、小书籍，广泛涉及剑门豆腐的故事、做法、菜系、宴席，就这样剑门豆腐声名鹊起、逐步地发扬光大了。

2. 剑门豆腐的发展

发展到现在，剑门豆腐菜肴已经多达 300 个品种，都是按照川菜的理念进行烹制，还借鉴了川菜代表性名菜譬如回锅肉、盐煎肉、宫保肉、水煮肉等做法，再经过一些演变，最终呈现千姿百态的剑门豆腐宴。

卫少能向我们介绍，现在剑门关镇开饭店主营剑门豆腐的，有一百一十多个大大小小的饭店，节假日数目还会大量上升。根据年初的统计，从高速路下道沿线也就是从县城到五里坡这一段路上总共有 215 家左右，按照每一家饭店平均 8 个人计算，光是饭店这个层面就能解决当地 2000 人的就业。豆腐原料制作方面，镇上和乡下一共有 6 家鲜豆腐作坊、两家豆腐干作坊厂，再加上县城还有 3 家作坊目前运转比较正常。可以说剑门豆腐带动了剑阁很多相关产业。不过本地黄豆也就是沙砾土出产的小黄豆是完全没办法满足当地的豆腐生产的，还很大一部分需要依靠从外地买进黄豆来生产鲜豆腐。

3. 剑门豆腐现存的问题

和他的妻子一样，卫少能也同我们探讨了剑门豆腐发展到现在面临的问题。他承认现在有这么多家店，确实存在很多需要改进的地方。比如说在川菜烹饪理念、烹饪思维、菜品花色、上档升级这些方面都还有一些问题，文化氛围也还有所欠缺。比较麻烦的是有一些饭店在节假日粗制滥造，大锅出菜，极大降低了剑门豆腐宴的品质口感。现在因为店铺太多，做的人也杂，再加之整个厨师队伍的文化水平、文化涵养都还有待高，所以要一下子达到快速的发展、实现品质的提高确实还是有困难的。

（四）六娃子酒店

离开剑门关后，我们通过电话对六娃子酒店邓东海（男，39 岁）老板进行一个补充采访。他介绍道，镇上其他几家冠以"六娃子"的店也是他们的，他们最早是在1981年左右由他父母开店，刚开始的时候只是街头小店，那时也做剑门豆腐，只是菜品很少。

而后，邓东海向我发送了一篇发表在广元新闻网、名为《从补鞋匠到总经理》的报道，这篇新闻稿详细讲述了邓东海父母的创业史。邓志明与谭群芳1976年结为夫妇，邓志明一面在理发店做学徒一面在店外摆起补鞋摊，没有固定工作的谭群芳也四处打工，日子过得十分辛苦。1981年，当时开着小饭馆的小舅子六娃子非常心疼姐姐，劝她也摆个小摊卖些吃的。谭群芳听从了弟弟的建议，拿出全家仅有的30元摆起摊位卖"油干"，经过无数的波折和努力，生意渐渐好起来，他们也攒下了一点积蓄，最终买下了一间门面，与小舅子六娃子合伙开起了豆腐店——翠云餐厅，生意十分红火。1984年，邓志明所在的供销社餐厅关门，他也加入到翠云餐厅来。1985年，小舅子六娃子单独开了自己的店，经过一位客人的点拨将自己的店改名为"六娃子"，从此六娃子餐厅名声大振。1997年，小舅子因为向广元发展业务，就拜托自己的姐姐、姐夫改用六娃子店名，把六娃子这个旗号发扬光大。夫妇俩接受了请求，把自家的翠云餐厅改名为六娃子餐厅。因为六娃子声名在外，前来品尝剑门豆腐的客人络绎不绝。从1997年到2007年这10年间，六娃子迎来了发展的黄金期。2011年他们投资建起了六娃子大酒店，发展到如今的集餐饮、住宿、娱乐一体的规模。

三、剑门豆腐历史调查后的初步认识

经过前期的资料收集和在剑门关镇的实地走访调查，我们认为剑门关附近出产豆腐的历史较早，但是将其牵扯到三国时期缺乏文献支撑，不足为信。可以肯定的是，至迟在20世纪30年代到50年代之间剑门的豆腐生产就已经有一定规模。

根据当地人的说法，剑门豆腐菜肴的研制开发时间大致是在1935年以后，主要得益于一位来自成都的厨师岳仔英。到了1981年，当地中学老师李代信在《四川日报》上发表的《豆腐搅成肉价钱》引起了剑门关镇政府的重视，政府开

始调派专员，逐步加大对剑门豆腐的宣传与品牌塑造。剑门关镇先后出现六娃子酒店、帅府大酒楼、文家豆腐香店、苟家饭店这几家现有规模较大、经营剑门豆腐菜品比较丰富的名店。2003年，剑门关镇成立了剑门豆腐协会，把剑门豆腐作为特色产品开发。2011年，国家质检总局批准对剑门关豆腐实施国家地理标志产品保护。2013年，剑门豆腐制作工艺申报广元市第三批非物质文化遗产名录。截至目前，剑门关所辖范围下大概有一百一十多家豆腐饭店，若加上县城高速路口过来沿线的店则有215家左右，而相关豆腐菜品已能做到多达三百多个品种。至今，剑门豆腐在省内外都有一定影响。

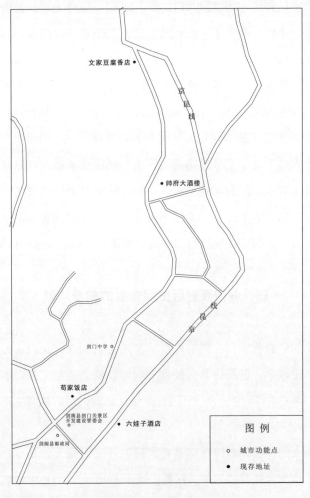

剑门镇主要豆腐店铺分布图

西坝豆腐历史调查报告

调 查 者：蓝勇、陈俊宇、唐敏、王倩、陈妹、张浩
宇、张静、张莲卓、谢记虎

调查时间：2018 年 1 月 24 日

调查地点：四川省乐山市

执 笔 人：王倩

西坝豆腐源于四川省乐山市五通桥区西坝镇，是"西坝三绝"之一，同时也是乐山地区的美食代表，与剑门豆腐、河舒豆腐、沙河豆腐一起并称四川四大豆腐。因其质地洁白、细嫩、绵软，口味富于变化，做法多样而闻名于世。近年来，媒体的宣传及政府的重视使西坝豆腐的名声传播得更远更广，西坝豆腐更是被冠以"四川豆腐甲天下，西坝豆腐冠四川"的美誉。

一、西坝豆腐的相关记载与认同

西坝豆腐作为四川四大豆腐之一，一直以来受到的关注颇多，因此在许多书刊中都能见到有关西坝豆腐的记载，然而多为传说。如：相传宋代，西坝住有一户姓丁的人家，在一次偶然的机会下，丁嫂将煮好的豆浆倒进了罐子里，随后发现豆浆变成了豆腐。而这正是因为丁嫂家有许多西坝窑生产的黑釉瓷罐子，都曾经装过盐场上的卤水，丁嫂家用这些罐子自己煎熬浓盐水家用。但在罐子里所沉淀下来的井矿盐中含有一种特殊的物质，即胆水。有了这种物质，豆浆自然会变

成豆腐。① 如果传说可信，那么西坝豆腐应该是源于宋代，且为胆水点制。

但在另一本书中，却有其他传说：

> 西坝豆腐历史悠久，传入于东汉时期，精于唐宋时期，盛于明朝万历年间，距今已有四百多年的历史。其来历：一说是《嘉州府志》的记载，与赵匡胤比剑论道于华山的陈抟老祖，曾隐居于西坝境内的圆通寺，炼丹未成，却炼出了西坝豆腐。二说是八仙之张果老、吕洞宾、曹国舅在此下象棋，晌午时肚中饥饿，淳朴的山民为其推豆花招待。但几个时辰过去，豆浆始终煮不开，吕洞宾一算，原来是修炼成精的金龟作怪，于是与其展开激战，长时间难决高下。当杀至凉水井，见一老妪在此纳凉，吕洞宾向她讨水喝，喝过之后功力倍增，斩杀金龟于真武山下。如今，西坝镇内还有三仙坝、棋盘石、磨刀沟、金龟嘴等地名，凉水井在西坝镇民权村二组的狮子山下也可见到，一口脸盆大小的水窝，不漫不涸，终年如是，据传里面的井水是西坝豆腐制作的关键。②

这两则传说颇多神异色彩，不足征信。值得指出的是，在明万历《嘉定州志》中出现了有关于乐山豆腐的记载，其称："豆腐，以黄豆及蚕豆为之，憨而细嫩，当甲海内，用卤水点化，凡一瓯可点数斗。其胜也以此水，故他处所无也。"③ 但并未具体对西坝豆腐有所说明。

除此，关于西坝豆腐的起源还有与大佛相关的说法：

> 相传唐开元初年，岷江、大渡河、青衣江三江水漫山前，过往船只常触壁粉碎。凌云寺高僧海通发下宏愿，决心依山凿成一尊大弥勒佛坐像，一来借佛力以镇着时常泛滥的江水，二来凿下的大石块也可投入江中，以减缓江水的流速，减少沉船覆舟的惨剧。于是，他云游天下 20 年，募得修造之资后广招工匠。这时，竟然有贪婪的郡吏上门勒索修佛之金，海通法师怒斥："目可自剜，佛财难

---

① 墨非编著：《吃遍全中国：中国各地美食全攻略》，北京：中国华侨出版社，2016 年，第 249—250 页。
② 四川师范大学历史文化学院主编：《最应品尝的四川美食》，成都：四川人民出版社，2010 年，第 49—52 页。
③ 万历《嘉定州志》卷五《物产》。

得！”凛然挖出自己的双目，放在盘中送给他们，令郡吏震慑不已，逃之夭夭。

建佛的工匠有感于海通舍身护佛，纷纷遵循佛教，自戒荤腥。可一月之后，便因营养不良使工期停顿下来。这时，一位西坝出家的僧人，选用西坝上等的黄豆，用三江之水浸泡，用石磨磨浆，然后熬浆、点浆，凝结后压制成型，加以作料烧制出了西坝豆腐。做出来的豆腐洁白、细嫩、绵软、滑润、香甜，无论烧、炸、煎、蒸、煮，都不碎不烂。由于有西坝豆腐为工匠们增添营养，凿刻90年之后，乐山大佛终于落成，同时举行了声势浩大的“西坝豆腐全席”庆功宴，从此西坝豆腐名满天下。①

这则传说将西坝豆腐的起源提前到了唐开元初年，但在史籍中未见记载，因而只是为西坝豆腐增添更多的传奇色彩。

除了有关西坝豆腐起源的不同说法，另外也有资料提到了西坝豆腐近年的发展情况，如：

西坝豆腐因其绵软细嫩、入口化渣而闻名于世，有336种做法，常见的有36种。……西坝豆腐第19代传人方德老师傅告诉笔者，西坝豆腐一定得取自当地“凉水井”的水才好。②

此外，一篇名为《文人品豆腐》的文章更是详细梳理了西坝豆腐走红的全过程。文中提到：西坝豆腐素来好吃，但其出名却是源于20世纪70年代，西坝饮食合作饭店的当家厨师杨俊华在负责接待乐山县（即今乐山市市中区）供销联社领导时制作的豆腐宴。而20世纪80年代中期，央视媒体和四川当地媒体的大量报道使西坝豆腐走出了乐山，在全国饮食行业已无人不晓。随后，1980年，杨俊华师傅退休后，西坝饮食合作饭店因全是女职工便改名为三八饭店，由方德任经理，并兼主厨。1997年，方德从三八饭店退休后，在西坝十字路口开办了主营西坝豆腐的“方德饭庄”。杨俊华的儿子也在乐山城区王浩儿附

---

① 《美味中国》节目组编著：《美味中国》，北京：中国轻工业出版社，2005年，第12页。
② 乐山市人民政府编：《乐山年鉴2006》，成都：西南交通大学出版社，2006年，第354页。

近开办了主营西坝豆腐的"杨氏饭店"。①

这篇文章虽然条理清晰，能为我们提供许多可参考的资料，但毕竟没有相关材料的佐证，真实性有待进一步实地考察。

二、西坝豆腐历史的调查过程

（一）初至西坝

2018年1月24日9点我们到达西坝镇政府。政府党政办工作人员肖莹女士为我们介绍了西坝豆腐目前的发展情况，据她讲，目前西坝镇专做豆腐的主要有三家，一是三八饭店，二是方德西坝豆腐，还有一家是近两年的后起之秀黄瓜瓢。此外，肖女士还向我们提供了一本由西坝籍学者编著的《话说西坝古镇》，书中记载：

> 西坝场豆腐做得最好的是翻身街的王绍华，他的豆腐雪白细嫩、香甜可口，因此，人们喊他"王豆腐"，反倒把他的名字都忘了……然而，真正让西坝豆腐声名远播的，则是其掌勺人杨俊华及"三八饭店"的邹方德、刘炳秀、印志秀、黄秀芝等"豆腐西施们"。杨俊华是五通桥区冠英镇杨家场人，出身于豆腐世家"庆元店"。杨家制作豆腐始于清朝乾隆嘉庆年间（1795—1796），他是第七代传人。杨俊华及"豆腐西施们"在原西坝豆腐的基础上，经过不断地摸索和实践，形成了一套独特的制作工艺，先后开发出诸如熊掌豆腐、灯笼豆腐、三鲜豆腐、雪花豆腐、海味豆腐等几十个品种，并将过去简单的煮、炒工艺，发展为蒸、煮、煎、炒、烧、酥、炸等多种工艺，大大提高了西坝豆腐的品位。1982年，邹方德与其姐妹们，将一经营面食的小店改名为"三八饭店"（旧址在今民主街67号，新址在正觉寺街45号左边），主营西坝豆腐。杨俊华及其"豆腐西施们"率先将西坝豆腐带到乐山、成都、西安、北京等地，让更多的人品赏到来自古镇的美味。现在的西坝豆腐有三百三十多种，常做的

---

① 金实秋主编：《文人品豆腐》，上海：上海远东出版社，2007年，第133—138页。

一百余种，荟萃成色香味俱全的"豆腐盛宴"。①

　　书中所载主要人物地点与《文人品豆腐》一文所讲基本吻合，但重要的时间点却有所差异，因此我们决定采访当事人。

（二）走访调查

1. 三八饭店

　　三八饭店正好与镇政府相邻，故我们走访的第一站就是这里。老板周玉琼到店并接受了我们的采访。据周玉琼讲，方德西坝豆腐是从三八饭店分出去的，黄瓜瓢和三八饭店没什么关系。三八饭店是目前

三八饭店门店

西坝镇豆腐饭店中最老的一家，它的前身是西坝供销社，属于国营单位，当时这里的师傅有很多，杨俊华是其中一个。最初，供销社主营面条、馒头，20世纪60年代开始以豆腐为主。因为豆腐有烧、炸、炒、熘、蒸、拌六大系统，彼此之间划分得很严格，一般一个厨师只学一样，因此不可能说全都会，而杨俊华最擅长的是烹饪麻辣豆腐。80年代，西坝供销社改制后，周老板的母亲刘发琼接手了这个餐厅。因为当时杨俊华师傅已经退休，这里全是女职工，所以改名叫三八饭店。而方德则是在离开三八饭店出去单干后，才成立的方德西坝豆腐。

　　说到豆腐，周玉琼告诉我们，三八饭店用的豆腐都是自己的豆腐作坊生产的，点制豆腐必须用石膏。我们疑惑，西坝镇所在的五通桥区产盐，为什么不用卤水点制？周玉琼解释道：因为石膏点的豆腐嫩，而卤水点的豆腐太老了，

---

① 温吉言编著：《话说西坝古镇》，乐山市城西印刷有限公司，2015年，第84—85页。

一般只能点豆花。而且有时候胆水做的豆腐会糟，像熊掌豆腐这些必须用老一点的豆腐，糟了的豆腐是没法用的。周玉琼还说：自己家做豆腐都是用的凉水井的水，凉水井是从桫椤峡谷中流下的，是西坝豆腐之魂，这里的水做出来的豆腐即使什么都不放，也会有甜味。

随后，周玉琼还为我们介绍了三八饭店现在的发展状况，她告诉我们，自己店里的师傅与杨俊华并无师承关系，手艺都是从各自母亲那里继承的，她们能做一百多种豆腐，主要有红油、白味、糖醋、鱼香、甜味等不同味型，而灯笼豆腐、熊掌豆腐、麻婆豆腐、蟹黄豆腐、瓢豆腐、竹筒豆腐等都是自己店里的特色菜品。目前，虽然政府非常鼓励到乐山开店，但因为制作豆腐的技艺复杂，自己的精力也有限，所以三八饭店并不接受加盟，也没有其他分店。

2. 方德西坝豆腐

方德西坝豆腐位于十字路口，我们到达门店后，门口站着的老人告诉我们她就是方德，今年已经72岁了。

据方德说，自己其实叫邹芳德，但很多地方包括自己家招牌都写"方德"，所以很少有人知道自己的全名。据她回忆，杨俊华是西坝豆腐的祖师爷。三八饭店以前还是合作商店的时候，杨俊华是里面炒菜的师傅，那个时候自己还很年轻，是饭店的服务员，负责端盘子。每次杨师傅炒菜，自己都从窗口看，一来二去，自己就记住了每一道菜的制作工序。虽然三八饭店现在已经卖给私人，但名字还是保留了下来，并且这个店现在也仍然全是女同胞。

方德告诉我们，1997年，自己从三八饭店退休后，就出来单干了，自己买了地，开了这家店，一直没有搬迁过，也没开过分店。至于豆腐，她回忆，20世纪90年代以前的豆腐很多都是用胆水点制，但现在的豆腐都是用石膏点的，因为胆水点的豆腐有些有隐疾的人不能吃，吃了会发病，而石膏不会，石膏点的豆腐任何人都能吃。现在自己家的西坝豆腐也在杨俊华麻辣、熊掌、灯笼等基础上做了许多创新，店里常做的一百多种豆腐造型各不相同，千变万化，味道也各有特色。为了使西坝豆腐的烹饪技艺得到传承，邹芳德老人还编写了一本《西坝豆腐菜——菜谱》，图文并茂地记述了111种西坝豆腐的烹饪方法。

邹芳德老人还告诉我们，杨俊华师傅的儿子在乐山市中区也开了一家西坝豆腐，于是我们决定前往市中区，继续走访调查。

3. 杨氏西坝豆腐

下午一点多，我们来到王浩儿杨氏西坝豆腐的门店，杨玉明老板接受了我们的采访。

据杨玉明说，自己的爷爷杨俊华生于1912年，1995年已经离世。新中国成立前，杨家就是做餐饮的，那个时候一直在老家天池，打的招牌是"庆元店"，杨俊华是杨家的第七代人，是庆元店的第三代传人，也是西坝豆腐的创始人。新中国成立后，公私合营，杨俊华被供销社派往西坝供销餐厅做主厨，之后，杨俊华通过用西坝比较优质的豆腐原材料来做成西坝豆腐菜品，始创西坝豆腐宴。西坝豆腐在20世纪90年代以前使用卤水点制，但因为卤水点的豆腐只有少部分人能吃，而石膏点的豆腐受众更广，所以20世纪90年代以后已经改用石膏点制。

杨玉明还说，除了爷爷杨俊华，西坝豆腐还要感谢两个人，一个是以前西坝区，也称为乐山三区的区委书记先光财，先书记在任时，致力于打造西坝特色，推广西坝豆腐，为西坝豆腐的传播做了很多贡献。另一个是乐山名人——文管所所长黄高兵，1979年，爷爷杨俊华退休后，黄所长将其返聘到大佛寺南楼一个叫碧金楼的酒店当主厨。利用大佛寺旅游景区的优势，西坝豆腐很快在全国小有名气。

提到西坝镇的豆腐饭店，杨玉明告诉我们，三八饭店的前身是其爷爷杨俊华所在的西坝供销社，这家店是其爷爷杨俊华退休后，供销社的服务员重新组织的一批人成立的。现在店里老一辈的服务员都不在了，品牌也已经卖给了私人。而当时和爷爷一起上过班的，现在只有邹芳德老人了。

杨玉明还告诉我们，他的父亲今年已经77岁了，自己是西坝豆腐的第三代传承人。1994年，为了传承西坝豆腐，自己在这里开了杨氏西坝豆腐，现在这里要拆迁了，所以自己又在四号广场开了新店。

4. 黄瓜瓢西坝豆腐

之后，我们对黄瓜瓢西坝豆腐的老板娘余颖进行了电话采访，据老板娘讲，黄瓜瓢也是西坝镇的老店。20世纪80年代，她的公公黄绍修就在西坝老街开了店，那时虽店面较小，但已经主营豆腐了。2010 年，黄瓜瓢为了扩大店面，才搬到了现在的地点。而点豆腐，则一直是用的石膏。

5. 龚氏西坝豆腐大酒店

2018 年 3 月，在整理资料的过程中，我们发现 2012 年央视的一部纪录片《中国美食探秘》曾经做过有关西坝豆腐的专题，其中采访过一位西坝豆腐的非遗传承人——龚芬女士，但在我们实地走访调查的过程中却未曾听说过龚芬及龚氏西坝豆腐大酒店。于是我们又多方打听，找到了龚女士的联系方式，并对其进行了电话采访。

据龚芬女士讲，西坝豆腐的创始人确实是杨俊华老先生，自己是杨家的媳妇，和杨俊华老先生是一个家族。20 世纪 80 年代，她就已经开始在一个小餐馆做豆腐，1993 年，她在乐山港开了店，也就是后来的龚氏西坝豆腐大酒店。

说起店里的特色菜品，龚老板告诉我们，自己店里有很多特色菜肴，像一品豆腐、孔雀迎宾、珙桐豆腐、熊掌豆腐、灯笼豆腐、豆腐饺子等都较为有名。根据菜品的不同，自己家所用的豆腐也不一样。

三、西坝豆腐历史调查后的初步认识

通过对口述资料及文字资料的整理，我们对西坝豆腐的产生及发展历史有了进一步的认识和了解。

（一）乐山生产豆腐的历史可追溯到明代万历年间，但直接有关西坝镇开始磨豆腐的历史则无可考证。西坝豆腐作为菜品则起源于 20 世纪五六十年代，创始人是庆元店第三代传人杨俊华，发源地则是西坝镇原供销餐厅。20 世纪六七十年代，西坝豆腐在先光财、黄高兵等人的大力推广下，开始走出西坝，走进乐山，甚至走向全国。

（二）西坝豆腐讲究细嫩洁白，明清时期都是用卤水点制豆腐的，20 世纪中叶以后点豆腐有用卤水的，也有用石膏的，做豆花时多用卤水（卤水），但 20 世纪 90 年代以后，一些店为了避免豆腐过老或者一些人忌食卤水，已基本改用石膏点制，点制时所用水源多为桫椤峡谷流下的"甜水井"之水。一般常见菜品有一百多种，其中包括熊掌豆腐、灯笼豆腐、竹筒豆腐、瓢豆腐等特色菜品。所用主料均为豆腐，不同菜品主要通过造型、味型以及烹饪方式及配菜等变化而成。

（三）目前，几家有名的西坝豆腐饭店中，三八饭店的资历是最老的，它的前身是西坝供销餐厅，但其成立是在杨俊华退休以后，且现在的厨师与杨俊华并无师承关系。方德西坝豆腐的老板邹芳德曾经与杨俊华一起工作过。1979年，杨俊华退休以后，邹芳德又在三八饭店工作了几年。1997年，邹芳德离开三八饭店，自己开办了方德西坝豆腐店。而位于乐山市市中区王浩儿的杨氏西坝豆腐则是西坝豆腐创始人杨俊华的后人于1994年创办的，目前的老板杨玉明是杨俊华的孙子，也是西坝豆腐的第三代传承人。黄瓜瓢西坝豆腐继承了黄绍修在80年代开的西坝豆腐店，现在也同样不遗余力地在为西坝豆腐技艺的传承做努力。龚氏西坝豆腐大酒店老板龚芬作为西坝豆腐的非遗传承人一直都在身体力行地传承西坝豆腐技艺。总体来讲，这几家店都尽其所能为西坝豆腐的传承发展做出了各自的贡献。

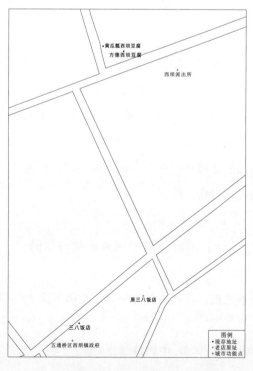

乐山西坝主要豆腐店分布图

河舒豆腐历史调查报告

调 查 人：蓝勇、陈俊宇、王倩、唐敏、陈姝、谢记
　　　　　虎、张静、张莲卓、张浩宇

调查时间：2018 年 1 月 27 日

调查地点：南充市蓬安县河舒镇四季香豆腐王总店、
　　　　　张大胡子豆腐、刘豆腐豆腐作坊

执 笔 人：张浩宇

　　河舒豆腐起源于南充市蓬安县河舒镇，它是以大豆作为原料，经过浸泡磨浆，双层过滤，煮沸加石膏、压制等多道工序制成。因其色泽洁白、口感细腻鲜嫩而为蓬安一绝，且 2014 年蓬安县河舒豆腐已被国家质检总局正式批准为地理标志保护产品，这也是蓬安县首个地理标志产品，同时随着河舒豆腐与现代烹饪技术结合衍生出的各种豆腐菜品在成、渝一带流传起来。河舒豆腐已然成为南充市蓬安县的特色美食名片。

一、河舒豆腐的相关记载与认同

　　在调查河舒豆腐之前，我们首先在网络、文献等多方面搜集整理有关河舒豆腐的资料。

　　《蓬安县志》（1986—2006）中旅游部分记载：

河舒豆腐采用上等优质大豆，用河舒镇独特水质手工推磨成浆，用天然石膏粉点制而成，河舒豆腐有"泉水泡（黄豆）、石磨推、双帕过、石膏点"四大制作特点。其白嫩松软品种多样，味道鲜美，入锅煮不烂，火炕绵软不硬，烹汤清香四溢。①

蓬安县门户官网上提到在 2014 年河舒豆腐成为蓬安县第一个获得地理标志保护的产品：

国家质检总局日前正式批准对河舒豆腐实施地理标志产品保护，其保护范围为：蓬安县河舒、相如、锦屏共 3 个乡镇现辖行政区域。河舒豆腐成为我县第一个获得地理标志保护的产品。②

将有关河舒豆腐创始人的资料汇总整理后，发现主要有三种说法。

第一种说法称河舒豆腐是由汉代司马相如从宫廷带回豆腐制作技法，并且经过一位从河舒嫁到河塘的女子，将豆腐做法带回河舒，产生河舒豆腐的雏形。

河舒豆腐见于史料的最早记载便始于西汉大辞赋家司马相如。史料记载，司马相如在蓬州为官时，与夫人卓文君同游燕山，曾有农夫奉上豆腐伴酒，以弄琴吟诗。此前，正是司马相如为汉武帝陪侍宫宴时，品到豆腐，为其美味所倾倒，于是将其制作技法熟记于胸，带回家乡，在如今蓬安县金斗和利溪之间的"河塘"一带，传授给厨师仿制。

河塘豆腐面世后，深受食客喜爱。有一名从河舒嫁到河塘的女子，将豆腐制作技法带入家乡。当时，他们用井水制作豆腐，豆腐细若凝脂，洁白如玉，清鲜柔嫩，托于手任其晃动而不散塌，掷于汤中熬煮而不散烂。这种神奇无比

---

① 《蓬安县志》编纂委员会：《蓬安县志》（1986—2006），北京：方志出版社，2014 年，第 592 页。

② 《河舒豆腐正式成为国家地标保护产品》，2014 年 1 月 31 日，http：// www.pengan.gov.cn/I-tem/33531.aspx.

的美食即是河舒豆腐最初的雏形。①

这一说法并无相关历史文献可考，不过是牵强附会之说。

第二种说法称河舒豆腐是清朝顺治年间一位叫"郑驼背"的老人精细创制，不断沉淀，用石膏点出高质量的豆腐。

> 河舒豆腐在清顺治年间就有了相当的名气。相传是由一个姓郑的先民所制作，其人稍稍有些背驼，人称"郑驼背"，人是十分踏实勤快。他每天磨豆腐是用一盘小磨，每次只添加三两粒黄豆进磨眼，一盘青石磨总是慢悠悠地转啊转，每天吃完晚饭就上磨了，而一磨浆汁下来，天也开亮了，于是又开始烧浆过滤……用于点豆腐的石膏研磨得更加仔细。街坊邻居平日里总见他端着个瓦钵儿不停地捣着，坐着也捣，走着也捣，街头巷尾和人拉闲话的时候也捣，看人下棋更是一刻也不停地捣着，一直捣得石膏细腻如脂，汁浓晶亮。②

第三种说法讲河舒豆腐是由清朝咸丰年间县民郑景友发明：

> 远近驰名的河舒豆腐，系清朝咸丰年间县民郑景友，利用小罗山的优质矿泉水，精细制创而成，具有细嫩绵实、清香可口、营养丰富、伏天抗腐等特点，实是宴客佳品。③

另《别具特色的河舒豆腐》一文中也提及郑景友此人，称他为"郑豆腐"，说河舒豆腐推得最好的是十五村郑恒德的祖父郑景友。当时河舒豆腐由于质量好，附近乡镇都到这里买豆腐，因此河舒豆腐成了这里远近闻名的土特产。

---

① 《河舒豆腐萦绕在舌尖上的美味》，2016 年 1 月 3 日，http：// www. pengan. gov. cn/Item/96954. aspx。
② 高虹：《川中吃眼花缭乱的麻辣烫》，天津：天津科学技术出版社，2009 年，第 120 页。
③ 蒋明善：《蓬安县河舒镇》，蓬安县政协文史编辑委员会编：《蓬安县文史资料第 3 辑》，1993 年，第 95 页。

他十五六岁时在河舒镇老街谢长兴铺子里当学徒，学到一手好手艺，后来成家，靠推豆腐为业，摸索出一套推豆腐的经验，他的豆腐质量特别好，买主也特别多，人们习惯地叫他"郑豆腐"。[①]

同时此文中还提到改革开放后，河舒豆腐有了很大的发展，突破以往的单纯推豆腐，品种也有所增加，出现了火烤豆干、卤豆干等。当时最有名的是张二娃食店：

能将豆腐做三十多种花样，附近几个县的行车司机和外出开会的过往人员，几乎都要到他的店里吃河舒豆腐。[②]

通过以上梳理，我们了解到关于河舒豆腐创始人的三种说法中，后两种说法较为可靠。而"郑驼背"和"郑景友"是否同一人？或是两者有什么关系？河舒豆腐到底起源于何时？目前开店情况调查如何？都需要我们开展实地调查。

二、河舒豆腐的历史调查过程

2018年1月27日中午12点左右，我们到达南充市蓬安县河舒镇，了解河舒豆腐的发展。

（一）四季香豆腐王总店

在前期的准备工作中了解到四季香豆腐王总店（蓬安县河舒镇正街73号）开店较早且口碑也比较好。四季香老板黄雄并不在店内，我们向老板娘周明霞了解情况。

关于四季香豆腐店的发展，老板娘周明霞为我们做了详细的介绍。当时黄

---

① 李易俗：《别具特色的河舒豆腐》，蓬安县政协文史编辑委员会编：《蓬安县文史资料第6辑》，1996年，第44页。
② 李易俗：《别具特色的河舒豆腐》，蓬安县政协文史编辑委员会编：《蓬安县文史资料第6辑》，1996年，第45页。

雄的父亲黄昌明在集体食堂当经理，同时也担任集体食堂的大厨，不断研究豆腐的烹制方法，有次将豆腐弄成一片一片地炕起来研发出"炕豆腐"这一菜品。20世纪80年代时，黄雄就跟着父亲在集体食堂工作，集体食堂解体后，父子二人在1993年时曾到南充开过河舒豆腐店，1997年在河舒将自己的房子进行装修改造做豆腐，在2000年时将以往的黄二豆腐店改名为四季香豆腐王总店。随着这些年的发展四季香的招牌豆腐菜有纸包豆腐、炕豆腐、登山豆腐等数十种。

周明霞也不清楚郑驼背与郑景友是否是同一个人，郑景友就是她们父辈那一代的，他们都叫他郑豆腐，郑豆腐只是一个豆腐作坊中推豆腐的，不能算河舒豆腐的创始人，真正的创始人应该是她的公公黄昌明。因为刚开始的河舒豆腐只是红烧豆腐，后来是黄昌明在豆腐的品种上不断创新发展的。郑景友只能说是开豆腐作坊的。

关于四季香豆腐王总店的豆腐来源，周明霞告诉我们说河舒镇豆腐店的豆腐都是从一个叫作刘国润的人开的豆腐作坊中拿的，现在豆腐作坊由他的儿子刘大春经营，人称"刘豆腐"。比刘豆腐早的就是郑豆腐，但是郑豆腐老了以后就没有再做。关于河舒豆腐是用石膏点的还是卤水点的，周明霞不太确定地说是用石膏点的。

我们向周明霞询问张二娃食店，周明霞告诉我们张二娃食店就是现在的张大胡子店。周明霞还说河舒镇从以往二十多家豆腐店发展到现在已经几十家了。在这几十家豆腐店中，开店比较早的就是他们四季香豆腐王总店和张大胡子店、张小胡子店，文革酒家属于在他们之后的豆腐店。

（二）刘豆腐豆腐作坊

在周明霞的带领下，我们来到了刘豆腐豆腐作坊。豆腐作坊坐落在一个小巷里面，在外面我们看到一口井，井口被很多木板盖住，井旁有块碑上面写着"河舒镇老井"，周明霞告诉我们正是因为老井的水才造就了河舒豆腐绵软但有韧性的特点。因不巧刘大春并未在家中，我们后续与他取得联系。据刘大春讲述，他的父辈都是做豆腐的，其父亲刘国润从20世纪70年代就开始推豆腐，

1982 年在我们看到的河舒老井旁开了豆腐作坊，而刘大春自己是在 1987 年左右接手。关于自家豆腐的制作工艺，刘大春告诉我们，他制作的河舒豆腐都是用石膏点的，工艺谈不上，就还是用传统的做

河舒豆腐老井

法，选取优质大豆，浸泡、磨浆、过滤然后用石膏点、装箱、成形，河舒豆腐就完成了。从细节来讲河舒豆腐使用井水制作，保持无污染（如果水内含有较多的矿物质会影响到豆腐的口感），制作器具卫生清洁，保持豆腐的本味，再辅以饭店的加工，河舒豆腐才会越来越好吃。

作为现在河舒镇供应豆腐的大户，刘大春告诉我们，河舒镇做豆腐比较早的有一食店和二食店，属于集体经营。后来人们逐渐单独发展，做餐馆的人多了起来。其中相对较早的就是张大胡子豆腐店和四季香豆腐店，再晚一点的就是文革酒家，张大胡子是跟着他父亲学习的，而文革酒家的老板杨文革是跟着张大胡子学习的豆腐技艺。

（三）张大胡子豆腐店

我们来到张大胡子豆腐店（蓬安县安汉大道南段 g5515 号），老板张彬接受了我们的采访。

对于自身店的发展，老板张彬告诉我们，他的父亲张全礼就是做餐饮的，是 20 世纪 80 年代一个食店的掌勺师傅，他和他的弟弟张文伟从小跟着父亲学习豆腐菜品的制作方法。1987 年在河舒镇河东路开的店叫"张二娃食店"，父亲去世后，2000 年左右店面搬迁到现在的位置，店名也改成了张大胡子豆腐店。问及店铺名字是否什么特殊含义时，据张彬说，后来街坊邻居开玩笑说如果店名改成张飞后人肯定更有名了，听取了他们建议因此才改名叫张大胡子豆

腐店。他还告诉我们，河舒镇制作豆腐的手艺百分之七八十都是跟着他学习的，比如距张大胡子豆腐店不远的文革酒家老板杨文革。谈到自己店的豆腐特色，张老板说有金橘豆腐、胡子豆腐、怀胎豆腐、煎豆腐等，都是自己根据不同的口味特点，不断开发豆腐菜品种类。

当问到有关"郑景友"的相关信息时，老板张彬告诉我们郑景友当时被称为"郑豆腐"，是他父亲那辈甚至更早的人，他们对他已经不太了解。现在他们店乃至河舒镇上的豆腐饭店的豆腐都是来源于刘豆腐豆腐作坊。

后续与河舒镇政府社会事务办主任秦才平取得联系后，政府方面也提供部分文字资料与图片资料。其中《河舒镇志》上有载：

> 民国时期河舒郑家制作的豆腐，绵实细嫩，清香可口，为绅士、富户包揽。当地盛传，原先郑驼背推豆腐，小磨细推，每次往磨眼里只添加两三粒黄豆瓣。天擦黑排头，一磨就是天亮。街坊总见他端个瓦钵儿，走路也磨，倚门也磨，跟人说话也磨，看人下棋也磨，一直磨到石膏汁稠黏黏的，他过豆腐的包布既细又是双层，水也是百年老井的清泉，那种细致与精心，贯穿制作豆腐的整个过程，这样"郑豆腐"的名声在周围县市中传得沸沸扬扬。
>
> 南充有位财主听说了"郑豆腐"的名气，就派人到河舒买豆腐尝新奇。大热天提篮子装了回去，也不酸臭，就真信了"郑豆腐"的好，专门请郑豆腐到南充去磨。郑豆腐是坐滑竿去的，有个抬滑竿的人，叫刘开帝，就学到制豆腐的手艺。后来郑驼背老去，河舒豆腐因刘开帝的手艺同样声名远播。[①]

这里提到的刘开帝就是现在河舒镇"刘豆腐"刘大春的爷爷，据刘大春所讲他爷爷约是1918年生人，从他爷爷到他父亲刘国润再到刘大春本人三代都是做豆腐的，但是其爷爷是否是跟着郑驼背学做豆腐的手艺就不得知了。其父刘国润在我们前期整理资料中《别具特色的河舒豆腐》一文中有所提及：

---

① 《名优特产河舒豆腐》，镇政府所提供的《河舒镇志》电子档。

中共十一届三中全会后，河舒豆腐大有发展……一般推豆腐的一天推十斤黄豆，大户夏琼芳、刘国润每天推黄豆三十至四十斤，逢年过节推豆子一百斤以上。①

三、河舒豆腐历史调查后的初步认识

至此我们对河舒豆腐的发展有了清楚的认识。

（一）河舒豆腐由清朝顺治年间（1638—1661）"郑驼背"发明的说法并不可靠。结合四季香老板娘和刘大春的说法及《河舒镇志》的资料来看，"郑驼背"与郑景友应为一人，刘大春的爷爷刘开帝约生于1918年，郑景友为晚清出生的人可能性较大，且豆腐作为家常菜，历史悠久，河舒豆腐最早的主制者在时间上已不可考。只能说清末民初年间郑景友（郑驼背）做的豆腐质量好，在当地有一定的影响了。当时的豆腐仅是指豆腐本身，并没有现在的多种花样。

（二）随着时代的不断变化发展，河舒镇由以前"郑豆腐"（郑景友）的滑竿师傅刘开帝逐渐发展演变为今天的"刘豆腐"。在20世纪80年代河舒镇逐渐出现以豆腐为主打的餐馆，其中以张二娃食店（今张大胡子豆腐店）、黄二豆腐店（今四季香豆腐王总店）为代表，后期才逐渐兴起了文革酒家、河舒豆腐山庄、又一村餐厅、燕山豆腐城等一系列河舒豆腐店。

（三）河舒豆腐的发展也在不断地突破传统豆腐菜品的做法，在保证河舒豆腐豆香味的同时，根据不同的口味特点，不断改良，增加豆腐的种类，以期河舒豆腐能够走出蓬安，扩大河舒豆腐影响力。

---

① 李易俗：《别具特色的河舒豆腐》，蓬安县政协文史编辑委员会编：《蓬安县文史资料第6辑》，1996年，第45页。

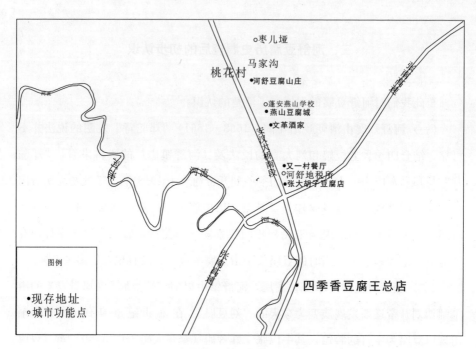

河舒镇主要豆腐店分布图

沙河豆腐历史调查报告

调 查 者：蓝勇、陈俊宇、唐敏、陈姝、王倩、张浩宇、张莲卓、张静、谢记虎

调查时间：2018 年 1 月 23 日

调查地点：宜宾高县沙河镇

撰 写 人：唐敏

四川豆腐美食界流传着"北吃剑门关，南吃沙河驿"这样的俗语。沙河驿是康熙二年（1663）设立的驿站，是川南宜宾与滇黔之间贸易往来必经的百年重镇，商贾云集自然带动了沙河驿餐饮文化的发展。沙河豆腐现已成为沙河镇的特色餐饮名片，以其香、脆、嫩、鲜、酥、麻、辣、烫等特色远近驰名，成为沙河驿一绝，沙河镇因此享有"豆腐之乡"的美誉。

一、沙河豆腐的相关记载与认同

沙河豆腐最早的文献记载来自 1998 年的《中国县市概况》[①] 一书，但唯有区区十二字的记载："沙河豆腐，享有'川南名肴'美称。"并没有详细介绍沙河豆腐的相关历史信息。同年胡富松主编的《高县志》也仅仅提及"沙河豆腐颇有名气"，此外没有更多的叙述。

---

① 刘禹东、邵彧双主编：《中国县市概况》，北京：中国人事出版社，1998 年，第 2592 页。

进入 21 世纪，有关沙河豆腐的文献记载随其在当地的影响力提升而逐渐增加。2005、2007 年的《四川农村年鉴》对沙河豆腐做了简短的介绍：

> 高县沙河镇……沙河豆腐，名扬四海，沙河豆腐以其香、脆、嫩、鲜、酥、麻、辣、烫等特色，享誉西南地区及浙江、北京、广东等省（市）的大中城市。主要有麻辣豆腐、脑花豆腐、洗沙豆腐等一百多个品种。①

> 高县沙河豆腐——川南名小吃，以其香、脆、嫩、鲜、酥、麻、辣、烫享誉西南、浙江、北京、广东等省（市）。品种已发展到一百多种，如麻辣豆腐、脑花豆腐、洗纱（注：应作沙）豆腐、番茄豆腐等。②

最近十年以来，一些媒体对沙河豆腐的历史传承、主要特色、豆腐制作工艺、菜品发展以及宣传推广等方面做过相关报道，沙河豆腐迎来了更多的社会关注。

《宜宾晚报》和高县人民政府网站都曾对沙河豆腐的历史传承做过梳理：

> 沙河豆腐从 20 世纪 60 年代的沙河名厨师张银安制作形成鲜、香、嫩、脆、爽的特色风味；后来年轻厨师张甫成的豆腐又开始崭露头角；20 世纪 70 年代后期，"老大桥餐馆"青年厨师侯永宽研究创新烹制出独具特色的杂烩麻辣豆腐，开始吸引越来越多的外地客人。21 世纪初崭露头角的有"张记麻辣豆腐""黄桷树豆腐酒楼"等后起之秀。③

> 20 世纪八九十年代鼎盛的有郑永帝的"黄桷树饭庄"郑三豆腐，郑永利的"郑豆腐"，钟位超的"天府酒家"钟氏豆腐，罗友才的"友才豆腐酒家"，欧利元、钟朝江的"金桥饭店"，张大忠、欧七的"金河酒家""葡萄园"等。1995 年 7 月，时任宜宾地区行署专员的周继尧品尝沙河豆腐后即兴为"罗友才豆腐饭店"题词；1991 年宜宾地区行署专员刘鹏在"郑永利豆腐"吃了沙河豆腐后，称赞说"比成都的麻婆豆腐还要好吃！"李鹏总理 1998 年回家乡高县

---

① 四川省人民政府编：《四川农村年鉴 2005》，成都：电子科技大学出版社，2006 年，第 527 页。
② 四川省人民政府编：《四川农村年鉴 2007》，成都：电子科技大学出版社，2008 年，第 198 页。
③ 胡松华：《高县沙河豆腐》，《宜宾晚报》2012 年 11 月 9 日，第 17 版。

时，专门在翠屏山庄品尝沙河豆腐，并赞不绝口。从 1988 年起，该镇文化人王大桥采写的沙河豆腐文章，先后在《四川日报》《四川经济日报》《四川食品报》《宜宾日报》《宜宾晚报》《宜宾广播电视报》（现《新三江周刊》）《高县报》等多家媒体发表，沙河豆腐从此闻名遐迩，扬名省内外。①

此外，高县人民政府网页还详尽概括了沙河豆腐的四大特色：

> 沙河豆腐之所以脍炙人口……这主要有四个特点：一是水质（指地下水）好。沙河镇由于河流污染，人民饮水全靠在广阔的田野中打深井供应，加上本镇上龙山的山泉水，这种水甘甜、纯洁、维生素含量高。二是土质好。该镇土壤碱酸含量适中，加上好水，种出的黄豆含有得天独厚的原料。三是卤水好。卤水原料取自大山老林中的岩盐，用它点出的豆花甘甜、细嫩，不减豆浆本身香味，与工业盐卤水点出的豆花有天壤之别。四是佐料丰富多样。有猪、牛、羊、鸡、鸭、鱼肉和各种野山禽、蛇类等肉作调料，变幻多彩，滋味各异，引人入胜。②

周兰《品沙河豆腐　享人间美味》③ 提到，2008 年，钟氏豆腐制作工艺被列为宜宾市非物质文化遗产。

不少报道还谈到沙河豆腐的菜品种类。在 2011 年 12 月的首届沙河豆腐美食文化节上，沙河豆腐……已经形成了多个系列的上百个品种的豆腐菜品，深得不同层次食客的喜爱。④ 一年后，胡松华的报道则明确了沙河豆腐的具体菜品数量，已由原来的几个单一品种发展为一百多个，有麻辣、白油、脑花、酸菜、鲢鱼、珍珠、荔枝、怪味、夹沙、鸡糕、金丝、麻婆、箱箱豆腐等。⑤ 据

① 《沙河豆腐》，2015 年 11 月 12 日，http：// www.gaoxian.gov.cn/32477/32481/201511/MIT1162.shtml。
② 《沙河豆腐》，2015 年 11 月 12 日，http：// www.gaoxian.gov.cn/32477/32481/201511/MIT1162.shtml。
③ 周兰：《品沙河豆腐　享人间美味》，《宜宾日报》2012 年 11 月 8 日，第 C2 版。
④ 叶晓妹：《首届高县沙河豆腐美食文化节昨日开幕》，《宜宾晚报》2011 年 12 月 9 日，第 04 版。
⑤ 胡松华：《高县沙河豆腐》，《宜宾晚报》2012 年 11 月 9 日，第 17 版。

最新报道，2017年沙河镇举办了豆腐美食文化节，并申请大世界吉尼斯"豆腐菜肴数量之最"纪录，已经能做出224道不重样的豆腐美食。[①]

为了扩大沙河豆腐的知名度，沙河镇政府、沙河豆腐美食协会、沙河豆腐店、报纸媒体都做了积极的尝试。沙河豆腐于2016年7月获批国家地理标志保护产品[②]。此外，为了进一步促进沙河豆腐产业的发展，除了烹饪新鲜的豆腐菜肴，沙河人还把豆腐制作成麻辣味、五香味、烧烤味等豆腐乳系列，方便打包带走。

综上，目前对沙河豆腐的传承脉络、制作工艺、发展现状等已有一定的介绍和了解，但同时也存在一些问题尚待实地调查，并进一步核实所得资料。

二、沙河豆腐的历史调查过程

2018年1月22日，我们到达宜宾高县沙河镇。我们一行人首先前往沙河镇政府了解沙河豆腐相关情况，镇政府为我们提供了《沙河镇志》相关的文献资料，最后让党政办宣传干事高梦雪陪同我们前往几家有名的豆腐店了解情况。

据高梦雪介绍，沙河豆腐宴是沙河镇几家豆腐店钟氏豆腐、张记豆腐、徐记豆腐以及其他豆腐小店联合制作的，钟氏豆腐和张记麻辣豆腐在宜宾较为出名，钟氏豆腐是沙河驿最早的豆腐店，五味轩徐记豆腐是后起之秀，上海大世界吉尼斯纪录也是这三家豆腐店联合申请认证的。

（一）五味轩徐记豆腐

11点半左右，我们到达五味轩徐记豆腐店，老板娘王群接受了我们的采访。据她回忆，五味轩于2002年开店，老店原来在镇派出所对面，店面较小，只有四张桌子，主要经营中餐、家常菜，后来经营规模扩大就搬至现址，老店不再营业。老板徐亮不是沙河本地人，早年来这儿做生意，后来跟做川菜、家

---

① 叶晓姝：《224道菜不重样沙河豆腐创大世界吉尼斯之最！》，《宜宾晚报》2017年5月4日，第C2版。
② 龚志伟：《"沙河豆腐"地方标准通过专家审查》，《中国质量报》2017年2月8日，第03版。

常菜的师傅学厨，与侯永宽没有师承关系。2016年开始做豆腐菜，现以豆腐宴为主，兼营川菜，2017年搬至沙河驿牌坊附近的新址。

据她介绍，徐记豆腐现在自创了一些豆腐菜肴，比如砂锅嫩豆腐，主要是以鸡蛋和豆腐为原料，做出的豆腐表面有嚼劲，里面软嫩可口，深受食客喜欢；石爆豆腐，主要利用石头的温度使豆腐酥焦软嫩；柠檬豆腐，利用本地种植推广的柠檬入菜，做出的豆腐酸甜爽口。

王群还提到，沙河豆腐店的豆腐原料都是自家豆腐作坊专门加工，用本地产的黄豆、上龙山的泉水，凝固剂也都买的是本地卤水，因此沙河豆腐吃起来豆香味较为浓郁。豆腐作坊一般早上很早就开始做豆腐，制作出来的豆腐自产自销，沙河豆腐越烧越嫩，一般烹饪时间都比较长，烹饪时间太短的话，豆腐不易入味。

目前沙河豆腐的影响范围仅在宜宾境内，沙河豆腐在宜宾之外的地区名气甚微。以前沙河镇有少量豆腐店走出宜宾，如沙河郑豆腐曾在成都开过分店，但收效甚微。高梦雪认为主要是跟地域有关系，沙河豆腐主要是水质好，外地分店做出的豆腐质量不及沙河本地产的豆腐。

（二）张记麻辣豆腐

中午12点，我们在张记麻辣豆腐的大堂采访了老板张浩，据他介绍，他奶奶辈以来一直都是做豆腐原料生产的，至张浩才开始做餐饮。2006年他创立了张记麻辣豆腐，老店在沙河镇元田村葛家湾公路边，食客主要是过路的车辆司机和乘客，老店一直经营至2012年，同年搬至宜珙公路旁的现址。

张记麻辣豆腐的豆腐原料是收购本地农户的大豆自主进行加工，买卤巴自己稀释做成豆腐的凝固剂。特色菜肴有麻辣豆腐、菠萝豆腐、纸包豆腐、砂锅豆腐、金丝豆腐、芙蓉豆腐等。餐馆里菜谱上记录的菜品有数十种常做的豆腐菜肴，但真正能做一两百种，平时餐馆生意较好，尤其是周末。

张记麻辣豆腐目前店里有厨师十几人，服务员二十多人。曾在成都开过分店，但因餐馆生意不好而关闭。张记麻辣豆腐曾接受过央视四川电视台、宜宾电视台等的采访，在宜宾有一定的餐饮名气。

（三）钟氏豆腐

12 点半，我们来到钟氏豆腐店，老板钟位明，父辈是生产豆腐原料的，他从小就帮着手工推磨，然后在家庭作坊进行豆腐生产。20世纪 80 年代初中毕业后，钟位明便跟随侯永

本书主编蓝勇（左）与张浩（右）

宽学习厨艺。据他回忆，20 世纪 60 年代沙河镇的几位老厨师做的豆腐菜肴比较传统，菜品比较单一。20 世纪 80 年代他学厨时的豆腐菜肴也只有一两种，即二面黄麻辣豆腐和家常豆腐。沙河镇早期的餐馆主要有十字口和老大桥，侯永宽最早在供销社下属单位——老大桥餐馆掌厨。

据他介绍，1988 年在沙河镇街上开了钟氏豆腐，有五间门面。钟氏豆腐的豆腐原料是自家作坊专门加工，钟氏豆腐制作工艺于 2008 年被评为宜宾市非物质文化遗产。一般是用石磨磨出豆汁，然后经过烧浆、胆水点浆、压浆等工序，新鲜的豆腐就成型了。胆巴由于是比较粗糙的矿物原料，出于食品安全的考虑，食监局现在不允许用来做凝固剂，现在一般使用氯化镁来点豆腐。传统工艺是用冷水或开水稀释胆巴，将水和胆巴按照一定的比例调制胆水，胆水点出的豆腐口感最好。钟氏豆腐的豆腐凝固剂是胆水和氯化镁都用。

钟氏豆腐店于 2017 年 8 月搬至宜珙公路旁的新址，目前已经能做两百多种豆腐菜肴。

三、沙河豆腐历史调查后的初步认识

凭借便利的交通位置，沙河豆腐在沙河镇几代厨师的传承和创新中不断丰富和向前发展。20 世纪 60 年代沙河名厨张银安、张甫成发展传统豆腐菜肴，20 世纪 70 年代后期老大桥餐馆侯永宽创新研制的杂烩麻辣豆腐独具特色，并

教授了许多徒弟。八九十年代以来沙河镇的豆腐餐馆增至数十家，其中钟氏豆腐、张记麻辣豆腐、五味轩徐记豆腐是行业翘楚，另外，在当地还出现了友才豆腐酒家、黄桷树豆腐酒楼、郑豆腐、金桥饭店、金河酒家、葡萄园、欧式豆腐等豆腐店。沙河厨师不断推陈出新，豆腐菜肴品种从当初的一两种增加至224种，2017年创下了上海大世界吉尼斯"豆腐菜肴数量之最"的纪录。

由于当地的优质水源和独特的制作工艺，沙河豆腐具有皮绵肉嫩、色泽纯净、豆味浓郁的特点。目前在沙河镇政府倡导豆腐文化、沙河豆腐美食协会积极组织沙河豆腐美食文化节、沙河豆腐餐馆厨师自主创新、媒体宣传推广等几大因素的合力推动下，沙河豆腐餐饮行业正在快速向前发展，沙河豆腐的品牌知名度正在逐步提升。

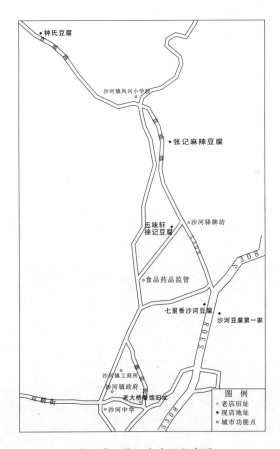

沙河镇主要豆腐店铺分布图